CONFIABILIDADE E MANUTENÇÃO INDUSTRIAL

O GEN | Grupo Editorial Nacional – maior plataforma editorial brasileira no segmento científico, técnico e profissional – publica conteúdos nas áreas de ciências exatas, humanas, jurídicas, da saúde e sociais aplicadas, além de prover serviços direcionados à educação continuada e à preparação para concursos.

As editoras que integram o GEN, das mais respeitadas no mercado editorial, construíram catálogos inigualáveis, com obras decisivas para a formação acadêmica e o aperfeiçoamento de várias gerações de profissionais e estudantes, tendo se tornado sinônimo de qualidade e seriedade.

A missão do GEN e dos núcleos de conteúdo que o compõem é prover a melhor informação científica e distribuí-la de maneira flexível e conveniente, a preços justos, gerando benefícios e servindo a autores, docentes, livreiros, funcionários, colaboradores e acionistas.

Nosso comportamento ético incondicional e nossa responsabilidade social e ambiental são reforçados pela natureza educacional de nossa atividade e dão sustentabilidade ao crescimento contínuo e à rentabilidade do grupo.

Flavio Fogliatto
José Luis Duarte Ribeiro

CONFIABILIDADE E MANUTENÇÃO INDUSTRIAL

24ª Tiragem

- **Atendimento ao cliente: (11) 5080-0751 | faleconosco@grupogen.com.br**

- Direitos exclusivos para a língua portuguesa
Copyright © 2009 (Elsevier Editora Ltda.) © 2023 (24ª impressão) by
GEN | Grupo Editorial Nacional S.A.
Publicado pelo selo **LTC | Livros Técnicos e Científicos Editora Ltda.**
Travessa do Ouvidor, 11
Rio de Janeiro – RJ – 20040-040
www.grupogen.com.br

- Copidesque: Adriana Kramer

- Revisão: Marco Antônio Corrêa

- Editoração Eletrônica: SBNIGRI Artes e Textos Ltda.

CIP-BRASIL. CATALOGAÇÃO-NA-FONTE
SINDICATO NACIONAL DOS EDITORES DE LIVROS, RJ

F692c
Fogliatto, Flávio Sanson
Confiabilidade e manutenção industrial / Flávio Sanson Fogliatto e José Luis Ribeiro Duarte. – [Reimpr.]. – Rio de Janeiro: LTC, 2023.

Apêndice
Inclui bibliografia
ISBN 978-85-352-3353-7

1. – Confiabilidade (Engenharia). 2. Fábricas – Manutenção. 3. Engenharia de produção. I. Duarte, José Luis Ribeiro. II Título.

09-3467.

CDD: 620.00452
CDU: 62-7

Aos nossos mestres Luis Fernando Nanni (*in memoriam*) e Elsayed A. Elsayed.

Material Suplementar

Este livro conta com os seguintes materiais suplementares:

Para leitores e docentes
- Aplicativo (Confiabilidade).

Para docentes
- Manual de Soluções e Aplicativo (Confiabilidade).

Os professores terão acesso a todos os materiais relacionados acima (para leitores e restritos a docentes). Basta estarem cadastrados no GEN.

- O acesso ao material suplementar é gratuito. Basta que o leitor se cadastre, faça seu *login* em nosso *site* (www.grupogen.com.br) e, após, clique em Ambiente de aprendizagem.

- *O acesso ao material suplementar online fica disponível até seis meses após a edição do livro ser retirada do mercado.*

- Caso haja alguma mudança no sistema ou dificuldade de acesso, entre em contato conosco (gendigital@grupogen.com.br).

Prefácio

Mais de quinze anos de docência na área de Engenharia da Qualidade, inicialmente em nível de Pós-graduação e posteriormente em cursos de Graduação em Engenharia de Produção, influenciaram a escolha dos conteúdos em nosso livro. A seleção dos tópicos reflete nossa crença de que a atuação do Engenheiro de Produção na área de Confiabilidade e Manutenção Industrial deve se concentrar na coleta e análise de dados de desempenho de equipamentos e produtos, e no planejamento de programas de manutenção e melhoria de unidades fabris. O material aqui apresentado também traz um viés, majoritariamente quantitativo, repassado a nós pelos nossos mestres: Professor Luis Fernando Nanni, na década de 1980, e Professor Elsayed A. Elsayed, na década de 1990. No caso do Professor Elsayed, participamos ativamente, em diferentes momentos e de diferentes formas, na elaboração de sua obra *Reliability Engineering*, que serviu como referência para muitas das seções em diferentes capítulos de nosso livro. As diversas teses e dissertações que orientamos sobre Confiabilidade e Manutenção ao longo dos anos, assim como os projetos sobre o tema realizados com empresas, também tiveram importante papel na elaboração do livro. Ao longo dos anos, tivemos a oportunidade de participar de pesquisas e implementações que envolveram o uso das técnicas de confiabilidade e manutenção nos setores siderúrgico, petroquímico, automotivo, eletro eletrônico e alimentício, entre outros. A julgar pela nossa experiência, os conteúdos aqui selecionados são plenamente operacionalizáveis na prática e podem auxiliar o Engenheiro de Produção na gestão e melhoria de sistemas produtivos. Os aplicativos computacionais disponibilizados no *site* do livro garantem o suporte necessário para a realização dessas atividades.

Na elaboração deste livro, contamos com o apoio de diversos colegas e estudantes, cuja atuação gostaríamos de deixar aqui registrada. Celso Fritsch programou os três aplicativos, cujas versões estudantis acompanham o livro. Denis Fraga Heilmann e Fernando Weiler auxiliaram na elaboração das extensas listas de exercícios que encerram a maioria dos capítulos e do gabarito disponibilizado no *site* do livro. Denise Chagas auxiliou na elaboração das figuras e tabelas. Diversos alunos de graduação e pós-graduação auxiliaram na revisão de versões preliminares dos capítulos, sugerindo correções e melhorias. A todos eles deixamos nossos agradecimentos.

Apresentação

Este livro foi concebido para ser utilizado como texto em disciplinas de Confiabilidade e Manutenção, em cursos de graduação e pós-graduação em Engenharia de Produção, Engenharia Mecânica e Estatística, entre outros. Para tanto, traz conteúdos básicos da área acompanhados de listas de exercícios e aplicativos computacionais, que são apresentados por meio de tutoriais. Também tivemos por objetivo fornecer a base teórica necessária para que nossos leitores possam investigar o estado-da-arte na área de Confiabilidade e Manutenção, na literatura especializada. Como pré-requisitos desejados para uma melhor utilização do livro, recomenda-se aos leitores familiaridade com conteúdos básicos de Cálculo (integrais e derivadas) e Probabilidade e Estatística.

Apesar da estrutura de capítulos estar apresentada de forma contínua, o livro está dividido em três partes dando maior ênfase a assuntos relacionados à Engenharia da Confiabilidade. A parte inicial, correspondente aos capítulos 1 a 10, é devotada à apresentação de técnicas e ferramentas quantitativas de análise de Confiabilidade. A segunda parte, correspondente ao capítulo 11, traz as duas técnicas mais tradicionais de análise qualitativa de Confiabilidade. A terceira parte, correspondente aos capítulos 12 e 13, apresenta os métodos mais difundidos de gestão de sistemas de manutenção industrial. Adicionamos um apêndice contendo as principais normas técnicas brasileiras sobre Confiabilidade, que devem ser revisadas quando da elaboração de planos de manutenção e de controle da qualidade.

Um curso básico de Confiabilidade e Manutenção, em nível de graduação ou pós-graduação *lato sensu*, apresentaria como conteúdo mínimo os capítulos 1 a 3, 5 e 11 a 13. Os capítulos 4 e 6 seriam os próximos a ser incluídos, havendo disponibilidade de tempo. Demais capítulos poderiam ser considerados avançados e adequados para cursos de pós-graduação *stricto sensu*. Caso os conteúdos de Confiabilidade façam parte da disciplina de Engenharia da Qualidade, em nível de graduação ou pós-graduação, os capítulos 1 a 6 trariam o conhecimento básico sobre o tema devendo ser selecionados para integrar a disciplina.

O aplicativo ProConf pode ser utilizado para auxiliar na resolução de exercícios dos capítulos 1 a 4. O aplicativo ProSis, por sua vez, provê suporte aos exercícios dos capítulos 5 e 6, e parte do capítulo 7. O aplicativo ProAcel executa análises apresentadas no capítulo 8.

Sumário

CONCEITOS BÁSICOS DE CONFIABILIDADE

CONCEITOS APRESENTADOS NESTE CAPÍTULO

Neste capítulo, o conceito de *confiabilidade* é apresentado em detalhes, bem como a evolução histórica da área de pesquisa e suas principais aplicações. Também é traçado um paralelo entre os conceitos de *confiabilidade* e *qualidade*. O capítulo é encerrado com uma seção onde são apresentadas as principais medidas de *confiabilidade*, seguido de uma lista de exercícios propostos. No Apêndice, apresentam-se instruções de uso do aplicativo Proconf, que acompanha este livro.

1.1. INTRODUÇÃO

Com o advento da economia globalizada, observou-se um aumento na demanda por produtos e sistemas de melhor desempenho a custos competitivos. Concomitantemente, surgiu a necessidade de redução na probabilidade de falhas em produtos (sejam elas falhas que simplesmente aumentam os custos associados aos produtos ou falhas que possam implicar riscos sérios à segurança pública), o que resultou numa ênfase crescente em sua confiabilidade. O conhecimento formal resultante da análise de falhas e da busca da minimização de sua ocorrência provê uma rica variedade de contextos nos quais surgem considerações acerca da confiabilidade.

Em seu sentido mais amplo, confiabilidade está associada à operação bem-sucedida de um produto ou sistema, na ausência de quebras ou falhas. Em análises de engenharia, todavia, é necessária uma definição quantitativa de confiabilidade, em termos de probabilidade. Tal definição, proposta por Leemis (1995), é apresentada a seguir; nos parágrafos que se seguem, os termos em itálico na definição são explicados.

"A *confiabilidade* de um *item* corresponde à sua *probabilidade* de *desempenhar adequadamente* o seu *propósito* especificado, por um determinado *período de tempo* e sob *condições ambientais* predeterminadas."

Na definição, subentende-se que o objeto de interesse seja um *item*. A definição de item depende do propósito do estudo. Em certos casos, considera-se um sistema, constituído de um arranjo de diversos componentes, como um item; em outros casos, em que existe interesse ou possibilidade de maior detalhe na análise, o termo item refere-se a um componente do arranjo em particular. Por exemplo, na análise de um monitor de computador, pode-se considerar o monitor (com todas as suas partes componentes) como um item, ou pode-se estar interessado no estudo dos componentes individualmente; neste caso, cada componente seria caracterizado como um item.

Confiabilidade é definida como uma *probabilidade*. Isso significa que todas as confiabilidades devem apresentar valores entre 0 e 1 e que os axiomas clássicos da probabilidade podem ser aplicados em cálculos de confiabilidade. Por exemplo, se dois componentes independentes apresentam confiabilidade, após 100 horas de uso, de p_1 e p_2 e a falha do sistema ocorre quando qualquer dos dois componentes falha, então a confiabilidade do sistema em uma missão de 100 horas é dada por $p_1 \times p_2$.

Para a correta especificação do modelo matemático que representa o desempenho de um item, deve-se definir de maneira precisa o que se entende por seu *desempenho adequado*. O modelo matemático mais simples usado para representar a condição de um item é o modelo binário, segundo o qual um item pode estar em um estado de funcionamento (apresentando desempenho adequado) ou de falha. O modelo binário pode ser estendido para produtos que apresentam degradação a partir do estabelecimento de um ponto de corte que separe os estados de funcionamento e de falha. Mediante conhecimento do que se entende por desempenho adequado, é possível definir quando o item falha, já que, mediante a ocorrência da falha, o item deixa de desempenhar adequadamente suas funções. Um padrão deve ser usado na determinação do que se entende por desempenho adequado. Se, por exemplo, o item em estudo for um carro e se o padrão (que estabelece o nível adequado de desempenho) for um carro capaz de se movimentar, um carro sem surdina continuará apresentando um desempenho adequado.

A definição de confiabilidade implica especificação do *propósito* ou uso pretendido para o item em estudo. É comum que um mesmo produto seja fabricado em diferentes versões, conforme o uso pretendido. Por exemplo, uma furadeira pode ser fabricada para uso doméstico ou industrial; os produtos apresentam funções idênticas, mas diferenciam-se quanto à sua confiabilidade, pois foram projetados para cargas de uso distintas.

Confiabilidade é definida como função de um *período de tempo*, o que implica cinco consequências: (*i*) o analista deve definir uma unidade de tempo (por exemplo, minutos, horas ou anos) para a realização das análises; (*ii*) os modelos que descrevem os tempos até falha utilizam a variável aleatória T (em vez de X, como é comum na estatística clássica) para descrever o tempo até falha de um item; (*iii*) o termo tempo não deve ser interpretado literalmente, já que em muitos contextos o número de milhas ou o número de ciclos pode representar o tempo até falha de um item; (*iv*) o conceito de confiabilidade deve ser associado a um período de tempo ou duração de missão (não faz sentido afirmar que um item apresenta confiabilidade de 0,7, por exemplo, sem especificar durante qual período de tempo a análise do item foi realizada), e (*v*) a determinação do que deveria ser usado para medir a vida de um item nem sempre é óbvia; por exemplo, o tempo até falha de uma lâmpada elétrica pode ser definido como o número contínuo de horas até a falha ou como o número somado de horas até a falha, considerando o número típico de acionamentos a que a lâmpada é submetida.

O último aspecto da definição de confiabilidade diz respeito à definição das *condições ambientais* de uso do item. Um mesmo produto pode apresentar desempenho distinto operando em ambientes de calor ou umidade intensos, se comparado a produtos expostos a condições climáticas amenas de uso.

1.2. EVOLUÇÃO HISTÓRICA DA CONFIABILIDADE E SUAS PRINCIPAIS ÁREAS DE APLICAÇÃO

Uma breve descrição da evolução histórica da confiabilidade é apresentada por Knight (1991). O conceito de confiabilidade em sistemas técnicos vem sendo aplicado há pouco mais de 50 anos. O conceito adquiriu um significado tecnológico após o término da Primeira Guerra Mundial, quando foi utilizado para descrever estudos comparativos feitos em aviões com um, dois ou quatro motores. Naquele contexto, a confiabilidade era medida como o número de acidentes por hora de voo.

Durante a Segunda Guerra Mundial, um grupo de engenheiros da equipe de von Braun trabalhou, na Alemanha, no desenvolvimento dos mísseis V-1. Após o término da guerra, soube-se que todos os protótipos desenvolvidos falharam quando testados, explodindo antes (durante o voo) ou aterrissando antes do alvo. O matemático Robert Lusser foi contratado para analisar o sistema operacional dos mísseis. A partir de sua análise, Lusser propôs a lei da probabilidade de um produto com componentes em série, em que estabelecia que a confiabilidade de um sistema em série é igual ao produto das confiabilidades de suas partes componentes. Como consequência direta, sistemas em série compostos por muitos componentes tendem a apresentar baixa confiabilidade e o efeito da melhoria de confiabilidade dos componentes individualmente sobre o sistema tende a ser pequeno.

No final dos anos 50 e início dos anos 60, o interesse dos norte-americanos esteve centrado no desenvolvimento de mísseis intercontinentais e na pesquisa espacial, eventos motivados pela Guerra Fria. A corrida para ser a primeira nação a enviar uma missão tripulada à Lua, em particular, motivou avanços na área da confiabilidade, tendo em vista os riscos humanos envolvidos. Em 1963, surgiu, nos Estados Unidos, a primeira associação que reunia engenheiros de confiabilidade e o primeiro periódico para divulgação de trabalhos na área, o *IEEE – Transactions on Reliability*. Ao longo da década de 1960, diversos livros-texto sobre confiabilidade foram publicados.

Na década de 1970, o estudo da confiabilidade esteve centrado na análise dos riscos associados à construção e operação de usinas nucleares. A partir daí, aplicações da confiabilidade nas mais diversas áreas se consolidaram. Algumas dessas áreas de aplicação, associadas à engenharia de produção, foram elencadas por Rausand & Høyland (2003) e vêm listadas a seguir.

- *Análises de risco e segurança* – a análise de confiabilidade é essencial em estudos de risco e segurança. Em uma análise de risco, por exemplo, a análise de causas é normalmente realizada usando técnicas de confiabilidade como a análise de modos e efeitos de falhas (FMEA – *failure mode and effects analysis*) e a análise da árvore de falhas, ambas apresentadas no Capítulo 11.
- *Qualidade* – a crescente adoção das normas ISO-9000 por empresas fez com que técnicas de gestão e garantia da qualidade crescessem em importância. Os conceitos de qualidade e confiabilidade estão intimamente conectados. A confiabilidade pode ser considerada, em diversas situações, como uma importante característica de qualidade a ser considerada no projeto e na otimização de produtos e processos. Dessa forma, muita atenção vem sendo dada à incorporação de técnicas de gestão e garantia da confiabilidade nos programas de garantia da qualidade.
- *Otimização da manutenção* – manutenções são realizadas com o objetivo de prevenir falhas ou de restaurar o sistema a seu estado operante, no caso de ocorrência de uma falha. O objetivo principal da manutenção é, portanto, manter e melhorar a confiabilidade e regularidade de operação do sistema produtivo. Muitas indústrias (em particular as de manufatura e aquelas em que riscos humanos estão potencialmente envolvidos com falhas na manutenção, como é o caso da indústria de aviação e nuclear) têm percebido a importante conexão existente entre manutenção e confiabilidade e adotado programas de manuten-

ção centrados em confiabilidade (RCM – *Reliability Centered Maintenance*, discutida no Capítulo 12). Tais programas têm por objetivo reduzir custos e otimizar a manutenção em todos os tipos de indústrias, promovendo melhorias na disponibilidade e segurança de equipamentos.

- *Proteção ambiental* – estudos de confiabilidade podem ser usados na melhoria do projeto e na otimização da operação de sistemas inibidores de poluição, tais como sistemas de limpeza de dejetos líquidos e de emissões gasosas.

- *Projeto de produtos* – a confiabilidade é considerada uma das mais importantes características de qualidade em produtos com intenso valor técnico agregado. É natural, assim, que a engenharia de desenvolvimento de produtos enfatize a garantia da confiabilidade. Nesse sentido, muitas indústrias vêm integrando programas de confiabilidade ao processo de desenvolvimento de produtos, seja através de técnicas quantitativas, como aquelas apresentadas em vários capítulos deste livro, ou através de estudos qualitativos de confiabilidade, envolvendo o uso do FMEA. Exemplos incluem a indústria automobilística e de aviação.

1.3. QUALIDADE E CONFIABILIDADE

Os conceitos de confiabilidade e qualidade são frequentemente confundidos entre si. A principal diferença entre esses dois conceitos é que a confiabilidade incorpora a passagem do tempo; o mesmo não ocorre com a qualidade, que consiste em uma descrição estática de um item. Dois transistores de igual qualidade são usados em um aparelho de televisão e em um equipamento bélico. Ambos os transistores apresentam qualidade idêntica, mas o primeiro transistor possui uma confiabilidade provavelmente maior, pois será utilizado de forma mais amena (em um ambiente de menor *stress*). Parece claro que uma alta confiabilidade implica alta qualidade; o contrário é que pode não ser verdade.

Os conceitos de qualidade e confiabilidade se inter-relacionam no projeto e na manufatura de produtos e em sua posterior utilização. A definição de qualidade pode ser subdividida em duas partes. Primeiro, qualidade está associada à capacidade de projetar produtos que incorporem características e atributos otimizados para atender a necessidades e desejos dos usuários; algumas características podem ser qualitativas, relacionadas a aspectos estéticos, por exemplo, ao passo que outras são especificadas como características quantitativas de desempenho. Segundo, qualidade está associada à redução da variabilidade nas características de desempenho. Nesse sentido, Lewis (1996) propõe a seguinte classificação para as fontes da variabilidade: (*i*) variabilidade nos processos de manufatura, (*ii*) variabilidade no ambiente de operação e (*iii*) deterioração do produto.

A fonte (i) é a principal responsável pela ocorrência de falhas precoces nos itens, as quais costumam surgir no início de sua vida operacional. Práticas de controle da qualidade de processos podem atenuar os efeitos dessa fonte de variabilidade. A fonte (ii) costuma levar a ocorrência de falhas aleatórias nos itens. O projeto robusto de produtos costuma dirimir os seus efeitos. A fonte (iii) leva a falhas por desgaste e deterioração dos itens. Quando possível, práticas de manutenção preventiva podem retardar o seu aparecimento ou diminuir a sua intensidade.

Ações de melhoria da qualidade que reduzam ou compensem essas fontes de variabilidade podem resultar em melhorias na confiabilidade do produto, já que falhas no produto, como exposto anteriormente, podem ter sua origem explicada por uma ou mais dessas fontes. Para que a melhoria da qualidade dos produtos apresente impacto sobre a sua confiabilidade, devem-se relacionar as fontes de variabilidade e suas falhas associadas aos estágios do ciclo de desenvolvimento de produtos.

De maneira simplificada, o desenvolvimento de produtos pode ser dividido em três grandes estágios: (i) projeto do produto, (ii) projeto do processo e (iii) manufatura. No projeto do produto, as necessidades dos usuários são convertidas em especificações de desempenho, o que resulta no projeto conceitual do item. No detalhamento do projeto, a configuração de componentes e partes é estabelecida, e parâmetros e tolerâncias são identificados. No projeto do processo, outros níveis de detalhamento são contemplados, referentes, em sua maioria, aos processos de manufatura a serem utilizados e suas especificações de operação. Após especificação de produto e processos, tem início o estágio final, de manufatura e monitoramento da produção. A redução da variabilidade nas características de desempenho do produto só pode ser obtida integrando-se os três estágios do desenvolvimento de produtos.

Lewis (1996) apresenta o relacionamento entre os estágios de desenvolvimento de produtos e as fontes de variabilidade (e falhas) listadas anteriormente. A conclusão é que esforços de melhoria da confiabilidade em produtos devem estar concentrados no estágio de projeto do produto. Somente a variabilidade no produto que leva a falhas precoces pode ser reduzida através dos estágios de projeto do processo e manufatura.

1.4. PRINCIPAIS CONCEITOS ASSOCIADOS À CONFIABILIDADE

Na Seção 1.1, apresentou-se uma conceituação probabilística de confiabilidade, aceita e utilizada pela maioria dos pesquisadores que trabalha na área da confiabilidade. Outras definições mais amplas, baseadas essencialmente no texto de normas como a ISO-8402 e a QS-9000, existem, mas não serão utilizadas neste texto.

Os principais conceitos associados à confiabilidade são: qualidade, disponibilidade, mantenabilidade, segurança e confiança. Tais conceitos são definidos na sequência tendo como base principal o texto das normas NBR ISO-8402 (1994) e 5462 (1994).

Qualidade pode ser definida como a totalidade de características e aspectos de um produto ou serviço que tornam possível a satisfação de necessidades implícitas e explícitas associadas ao produto ou serviço. De forma mais específica, qualidade é definida como cumprimento a especificações de projeto e manufatura com menor variabilidade possível, como visto na seção anterior.

Disponibilidade é definida como a capacidade de um item, mediante manutenção apropriada, desempenhar sua função requerida em um determinado instante do tempo ou em um período de tempo predeterminado. O conceito de disponibilidade varia conforme a capacidade de reparo de uma unidade. Em unidades não-reparáveis, os conceitos de disponibilidade e confiabilidade se equivalem. Em unidades reparáveis, os possíveis estados da unidade em um tempo t de análise são *funcionando* ou *em manutenção* (isto é, sofrendo reparo). Nesses casos, costuma-se supor que reparos devolvam a unidade à condição de nova e trabalha-se com um valor médio de disponibilidade para a unidade, dado por:

$$A = \frac{MTTF}{MTTF + MTTR} \tag{1.1}$$

onde A (do inglês *availability*) denota a disponibilidade média da unidade, $MTTF$ é o tempo médio entre falhas (ou seja, o tempo médio de funcionamento da unidade) e $MTTR$ é o tempo médio até conclusão de reparos feitos na unidade.

Mantenabilidade é definida como a capacidade de um item ser mantido ou recolocado em condições de executar suas funções requeridas, mediante condições preestabelecidas de uso, quando submetido à manutenção sob condições predeterminadas e usando recursos e procedimentos padrão. A mantenabilidade é um fator essencial no estabelecimento da disponibilidade de uma unidade.

Segurança é definida como a ausência de condições que possam causar morte, dano ou doenças ocupacionais a pessoas, bem como dano ou perda de equipamentos ou de propriedade. Uma definição alternativa de segurança substitui o termo "ausência" por "nível aceitável de risco", já que em muitas atividades é impossível chegar-se a uma condição isenta de risco.

O termo **confiança** (ou *dependabilidade*) é utilizado para designar um coletivo que inclui a disponibilidade e seus fatores determinantes: o desempenho da confiabilidade, da mantenabilidade e do suporte técnico. Pode-se considerar os conceitos de *confiança* e *confiabilidade* como análogos; o termo *confiança*, todavia, estaria associado a uma definição mais ampla, não estritamente probabilística de confiabilidade.

1.5. GESTÃO DA CONFIABILIDADE

Um programa integrado de confiabilidade compreende o estabelecimento de práticas e procedimentos para gerir a confiabilidade nas seguintes fases da vida de um produto: (i) projeto e desenvolvimento, (ii) manufatura e instalação, (iii) operação e manutenção e (iv) descarte, quando encerra a vida operacional do produto. A gestão da confiabilidade demanda a existência de um programa de confiabilidade e da definição das tarefas e elementos desse programa. Neste livro, são apresentadas ferramentas que subsidiam a gestão da confiabilidade nas fases (i) a (iii) listadas. A gestão da confiabilidade no descarte de itens está fortemente associada ao tipo de item em questão, sendo objeto de normas técnicas, as quais não são aqui abordadas.

Um programa de confiabilidade define a estrutura organizacional, responsabilidades, procedimentos, processos e recursos utilizados na gestão da confiabilidade. As tarefas em um programa de confiabilidade formam um conjunto de atividades relacionadas a aspectos da confiabilidade de uma unidade ou o apoio para produção de um resultado preestabelecido. Os elementos de um programa de confiabilidade incluem uma tarefa ou conjunto de tarefas realizadas por um indivíduo ou equipe.

A implantação bem-sucedida de um programa de gestão da confiabilidade demanda um grupo dedicado exclusivamente para esse fim. Um grau adequado de conhecimento é demandado dos membros do grupo, devido ao caráter multidisciplinar do programa de gestão. Assim, além de dominar os princípios matemáticos básicos de confiabilidade, o grupo deve ter familiaridade, por exemplo, com princípios e técnicas de desenvolvimento de produtos, fatores humanos e análise de custos. Para monitorar o desempenho de confiabilidade do sistema, o grupo deve montar um sistema eficiente de coleta e análise de dados, que permita a construção de uma base histórica de dados de confiabilidade na empresa.

1.6. MEDIDAS DE CONFIABILIDADE

Nesta seção, apresentam-se diversas medidas de confiabilidade para uma unidade não-reparável (que não está sujeita a reparos). Unidade pode designar um componente, subsistema ou sistema. As três medidas de confiabilidade mais comumente usadas para unidades não-reparáveis apresentadas nesta seção são (i) a função de confiabilidade $R(t)$, (ii) a função de risco $h(t)$ e (iii) o tempo médio até falha, $MTTF$ (*mean time to failure*). A função de vida residual média $L(t)$, uma medida de confiabilidade de menor utilização prática, também é apresentada. A seção é encerrada com um quadro de relacionamento entre as medidas apresentadas e um exemplo de aplicação. A notação apresentada nesta seção, concordante com grande parte da literatura sobre confiabilidade em língua inglesa, reflete uma escolha dos autores.

1.6.1. TEMPO ATÉ FALHA

Por tempo até falha de uma unidade entende-se o tempo transcorrido desde o momento em que a unidade é colocada em operação até a sua primeira falha. Convenciona-se $t = 0$ como início da operação do sistema. Por estar sujeito a variações aleatórias, o tempo até falha é definido como uma variável aleatória, designada por T. O estado da unidade em um tempo t pode ser descrito por uma variável de estado $X(t)$, que é uma variável aleatória definida por dois estados: $X(t) = 1$, no caso de a unidade estar operacional no tempo t, e $X(t) = 0$, no caso de a unidade estar não-operacional no tempo t. A relação existente entre a variável de estado $X(t)$ e o tempo até falha T vem ilustrada na Figura 1.1.

Como observado na definição da Seção 1.1, o tempo até falha nem sempre é medido de forma contínua, podendo assumir valores discretos, como número de ciclos até falha. Para os propósitos deste texto, pressupõe-se uma variável T distribuída continuamente, com densidade de probabilidade dada por $f(t)$ e função de distribuição dada por:

$$F(t) = P(T \le t) = \int_0^t f(u)du \ , \ t > 0 \qquad (1.2)$$

A função $F(t)$ denota, assim, a probabilidade de falha da unidade em uma missão de duração menor ou igual a t.

A densidade de probabilidade $f(t)$ é definida como:

$$f(t) = F'(t) = \frac{d}{dt}F(t) = \lim_{\Delta t \to 0}\frac{F(t+\Delta t)-F(t)}{\Delta t} = \lim_{\Delta t \to 0}\frac{P(t < T \le t+\Delta t)}{\Delta t} \qquad (1.3)$$

Para valores pequenos de Δt, a seguinte aproximação pode ser usada:

$$P(t < T \le t + \Delta t) \approx f(t) \cdot \Delta t \qquad (1.4)$$

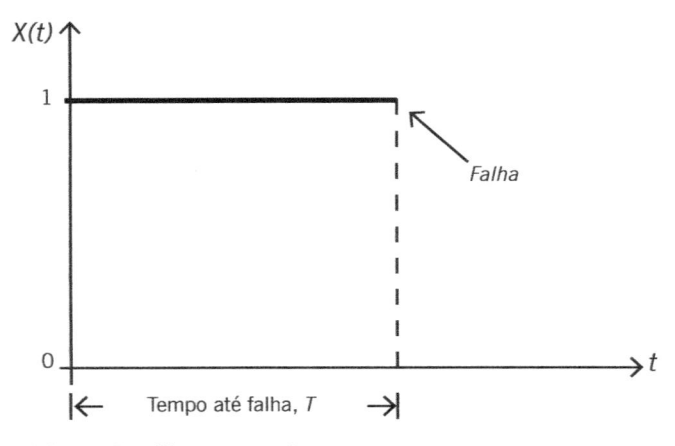

Figura 1.1: Variável de estado $X(t)$ e seus estados.

1.6.2. FUNÇÃO DE CONFIABILIDADE, *R*(t)

Suponha n_0 unidades idênticas submetidas a teste em condições predefinidas. Transcorrido o intervalo $(t - \Delta t, t)$, $n_f(t)$ unidades falharam e $n_s(t)$ unidades sobreviveram, tal que $n_f(t) + n_s(t) = n_0$. A confiabilidade da unidade é definida como a sua probabilidade acumulada de sucesso; assim, em um tempo t, a função de confiabilidade $R(t)$ é:

$$R(t) = \frac{n_s(t)}{n_s(t) + n_f(t)} = \frac{n_s(t)}{n_0} \tag{1.5}$$

Considerando a variável aleatória T definida anteriormente, a função de confiabilidade em um tempo t pode ser expressa como:

$$R(t) = P(T > t) \tag{1.6}$$

A função de distribuição de T, $F(t)$, é o complemento de $R(t)$, ou seja:

$$R(t) = 1 - F(t) = 1 - \int_0^t f(u)du = \int_t^{+\infty} f(u)\,du \tag{1.7}$$

Assim, a função de confiabilidade $R(t)$ informa a probabilidade de a unidade apresentar sucesso na operação (isto é, ausência de falhas) no intervalo de tempo $(0, t)$ e ainda estar funcionando no tempo t. A função de confiabilidade $R(t)$ é também denominada função de sobrevivência.

1.6.3. FUNÇÃO DE RISCO, h(t)

A função de risco $h(t)$ pode ser considerada a medida de confiabilidade mais difundida na prática. Tal função pode ser interpretada como a quantidade de risco associada a uma unidade no tempo t. A função de risco é bastante útil na análise do risco a que uma unidade está exposta ao longo do tempo, servindo como base de comparação entre unidades com características distintas. A função de risco é também conhecida em confiabilidade como taxa de falha ou taxa de risco.

A função de risco pode ser derivada usando probabilidade condicional. Considere, inicialmente, a probabilidade de falha entre t e $t + \Delta t$, dada por:

$$P(t \leq T \leq t + \Delta t) = \int_t^{t+\Delta t} f(u)du = R(t) - R(t + \Delta t) \tag{1.8}$$

Condicionando no evento de a unidade estar operando no tempo t, chega-se à seguinte expressão:

$$P(t \leq T \leq t + \Delta t | T \geq t) = \frac{P(t \leq T \leq t + \Delta t)}{P(T \geq t)} = \frac{R(t) - R(t + \Delta t)}{R(t)} \tag{1.9}$$

Uma taxa de falha média no intervalo $(t, t + \Delta t)$ pode ser obtida dividindo a Equação (1.9) por Δt. Supondo $\Delta t \to 0$, obtém-se a taxa de falha instantânea, que é a função de risco, dada por:

$$h(t) = \lim_{\Delta t \to 0} \frac{R(t) - R(t + \Delta t)}{R(t)\Delta t} = \frac{-R(t)}{R(t)} = \frac{f(t)}{R(t)}, \quad t \geq 0 \tag{1.10}$$

Funções de risco devem satisfazer as seguintes condições:

(i) $\int_0^{+\infty} h(t)dt = +\infty$ e (ii) $h(t) \geq 0$, para todo $t \geq 0$ (1.11)

A unidade de medida em uma função de risco é normalmente dada em termos de falhas por unidade de tempo. A forma da função de risco é um indicativo da maneira como uma unidade envelhece. Como a função de risco pode ser interpretada como a quantidade de risco a que uma unidade está exposta em um tempo t, um valor pequeno para a função de risco implica uma unidade exposta a uma menor quantidade de risco.

Existem três classificações básicas para a função de risco: (i) função de risco crescente, FRC, em que a incidência de risco cresce com o tempo; (ii) função de risco decrescente, FRD, em que a incidência de risco decresce com o tempo; e (iii) função de risco constante ou estacionária, FRE, em que a unidade está exposta a uma mesma quantidade de risco em qualquer momento do tempo. Alguns autores, como Leemis (1995), não consideram a classificação (iii) de forma independente, apresentado-a como uma combinação das classificações (i) e (ii). Produtos manufaturados costumam apresentar uma função de risco dada pela ocorrência sucessiva das três classificações anteriores, ilustrada na Figura 1.2 e conhecida como curva da banheira.

A Figura 1.2 pode ser facilmente interpretada resgatando os conceitos apresentados na Seção 1.3. Como visto anteriormente, deficiências no processo de manufatura de um produto levam a falhas precoces, que se concentram no início de sua vida, na chamada fase de mortalidade infantil. As falhas que incidem na fase de vida útil do produto devem-se tipicamente a condições extremas no ambiente de operação do produto e podem ocorrer, uniformemente, em qualquer momento no tempo. Finalmente, a deterioração do produto frequentemente leva a falhas por desgaste, concentradas no final da vida útil do produto, na fase de envelhecimento.

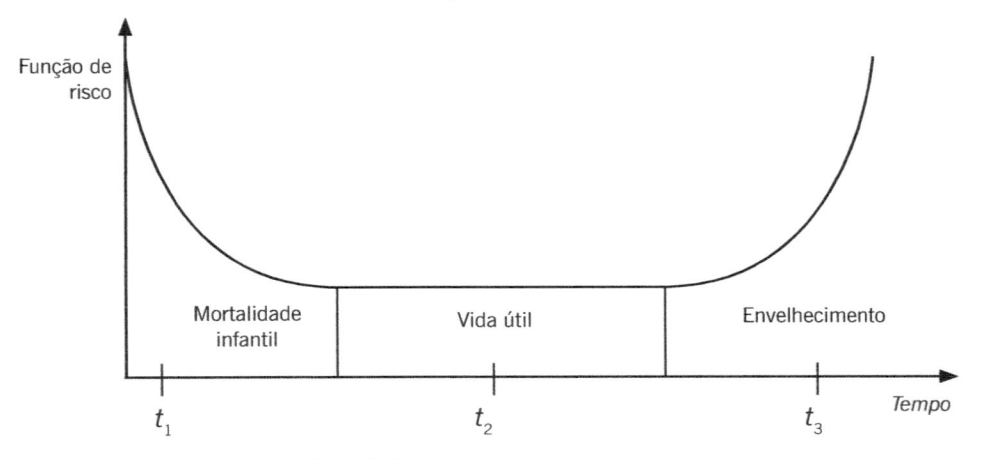

Figura 1.2: Exemplo de curva da banheira.

A função de confiabilidade $R(t)$ e a função de densidade $f(t)$ podem ser derivadas a partir da função de risco, conforme demonstrado a seguir. Usando como ponto de partida a Equação (1.10), tem-se:

$$h(t) = -\frac{R'(t)}{R(t)} = -\frac{d}{dt}\ln R(t)$$
(1.12)

Como, por definição, $R(0) = 1$, tem-se:

$$\int_0^t h(t)dt = -\ln R(t)$$
(1.13)

$$R(t) = e^{-\int_0^t h(u)du}$$
(1.14)

A partir da Equação (1.10) e do resultado na Equação (1.14), é possível estabelecer a seguinte relação entre $f(t)$ e a função de risco:

$$f(t) = h(t)\, e^{-\int_0^t h(u)du}, \quad t \geq 0$$
(1.15)

Integrando-se a função de risco sobre um período de tempo, obtém-se a função acumulada de risco, $H(t)$, dada por:

$$H(t) = \int_0^t h(u)du, \quad t \geq 0$$
(1.16)

A função acumulada de risco oferece uma representação alternativa da função de risco, na forma de uma função não-decrescente no tempo. Entretanto, de maneira análoga às funções de distribuição $F(t)$, a maioria das funções acumuladas de risco se assemelha na forma, independente da distribuição que modela os tempos até falha.

1.6.4. TEMPO MÉDIO ATÉ FALHA, *MTTF*

O tempo médio até falha de uma unidade, designado por *MTTF* (do inglês *mean time to failure*), pode ser definido como:

$$MTTF = E(T) = \int_0^{+\infty} tf(t)dt$$
(1.17)

ou seja, trata-se da expectância (ou valor esperado) da variável T. Como, a partir da Equação (1.3), $f(t) = -R'(t)$, uma expressão alternativa para o *MTTF* pode ser assim obtida:

$$MTTF = -\int_0^\infty tR'(t)dt$$
(1.18)

Integrando por partes, obtém-se:

$$MTTF = -[tR(t)]_0^\infty + \int_0^\infty R(t)dt$$
(1.19)

Se o *MTTF* $< \infty$, pode-se demonstrar que $[tR(t)]_0^\infty = 0$. Nesse caso, obtém-se a expressão alternativa para o *MTTF*, dada por:

$$MTTF = \int_0^\infty R(t)dt$$
(1.20)

O mesmo resultado pode ser obtido utilizando a transformada de Laplace da função de confiabilidade; uma versão genérica desse resultado pode ser encontrada em Rigdon & Basu (2000: 70).

Para a maioria das funções de distribuição que a variável T pode apresentar, a determinação do $MTTF$ a partir da expressão na Equação (1.20) costuma ser mais fácil, se comparada à expressão na Equação (1.17).

1.6.5. FUNÇÃO DE VIDA RESIDUAL MÉDIA, L(t)

A função de vida residual média corresponde à vida remanescente esperada da unidade, dado que ela sobreviveu até o tempo t. Se T designar a duração da vida da unidade, a vida residual média corresponde ao intervalo $T - t$. A vida residual média é designada por $L(t)$ e dada por:

$$L(t) = E[T - t | T \geq t], t \geq 0 \tag{1.21}$$

O valor esperado não-condicional da distribuição de T, $E(T)$, é um caso especial da função $L(t)$, quando $t = 0$. A fórmula para cálculo da expectância na Equação (1.21) é dada por:

$$L(t) = \int_t^\infty u \frac{f(u)}{R(t)} du - t = \frac{1}{R(t)} \int_t^\infty u f(u) du - t \tag{1.22}$$

1.6.6. RELAÇÃO ENTRE FUNÇÕES E EXEMPLO

A Tabela 1.1, originalmente proposta por Leemis (1995), apresenta a relação entre as medidas de confiabilidade discutidas nos itens anteriores desta seção. Analisando a tabela, pode-se constatar que, sendo informada uma das medidas de confiabilidade, qualquer outra medida pode ser derivada.

	$f(t)$	$R(t)$	$h(t)$	$H(t)$	$L(t)$
$f(t)$	•	$\int_t^\infty f(u)du$	$f(t) \Big/ \int_t^\infty f(u)du$	$-\ln\left[\int_t^\infty f(u)du\right]$	$\dfrac{\int_t^\infty u\, f(u)du}{\int_t^\infty f(u)du} - t$
$R(t)$	$-R'(t)$	•	$-R'(t) \Big/ R(t)$	$-\ln R(t)$	$\dfrac{1}{R(t)}\int_t^\infty R(u)du$
$h(t)$	$h(t)e^{-\int_0^t h(u)du}$	$e^{-\int_0^t h(u)du}$	•	$\int_0^t h(u)du$	$\dfrac{\int_t^\infty e^{-\int_0^\tau h(y)dy} du}{e^{-\int_0^t h(u)du}}$
$H(t)$	$H'(t).e^{-H(t)}$	$e^{-H(t)}$	$H'(t)$	•	$e^{H(t)}\int_t^\infty e^{-H(u)}du$
$L(t)$	$\dfrac{1+L'(t)}{L(t)}e^{-\int_0^t \frac{1+L'(u)}{L(u)}du}$	$e^{-\int_0^t \frac{1+L'(u)}{L(u)}du}$	$\dfrac{1+L'(t)}{L(t)}$	$\int_0^t \frac{1+L'(u)}{L(u)}du$	•

Tabela 1.1: Relação entre medidas de confiabilidade

EXEMPLO DE FIXAÇÃO 1.1

Lâmpadas elétricas costumam apresentar tempos até falha descritos por uma distribuição exponencial, com função de densidade dada por:

$$f(t) = \lambda e^{-\lambda t}, t \geq 0$$

A função de confiabilidade das lâmpadas pode ser obtida por aplicação direta da Equação. (1.7):

$$R(t) = \int_t^\infty f(u)du = \int_t^\infty \lambda e^{-\lambda u} du = -e^{-\lambda u}\Big|_t^\infty = \left[0 - \left(-e^{-\lambda t}\right)\right] = e^{-\lambda t}$$

A função de risco das lâmpadas pode ser determinada usando a Equação (1.10):

$$h(t) = \frac{f(t)}{R(t)} = \frac{\lambda e^{-\lambda t}}{e^{-\lambda t}} = \lambda$$

Como λ é uma constante, conclui-se que a função de risco da distribuição exponencial é do tipo FRE (função de risco constante no tempo).

A função de risco acumulada pode ser obtida diretamente da Equação (1.16):

$$H(t) = \int_0^t h(u)du = \int_0^t \lambda du = \lambda t$$

Através da Equação (1.20), obtém-se o tempo médio até falha:

$$MTTF = \int_0^\infty R(t)dt = \int_0^\infty e^{-\lambda t}dt = \frac{-1}{\lambda}[e^{-\lambda t}\Big|_0^\infty = \frac{-1}{\lambda}(0-1) = \frac{1}{\lambda}$$

Ou seja, o MTTF de tempos até falha exponencialmente distribuídos corresponde ao recíproco da taxa de falha λ.

Finalmente, a função de vida residual média pode ser determinada diretamente da Equação (1.22):

$$L(t) = \frac{1}{R(t)} \int_t^\infty uf(u)du - t = \frac{1}{e^{-\lambda t}} \int_t^\infty u\lambda e^{-\lambda t} du - t = \frac{1}{\lambda}$$

Esse resultado indica que, mediante suposição de tempos até falha exponencialmente distribuídos, a vida residual média da unidade independe de sua idade.

QUESTÕES

1) Uma fábrica de bobinas para motores está interessada em estimar a vida média de suas bobinas. Para tanto, foram submetidas a testes de confiabilidade 150 bobinas. As bobinas foram observadas e as falhas anotadas em intervalos de tempo. O número de falhas por intervalo de tempo é mostrado na tabela a seguir:

Intervalo de tempo (horas)	Falhas no intervalo
0 – 1,000	16
1,001 – 2,000	24
2,001 – 3,000	26
3,001 – 4,000	46
4,001 – 5,000	38

Estime a função densidade $f(t)$, a função de risco $h(t)$, a função de probabilidade acumulada $F(t)$ e a função de confiabilidade $R(t)$. Plote os gráficos dessas funções. Use as seguintes fórmulas para estimar as funções:

$$f(t) = \frac{n_f(t)}{n_0 \Delta t}, \quad h(t) = \frac{n_f(t)}{n_s \Delta t}, \quad R(t) = \frac{f(t)}{h(t)}, \quad F(t) = 1 - R(t)$$

2) Um certo componente eletrônico apresenta função de risco constante com valor de $2,5 \times 10^{-5}$ falhas por hora. Calcule a probabilidade de o componente sobreviver pelo período de um ano (10^4 horas). Caso um comprador adquirisse um lote desse componente e fizesse um teste de 5.000 horas em uma amostra de 2.000 componentes, quantos deles falhariam durante o teste?

3) Componentes como válvulas apresentam função de risco crescente, $h(t) = \lambda$. Encontre a função densidade $f(t)$, a probabilidade de falha no intervalo $(0,t]$ – $F(t)$, a função de confiabilidade $R(t)$, a função acumulada do risco $H(t)$ e a função de vida residual média.

Determine a função de confiabilidade após um ano de uso da válvula, sabendo que $\lambda = 0,5 \times 10^{-8}$. Qual a média de tempo para sua reposição?

Considere que uma função de risco crescente possui função de densidade de Rayleigh; assim sendo:

$$\mu = \sqrt{\frac{\pi}{2\lambda}} \quad \text{e} \quad \sigma = \sqrt{\frac{2}{\lambda}\left(1 - \frac{\pi}{4}\right)}$$

4) Um engenheiro estima a confiabilidade de uma máquina de corte, chegando à seguinte expressão:

$$R(t) = \left(1 - \frac{t}{t_0}\right)^2, \quad 0 \leq t < t_0$$
$$R(t) = 0, \quad t \geq t_0$$

(a) Determine a função de risco. (b) Determine o MTTF.

5) Capacitores cerâmicos têm função de risco constante com valor de 3×10^{-8} falhas por hora. Qual será a função de sobrevivência após um ano (10^4 horas). Após o recebimento de um carregamento desses capacitores, decide-se fazer um teste de 5.000 horas com uma amostra de 2.000 capacitores. Quantos capacitores devem falhar durante o teste?

6) Um determinado componente apresenta a função de confiabilidade de uma distribuição de Weibull. Os parâmetros do modelo são $\gamma = 2,25$ e $\theta = 300$. Determine a confiabilidade desse componente depois de 10 horas de operação, sua vida esperada e seu desvio-padrão.

Considere $E[T] = \theta^{1/\gamma} \Gamma\left(1 + \dfrac{1}{\gamma}\right)$, $Var[T] = \theta^{2/\gamma}\left\{\Gamma\left(1 + \dfrac{2}{\gamma}\right) - \left[\Gamma\left(1 + \dfrac{1}{\gamma}\right)\right]^2\right\}$, onde $\Gamma[n]$ designa a função gama.

7) O tempo de vida de um determinado componente segue uma distribuição lognormal com $\mu = 6$ e $\sigma = 2$. Calcule a confiabilidade do componente e o risco após 200 unidades de tempo. O formulário da distribuição lognormal vem apresentado a seguir:

$$R(t) = P[T > t] = P\left[z > \frac{lnt - \mu}{\sigma}\right]$$

$$h[t] = \frac{f(t)}{R(t)} = \frac{\varphi\left(\dfrac{lnt - \mu}{\sigma}\right)}{t\sigma R(t)}$$

[N] Nota: z refere-se a uma variável normal padronizada. $\varphi(.)$ é a integral tabelada cujo valor corresponde à ordenada da função de densidade de uma variável normal padronizada.

8) O tempo de falha de um componente segue uma distribuição de Weibull com parâmetro de escala $\lambda = 5,0 \times 10^{-6}$ (horas)$^{-1}$ e parâmetro de forma $\alpha = 15$. Calcule o valor do MTTF.

9) A resistência rolante é uma medida da energia perdida por um pneu de carga ao resistir à força que opõe sua direção de movimento. Em um carro normal, viajando a oitenta quilômetros por hora, são usados aproximadamente 20% do poder da máquina para superar a resistência do rolamento dos pneus. Um fabricante de pneus introduz um material novo que, quando acrescido à combinação de borracha, melhora significativamente a resistência do rolamento do pneu. Uma análise em laboratório com 150 pneus demonstrou que a taxa de falha do pneu novo aumenta linearmente com o tempo (em horas); isso pode ser expresso como $\lambda = 5,0 \times 10^{-8} t$. Calcule a função de confiabilidade do pneu após um ano e a média de tempo até a troca do pneu. Formulário adicional é fornecido a seguir:

$$\mu = \sqrt{\frac{\pi}{2\lambda}} \quad \sigma = \frac{2}{\lambda}\left(1 - \frac{\pi}{4}\right)$$

Os próximos exercícios devem ser resolvidos com o auxílio do software Proconf, cujo tutorial encontra-se no Apêndice, ao final deste capítulo.

10) Os dados na tabela a seguir são tempos até falha, apresentados em ordem crescente, medidos a partir de uma amostra de 50 unidades de um determinado componente eletromecânico:

15	119	158	218	312
23	121	162	225	330
62	125	167	230	345
78	128	171	237	360
80	132	175	243	383
85	137	183	255	415
97	140	189	264	436
105	145	190	273	457
110	149	197	282	472
112	153	210	301	572

Pede-se: (a) plotar no Proconf as funções $f(t)$, $h(t)$, $R(t)$ e $F(t)$; (b) comentar os resultados.

11) Os dados de tempo até falha a seguir foram obtidos em ensaios de confiabilidade conduzidos sobre um tipo de componente eletrônico. Obtenha no Proconf os histogramas das funções $f(t)$, $h(t)$, $R(t)$ e $F(t)$ e comente os resultados.

2,7	6,1	8,4	12,0	18,9	21,0
3,1	6,4	8,6	13,2	19,0	22,2
3,3	7,3	9,5	13,7	19,3	26,4
3,3	8,0	9,6	14,2	20,2	33,6
4,6	8,2	11,9	16,1	20,4	35,0

12) Os dados a seguir foram obtidos em testes com um componente mecânico que falha por fadiga. Plote no Proconf os histogramas de funções $f(t)$, $h(t)$, $R(t)$ e $F(t)$ e comente os resultados.

62	85	95	101	109	126
65	87	95	103	109	131
79	90	98	105	119	132
82	92	99	106	120	134
83	95	99	108	125	139

13) Considere os três grupos de dados a seguir. O grupo no item (a) foi obtido testando o número de dias até falha de lâmpadas elétricas em condições de uso contínuo; o grupo no item (b) corresponde ao tempo até falha, em milhares de horas, de bombas submersas; o grupo no item (c) corresponde a um teste com mecanismos de pouso de aviões (os resultados estão em números de pousos/decolagens, em condições normais). Analise os grupos de dados e determine, utilizando o Proconf: (a) qual a distribuição de probabilidade que melhor se ajusta aos dados (na dúvida entre mais

de uma distribuição, informe os resultados para aquelas que oferecem melhor ajuste); (b) elabore um relatório com os gráficos da função de confiabilidade e de densidade da distribuição selecionada; (c) o MTTF dos equipamentos; e (d) o tempo correspondente a uma confiabilidade de 95% para os equipamentos?

(a) Lâmpadas

20,1	98,7	256,4	662,6
20,4	115,3	267,2	668,9
21,5	116,9	332,6	702,7
32,5	190,9	378,6	750,7
35,3	191,8	417,4	771,1
56,0	219,2	433,1	907,0
63,6	234,5	522,4	952,2
74,1	235,7	560,4	1072,4
78,1	253,3	577,0	1168,4
82,0	254,2	581,7	

(b) Bombas submersas

58,9	57,3	38,0	26,8	27,4	89,7	16,3	41,2	39,7	20,7
14,8	102,2	63,2	58,0	75,4	31,1	60,7	15,1	110,6	13,7
30,0	41,4	39,5	171,7	13,8	23,6	51,1	62,7	106,7	30,5
40,5	28,0	127,0	14,3	36,5	38,7	47,7	118,0	14,5	18,8
81,1	49,5	72,3	20,0	174,2	12,7	20,8	6,5	24,3	59,3
19,0	21,8	32,0	125,5	21,9	58,6	29,5	101,0	165,3	46,6
46,8	75,6	26,5	11,3	28,4	43,3	34,0	55,2	42,8	24,5
18,5	43,5	66,9	51,0	13,7	194,4	32,2	48,2	32,8	20,2
44,8	64,6	28,5	10,6	29,1	19,4	47,6	108,1	98,6	11,4
23,4	68,9	79,8	123,8	27,3	16,6	18,0	13,5	56,1	36,3

(c) Trens de pouso

20937,3	19295,7	18076,7	10550,1	16618,8	16504,1
15868,6	19455,8	21300,5	14498,5	15672,5	19597,5
16606,6	15864,2	19558,7	19274,7	19485,0	18646,4
19593,3	27046,6	13572,6	14585,3	25814,3	18627,7
15579,3	19101,3	9797,0	16785,8	16724,8	18631,4
15525,7	20822,0	15854,5	15063,2	8384,93	11950,7
20130,6	22271,6	17342,7	20617,2	12328,2	16003,7
20703,5	26231,2	22068,3	12786,3	21788,0	19782,8
15845,8	12242,6	22179,6	20739,5	16217,6	17431,8
20900,8	11110,2	23469,6	26138,5	21370,0	14301,2

14) Um componente mecânico sujeito a estresse cíclico apresenta um tempo até falha normalmente distribuído, com média 1980 ciclos e desvio-padrão de 350 ciclos. O fabricante oferece uma garantia de um ano, com total reposição do componente no caso de falha (em um ano, estima-se uma média de 1.580 ciclos de uso do componente). Cada reposição custa $380,00 para o fabricante. Elabore um relatório no Proconf com as seguintes informações: (a) apresente os gráficos de confiabilidade, densidade de probabilidade e taxa de falha do componente mecânico; (b) para cada 1.000 componentes vendidos, qual o custo esperado para o fabricante incorrido com reposições dentro do prazo de garantia? (c) O fabricante deseja um custo com reposições na garantia $\leq \$1.000,00$/mil peças vendidas; considerando o nível de confiabilidade atual, qual deveria ser o prazo de garantia oferecido pelo fabricante para o produto?

15) Utilizando o Proconf, encontre a distribuição que melhor se ajusta aos dados e o MTTF da seguinte amostra de tempos até a falha:

6	15	30	39	47	57	149
8	16	33	41	48	62	271
10	28	36	45	51	110	

APÊNDICE: UTILIZAÇÃO DO PROCONF A PARTIR DE UM EXEMPLO

Considere os dados a seguir, obtidos em um teste de fadiga em hélices de automóveis (em milhares de horas). Nosso objetivo é:

- Inserir dados de falha no software.
- Analisar os gráficos resultantes e escolher a distribuição de probabilidade mais apropriada na descrição dos tempos até falha.
- Obter valores de confiabilidade e MTTF para cada distribuição.

8,2	12,5	8,4	11,9	273,2
14,3	3,7	5,0	14,5	273,9
28,3	32,2	15,4	8,2	
12,0	0,7	10,9	9,6	
3,2	22,0	14,0	7,4	
31,3	1,6	22,7	27,5	
17,2	20,3	14,9	7,1	
49,7	14,4	3,0	9,2	
0,4	2,6	35,7	43,3	
2,3	11,6	10,9	0,2	

Tabela A.1. Dados de TTF de hélices de automóveis

O Proconf possui três janelas de funções:

1. Dados
2. Análise
3. Calculadora

A janela **Dados** é a primeira a aparecer quando o programa é aberto. Ela contém quatro planilhas: (i) Informações básicas, (ii) Dados de falha, (iii) Gráficos de barras e (iv) Papel de probabilidade. Em (i) o usuário fornece informações sobre a análise em curso. Por exemplo, o Título do Projeto poderia ser *Tutorial*, a Unidade de Tempo poderia ser *Milhares de Horas* e o Nível do Intervalo de Confiança poderia ser 95% (o mais usual, na prática). Em (ii) os dados de tempo até falha deverão ser informados; entre com os dados da tabela anterior. Após inserir os dados, clique em *processar*, para atualizar o registro. Em (iii), analise os gráficos de barra (histogramas) resultantes; eles dão uma ideia da distribuição de probabilidade dos dados. Existem quatro opções: frequência, taxa de falha, confiabilidade e densidade acumulada de falha. A frequência corresponde à função de densidade, podendo dar uma ideia da melhor distribuição para os dados em estudo. Em (iv) os dados são plotados em quatro papéis de probabilidade (exponencial, Weibull, lognormal e normal). Quanto mais próximos da reta os dados estiverem, maior a probabilidade de pertencer a uma dada distribuição. Analise com cuidado os dados nas extremidades; eles costumam ser decisivos na escolha da distribuição apropriada.

A janela **Análise** contém cinco planilhas: (i) Modelos, (ii) Ajuste/Estatísticas, (iii) Funções de confiabilidade, (iv) Gráficos e (v) Testes de aderência. Em (i) o usuário escolhe o modelo desejado (existem cinco opções de modelo); por exemplo, o modelo escolhido pode ser o de Weibull. A partir da escolha do modelo, todas as funções nas demais planilhas vão utilizar o modelo escolhido como referência. Em (ii) os parâmetros da distribuição são calculados; algumas informações como os percentis 10 e 50 e o MTTF também são fornecidos. A planilha (iii) traz as informações usadas na construção dos gráficos da planilha (iv). Em (iv) pode-se ter uma ideia do formato das funções de probabilidade associadas à distribuição selecionada, tendo em vista os dados de TTF. É importante ressaltar que os gráficos são gerados independentemente de a distribuição selecionada ser aquela que melhor se ajusta aos dados. O ajuste das distribuições aos dados é verificado na planilha (v), através de dois testes de aderência: o teste do qui-quadrado e o teste de Kolmogorov-Smirnov. A interpretação do resultado dos testes vem dada na própria planilha. Para que o programa não rejeite a hipótese de a distribuição selecionada ser correta, ela precisa passar nos dois testes.

A janela **Calculadora** traz uma calculadora para determinação da confiabilidade, dada uma determinada distribuição com parâmetros informados (botão *calcular confiabilidade*). A calculadora também pode determinar o tempo correspondente a uma determinada confiabilidade (botão *calcular tempo*). A calculadora também apresenta os gráficos correspondentes à distribuição informada.

DISTRIBUIÇÕES DE PROBABILIDADE EM CONFIABILIDADE: ESTIMATIVAS DE PARÂMETROS E TEMPOS ATÉ FALHA

CONCEITOS APRESENTADOS NESTE CAPÍTULO

Apresentam-se as principais distribuições de probabilidade utilizadas em análise de confiabilidade. Apresentam-se também as propriedades desejadas de um estimador, para então detalhar a estimação dos parâmetros das distribuições de probabilidade através do método da máxima verossimilhança. O capítulo é encerrado apresentando testes gráficos e analíticos para verificar o ajuste de dados de tempos até falha a distribuições de probabilidade. Uma lista de exercícios é proposta ao final do capítulo.

2.1. INTRODUÇÃO

A definição mais usual de confiabilidade de uma unidade (componente ou sistema) é dada em termos de sua probabilidade de sobrevivência até um tempo t de interesse. A determinação de tal probabilidade é possível através da modelagem dos tempos até falha da unidade em estudo. Conhecendo-se a distribuição de probabilidade que melhor se ajusta a esses tempos, é possível estimar a probabilidade de sobrevivência da unidade para qualquer tempo t, bem como outras medidas de confiabilidade apresentadas na Seção 1.6 do Capítulo 1, como o seu tempo médio até falha e função de risco. A modelagem dos tempos até falha é, portanto, central em estudos de confiabilidade.

Por tempo até falha de uma unidade entende-se o tempo transcorrido desde o momento em que a unidade é colocada em operação até a sua primeira falha. Tais tempos podem ser conhecidos de registros históricos ou obtidos a partir de observações do desempenho do produto em campo ou em laboratório, sob condições controladas. Convenciona-se $t = 0$ como início da operação da unidade. Por estar sujeito a variações aleatórias, o tempo até falha é interpretado como uma variável aleatória não-negativa, designada por T. Tempos até falha nem sempre são medidos como tempo de calendário, podendo assumir valores discretos. Para os propósitos deste texto, pressupõe-se uma variável T distribuída continuamente, com função de densidade de probabilidade dada por $f(t)$ e função de distribuição dada por:

$$F(t) = P(T \leq t) = \int_0^t f(u)du, \text{ para } t \geq 0 \tag{2.1}$$

$F(t)$ denota, assim, a probabilidade de falha da unidade no intervalo de tempo $(0, t]$.

A densidade de probabilidade $f(t)$ é definida como:

$$f(t) = F'(t) = \frac{d}{dt}F(t) = \lim_{\Delta t \to 0} \frac{F(t + \Delta t) - F(t)}{\Delta t} = \lim_{\Delta t \to 0} \frac{P(t < T \leq t + \Delta t)}{\Delta t} \tag{2.2}$$

Conhecendo-se $f(t)$ [ou $F(t)$], é possível determinar a confiabilidade $R(t)$ da unidade para qualquer tempo t, além de outras medidas de interesse (ver Tabela 1.1). A densidade $f(t)$ é plenamente caracterizada pelo seu vetor de parâmetros $\theta = [\theta_1, \theta_2, ...]$. Os parâmetros da função que caracteriza uma determinada unidade são estimados utilizando informações de tempos até falha, através de métodos de estimação como o da máxima verossimilhança, apresentado mais adiante.

As distribuições de probabilidade usadas em estudos de confiabilidade podem apresentar até três parâmetros, classificados em parâmetros de (a) localização, (b) escala e (c) forma. Parâmetros de localização são usados para deslocar a distribuição de probabilidade ao longo do eixo do tempo, sendo também conhecidos como parâmetros de vida mínima ou de garantia. Um exemplo conhecido é a média da distribuição normal. Parâmetros de escala são usados para expandir ou contrair o eixo do tempo. Um exemplo conhecido é o parâmetro λ da distribuição exponencial; a função de densidade possui sempre a mesma forma, mas as unidades no eixo do tempo são determinadas por λ. Os parâmetros de forma são assim designados por afetarem a forma da função de densidade. Um exemplo conhecido é o parâmetro γ da distribuição de Weibull.

2.2. MÉTODOS DE ESTIMAÇÃO DE PARÂMETROS

Considere uma amostra aleatória completa (sem censura – uma definição para dados censurados é apresentada no início do Capítulo 4) de tempos até falha

$(T_1,\ldots,T_n)$ obtida de uma população de interesse tal que T_i's são variáveis aleatórias independentes que seguem uma mesma distribuição de probabilidade. Deseja-se utilizar a informação na amostra para estimar o vetor θ de parâmetros da distribuição. Para tanto, deve-se desenvolver uma estatística que, a partir da amostra, forneça uma estimativa de θ; em outras palavras, deseja-se desenvolver um estimador $\hat{\Theta}$ para θ.

Os métodos mais difundidos para estimar parâmetros populacionais são o método (i) dos momentos, (ii) dos mínimos quadrados e (iii) da máxima verossimilhança. Este último, talvez o mais utilizado dos métodos, é detalhado a seguir. Independente do método de estimação utilizado, deseja-se obter estimadores com as seguintes propriedades:

- *Não-tendencioso* – estimador que não subestima ou superestima, de maneira sistemática, o valor real do parâmetro; isto é, $E[\hat{\theta}] = \theta$, onde $E[\bullet]$ denota o operador de expectância.

- *Consistente* – estimador não-tendencioso que converge rapidamente para o valor real do parâmetro à medida que o tamanho de amostra aumenta.

- *Eficiente* – estimador consistente que apresenta a menor variância dentre os estimadores usados para estimar o mesmo parâmetro populacional.

- *Suficiente* – estimador eficiente que utiliza toda a informação acerca do parâmetro que a amostra possui.

Um dos melhores métodos para obter estimadores pontuais de parâmetros populacionais é o método da máxima verossimilhança. Como o nome sugere, um estimador de máxima verossimilhança será dado pelo valor do parâmetro que maximiza a função de verossimilhança. A apresentação que se segue foi baseada nos trabalhos de Montgomery & Runger (2006; Cap. 7), Mood *et al.* (1974; Cap. 7) e Leemis (1995; Cap. 7).

Sejam $T_1,\ldots,T_n$ variáveis aleatórias que seguem uma distribuição de probabilidade $f(t, \theta)$, onde θ é um parâmetro desconhecido. Sejam $t_1,\ldots,t_n$ os valores observados em uma amostra aleatória de tamanho n. A função de verossimilhança da amostra é:

$$L(\theta) = f(t_1, \theta) \cdot f(t_2, \theta) \cdot \ldots \cdot f(t_n, \theta) \tag{2.3}$$

A função na Equação (2.3) informa sobre a possibilidade (ou verossimilhança) de as variáveis $T_1,\ldots,T_n$ assumirem os valores $t_1,\ldots,t_n$; tal possibilidade é dada pelo valor da função de densidade calculada para cada valor realizado $t_1,\ldots,t_n$. Para o caso de variáveis discretas, a verossimilhança é um valor de probabilidade.

A expressão na Equação (2.3) é função apenas do parâmetro desconhecido θ. O estimador de máxima verossimilhança de θ é, assim, o valor de θ que maximiza $L(\theta)$; tal valor é obtido derivando a Equação (2.3) com relação a θ e igualando o resultado a 0; isto é:

$$\frac{\partial L(\theta)}{\partial \theta} = 0 \tag{2.4}$$

É importante ressaltar que $L(\theta)$ e $l(\theta) = ln[L(\theta)]$ apresentam seus máximos no mesmo valor de θ; em muitos casos, é mais fácil resolver a derivada na Equação (2.4) para $l(\theta)$. No restante deste texto, o estimador do parâmetro θ é designado por $\hat{\Theta}$ e suas estimativas por $\hat{\theta}$.

O método de máxima verossimilhança pode ser usado, também, em casos em que diversos parâmetros sejam desconhecidos; por exemplo, quando $\theta_1, ..., \theta_k$ devam ser estimados. Nesses casos, a função de verossimilhança torna-se uma função dos k parâmetros desconhecidos, e os estimadores de máxima verossimilhança $\hat{\Theta}_1, ..., \hat{\Theta}_k$ são encontrados determinando k derivadas parciais, igualando-as a zero e resolvendo-as para os parâmetros de interesse, seguindo basicamente o mesmo procedimento apresentado para o caso de um parâmetro único de interesse.

Estimadores de máxima verossimilhança apresentam, em geral, propriedades assintóticas favoráveis. O estimador de máxima verossimilhança $\hat{\Theta}$ de qualquer parâmetro θ é não tendencioso para valores grandes de n e apresenta uma variância tão pequena quanto possível de ser obtida com qualquer outro estimador.

EXEMPLO DE FIXAÇÃO 2.1: DISTRIBUIÇÃO EXPONENCIAL

Tempos até falha seguem uma distribuição exponencial com parâmetro e função de densidade dada por:

$$f(t_i, \lambda) = \lambda e^{-\lambda t_i}, i = 1, ..., n. \tag{2.5}$$

Aplicando a Equação (2.3), isto é, calculando o valor da função de densidade para cada valor observado na amostra, obtém-se a seguinte função de verossimilhança:

$$L(\lambda) = \prod_{i=1}^{n} f(t_i, \lambda) = \lambda^n \prod_{i=1}^{n} e^{-\lambda t_i} = \lambda^n e^{-\lambda \sum_{i=1}^{n} t_i} \tag{2.6}$$

cujo logaritmo é dado por:

$$l(\lambda) = \ln[L(\lambda)] = n \ln \lambda - \lambda \sum_{i=1}^{n} t_i \tag{2.7}$$

A derivada da função na Equação (2.7) é dada por:

$$\left. \frac{\partial l(\lambda)}{\partial \lambda} \right|_{\hat{\Lambda}} = \frac{n}{\hat{\Lambda}} - \sum_{i=1}^{n} t_i = 0 \tag{2.8}$$

O estimador de máxima verossimilhança de λ é obtido isolando $\hat{\Lambda}$:

$$\hat{\Lambda} = \frac{n}{\sum_{i=1}^{n} t_i} \tag{2.9}$$

EXEMPLO DE FIXAÇÃO 2.2: DISTRIBUIÇÃO DE WEIBULL COM DOIS PARÂMETROS

Tempos até falha seguem uma distribuição de Weibull com parâmetros γ e θ, função de densidade dada na Equação (2.10) e função de verossimilhança dada na Equação (2.11).

$$f(t) = \frac{\gamma}{\theta} t_i^{\gamma-1} e^{-t_i^{\gamma}/\theta}, i = 1, ..., n \tag{2.10}$$

$$L(\gamma, \theta) = \frac{\gamma}{\theta} \prod_{i=1}^{n} t_i^{\gamma-1} e^{-\frac{1}{\theta}\sum_{i=1}^{n} t_i^{\gamma}} \tag{2.11}$$

As derivadas do logaritmo da função na Equação (2.11) com relação a γ e θ são obtidas, igualadas a zero, avaliadas em $\hat{\Gamma}$ e $\hat{\Theta}$ e rearranjadas, resultando nas seguintes equações:

$$\frac{\sum_{i=1}^{n} t_i^{\hat{\Gamma}}\ln t_i}{\sum_{i=1}^{n} t_i^{\hat{\Gamma}}} - \frac{1}{\hat{\Gamma}} - \frac{1}{n}\sum_{i=1}^{n}\ln t_i = 0 \tag{2.12}$$

$$\hat{\Theta} = \left[\sum_{i=1}^{n} t_i^{\hat{\Gamma}}/n\right]^{\frac{1}{\hat{\Gamma}}} \tag{2.13}$$

A estimativa de γ na Equação (2.12) é obtida iterativamente, já que é impossível isolar o parâmetro de forma independente na equação. O valor de γ é, então, substituído na Equação (2.13), resultando na estimativa de θ.

2.3. DISTRIBUIÇÕES DE TEMPOS ATÉ FALHA

Quatro distribuições de probabilidade frequentemente utilizadas para descrever tempos até falha de componentes e sistemas são detalhadas na sequência: (i) Exponencial, (ii) Weibull, (iii) Gama, e (iv) Lognormal. A distribuição normal, importante na estatística inferencial, encontra pequena aplicabilidade em estudos de confiabilidade, não sendo abordada nesta seção (cabe ressaltar, entretanto, que o aplicativo Proconf, que acompanha este livro, fornece um conjunto completo de análises para variáveis normalmente distribuídas). As representações apresentadas para as distribuições aqui abordadas são as mais comumente usadas em estudos de confiabilidade: função de densidade $f(t)$, função de confiabilidade $R(t)$, função de risco $h(t)$ e tempo médio até falha $MTTF$.

Os formatos assumidos pelas funções de densidade das distribuições abordadas nesta seção são apresentados para algumas combinações de parâmetros. Diferentes representações gráficas para as distribuições podem ser obtidas utilizando o comando *Calculadora de Confiabilidade* do aplicativo Proconf. Recomenda-se, assim, que a leitura do texto que se segue seja feita com o apoio do Proconf para geração de gráficos de interesse.

2.3.1. DISTRIBUIÇÃO EXPONENCIAL

A distribuição exponencial é importante em estudos de confiabilidade por ser a única distribuição contínua com função de risco constante. A simplicidade matemática das expressões derivadas da exponencial difundiu o seu uso na área, às vezes inadequado. Suas representações de confiabilidade, para $t \geq 0$, vêm apresentadas a seguir; as Equações (2.14) a (2.16) são ilustradas na Figura 2.1, para $\lambda = 2$ (gráficos obtidos utilizando o aplicativo Proconf).

$$f(t) = \lambda e^{\lambda t} \tag{2.14}$$

$$R(t) = e^{-\lambda t} \tag{2.15}$$

$$h(t) = \lambda \tag{2.16}$$

$$MTTF = E[T] = \frac{1}{\lambda} \tag{2.17}$$

O estimador de máxima verossimilhança de λ para amostras completas (isto é, sem censura) é apresentado na Equação (2.9).

A distribuição exponencial apresenta três importantes propriedades. A primeira diz respeito à ausência de memória de unidades com tempos até falha modelados pela exponencial; isto é, supõem-se unidades com uma mesma confiabilidade $R(t)$ para qualquer t, independente de sua idade ou tempo de uso. Tal suposição restringe a aplicação da exponencial a alguns componentes elétricos; unidades que apresentam desgaste ou fadiga são modeladas adequadamente pela exponencial apenas durante o seu período de vida útil, quando a ocorrência de falhas for relativamente constante no tempo.

A segunda propriedade importante da exponencial garante que se $T_1,...,T_n$ forem variáveis exponenciais independentes e identicamente distribuídas, então $2\lambda \sum_{i=1}^{n} T_i \sim \chi_{2n}^2$, onde χ_{2n}^2 designa a distribuição do qui-quadrado com $2n$ graus de liberdade. Tal propriedade permite a determinação de um intervalo de confiança para λ baseado nas observações de n variáveis exponenciais independentes. O intervalo para λ com confiança $100(1 - \alpha)\%$ é dado por:

$$\chi_{2n,1-\alpha/2}^2 \Big/ \left(2\sum_{i=1}^{n} T_i \right) < \lambda < \chi_{2n,\alpha/2}^2 \Big/ \left(2\sum_{i=1}^{n} T_i \right) \tag{2.18}$$

A terceira e última propriedade da exponencial a ser destacada aplica-se a componentes submetidos a choques ou cargas de forma aleatória. Se o tempo entre choques for modelado por uma distribuição exponencial com parâmetro λ, então o número de choques no intervalo $(0, t]$ segue uma distribuição de Poisson com parâmetro λt. Essa propriedade é central na modelagem da garantia de produtos.

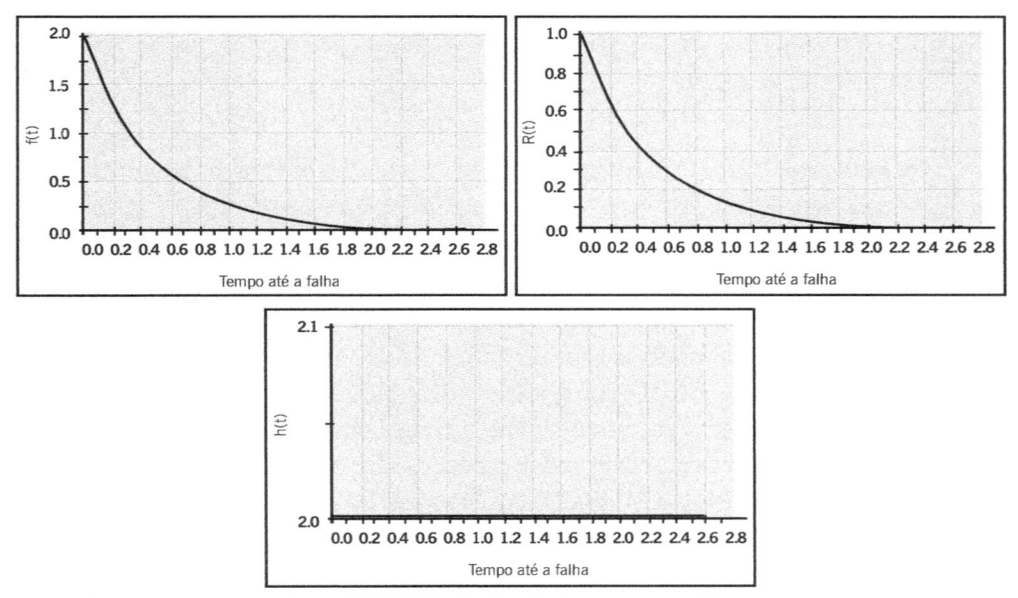

Figura 2.1: Representações de confiabilidade da distribuição exponencial.

Além das propriedades listadas, Leemis (1995) apresenta outras oito propriedades de interesse em situações específicas. Kapur e Lamberson (1977; Cap. 10) apresentam testes para detecção de valores espúrios em amostras exponenciais. Mais especificamente, os autores abordam a identificação de tempos até falha atipicamente longos ou curtos, além de perturbações na taxa de falha constante que caracteriza a distribuição exponencial.

2.3.2. DISTRIBUIÇÃO DE WEIBULL

A distribuição de Weibull é apropriada na modelagem de tempos até falha apresentando funções de risco constante, estritamente crescente e estritamente decrescente. Trata-se de uma das distribuições mais importantes na modelagem de confiabilidade devido à sua flexibilidade e capacidade de representação de amostras de tempos até falha com comportamentos distintos. Na análise de amostras de tempos até falha de tamanho pequeno, supor dados seguindo uma distribuição de Weibull costuma ser um bom ponto de partida na análise.

As representações de confiabilidade da Weibull, para $t \geq 0$, $\gamma > 0$ e $\theta > 0$, são fornecidas nas seguintes equações:

$$f(t) = \frac{\gamma}{\theta} t^{\gamma-1} e^{-t^{\gamma}/\theta} \tag{2.19}$$

$$R(t) = e^{-\left(\frac{t}{\theta}\right)^{\gamma}} \tag{2.20}$$

$$h(t) = \frac{\gamma}{\theta}\left(\frac{t}{\theta}\right)^{\gamma-1} \tag{2.21}$$

$$MTTF = \theta\Gamma\left(1 + 1/\gamma\right) \tag{2.22}$$

Na Equação (2.22), $\Gamma(\cdot)$ designa a função gama, uma integral indefinida tabelada. Os estimadores de máxima verossimilhança para γ e θ, os parâmetros de forma e escala da Weibull, são fornecidos nas Equações (2.12) e (2.13) para amostras completas.

A distribuição de Weibull modela adequadamente uma ampla variedade de situações em que unidades apresentam funções de risco distintas. O tipo de função de risco da Weibull é definido pelo seu parâmetro de forma. Quando $\gamma < 1$, $h(t)$ é decrescente. Quando $\gamma = 1$, $h(t)$ é constante e a Weibull transforma-se na distribuição exponencial (podendo ser vista, assim, como um caso mais geral dessa distribuição). Quando $\gamma > 1$, $h(t)$ é crescente. Dois casos especiais são: (i) $\gamma = 2$, quando $h(t)$ é uma reta com inclinação $(2/\theta)^2$ e a Weibull transforma-se na distribuição de Rayleigh, e (ii) $\gamma = 3,26$, quando a Weibull apresenta função de densidade com formato similar ao da distribuição normal. Alguns dos cenários para $h(t)$ apresentados anteriormente vêm ilustrados na Figura 2.2.

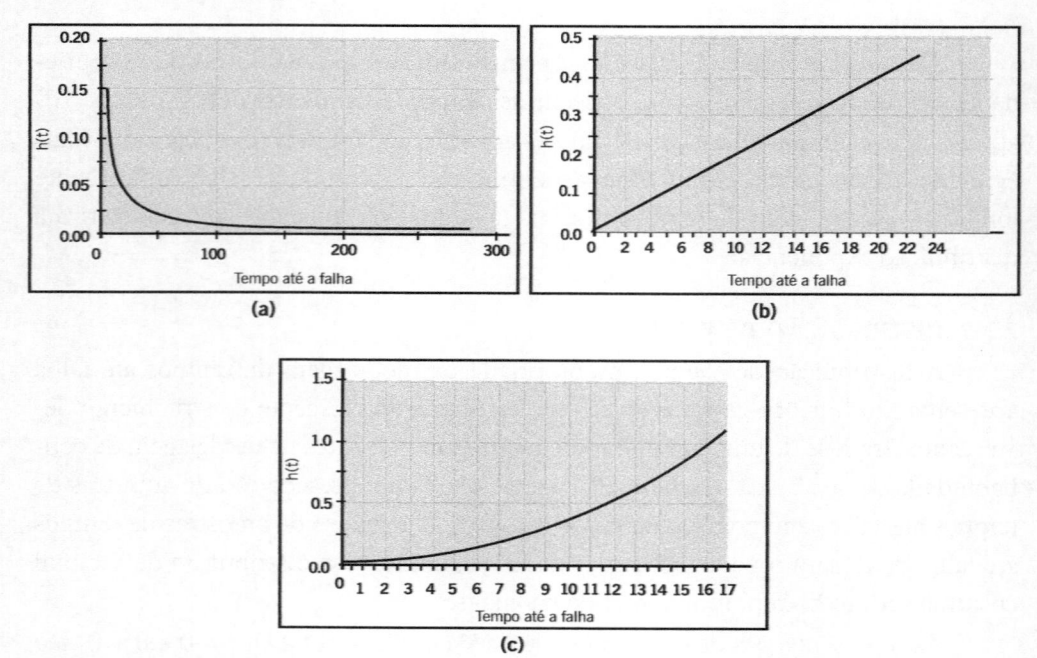

Figura 2.2: $h(t)$ quando (a) $\gamma = 0,5$; (b) $\gamma = 2,0$; e (c) $\gamma = 3,26$.

O parâmetro θ da Weibull é frequentemente designado como a vida característica da unidade modelada por essa distribuição. Da Equação (2.20), tem-se que:

$$R(\theta) = 1/e \approx 0,3679 \quad \text{para todo } \gamma > 0 \tag{2.23}$$

Todas as funções de confiabilidade da Weibull se encontram no ponto (θ, e^{-1}), independente do valor de γ.

A distribuição de Weibull, assim como a exponencial, apresenta uma propriedade conhecida como de autorreprodução. Segundo essa propriedade, se $T_1,...,T_n$ são tempos até falha seguindo uma distribuição de Weibull com parâmetros de forma idênticos, então o mínimo desses valores também segue uma distribuição de Weibull; isto é, $Min\{T_1,...,T_n\} \sim Weibull\left(\sum_{i=1}^{n} \theta_i, \gamma\right)$.

A obra de Murthy, Xie e Jiang (2004) merece destaque entre os estudos que abordam a distribuição de Weibull, já que é inteiramente devotada a essa distribuição de probabilidade. Os autores abordam tópicos avançados como modelos de mistura de distribuições de Weibull (úteis na modelagem empírica da curva da banheira) e modelos multivariados baseados nessa distribuição, sendo um importante complemento para a introdução aqui apresentada.

2.3.3. DISTRIBUIÇÃO GAMA

Assim como a distribuição de Weibull, a distribuição gama é uma generalização da distribuição exponencial. Seja uma unidade exposta a uma série de choques que ocorrem conforme um processo de Poisson homogêneo, com intensidade λ. Os intervalos de tempo $T_1,T_2,...$ entre choques consecutivos são, então, independentes e exponencialmente distribuídos, com parâmetro λ, conforme visto anteriormente (terceira propriedade da distribuição exponencial). Se a unidade apresentar falha no m-ésimo choque, o tempo até falha da unidade é:

$$T = T_1 + T_2 + ... + T_m \tag{2.24}$$

e, T segue uma distribuição gama; para mais detalhes, ver Ross (2006: 307).

As medidas de confiabilidade de interesse para a distribuição gama são ($t \geq 0$, parâmetro de forma $\gamma > 0$ e parâmetro de escala $\lambda > 0$):

$$f(t) = \frac{\lambda}{\Gamma(\gamma)}(\lambda t)^{\gamma-1} e^{-\lambda t} \tag{2.25}$$

$$R(t) = 1 - \frac{1}{\Gamma(\gamma)}\int_0^{\lambda t} x^{\gamma-1} e^{-x} dx \tag{2.26}$$

$$h(t) = f(t)/R(t) \tag{2.27}$$

$$MTTF = \gamma/\lambda \tag{2.28}$$

Os formatos assumidos pela densidade da distribuição gama são bastante similares aos da distribuição de Weibull, sendo difícil diferenciar as distribuições a partir de seus gráficos de densidade. Analogamente à Weibull, a distribuição gama apresenta função de risco decrescente quando $\gamma < 1$, constante quando $\gamma = 1$ e crescente quando $\gamma > 1$. Ao contrário de $f(t)$, o formato de $h(t)$ da gama e da Weibull diferencia-se bastante, em particular para valores maiores de t. Para qualquer γ, $\lim_{t \to \infty} h(t) = \lambda$, indicando que tempos até falha que seguem uma distribuição gama apresentam uma cauda exponencial.

A função de verossimilhança da distribuição gama é dada por:

$$L(\lambda, \gamma) = \frac{\lambda^{n\gamma}}{[\Gamma(\gamma)]^n} \left[\prod_{i=1}^{n} t_i \right]^{\gamma-1} e^{-\lambda \sum_{i=1}^{n} t_i} \tag{2.29}$$

Aplicando o logaritmo e obtendo as derivadas parciais de $L(\lambda, \gamma)$ em relação a λ e γ, obtém-se um conjunto de equações em termos de λ e γ. Como os parâmetros não podem ser isolados nas equações, as suas estimativas de máxima verossimilhança podem ser encontradas utilizando métodos numéricos.

A distribuição gama apresenta duas situações especiais que merecem destaque. A primeira ocorre quando o parâmetro de forma γ for um número inteiro positivo; neste caso, a gama transforma-se na distribuição de Erlang, cuja função de confiabilidade é matematicamente tratável (ao contrário da distribuição gama). A Erlang é a distribuição da variável aleatória descrita pela soma de variáveis exponencialmente distribuídas. A segunda situação especial ocorre quando $\lambda = \frac{1}{2}$ e $\gamma = n/2$ e a distribuição gama transforma-se na distribuição do qui-quadrado, em que n designa o número de graus de liberdade da distribuição.

2.3.4. DISTRIBUIÇÃO LOGNORMAL

O tempo até falha T de uma unidade segue uma distribuição lognormal se $Y = \ln T$ for normalmente distribuído. A lognormal é uma distribuição limitada à esquerda, muito utilizada na modelagem de tempos até reparo em unidades reparáveis. Nesse caso, é razoável supor que a probabilidade de completar uma ação de reparo aumenta com o passar do tempo. No caso de o reparo demorar muito a ser concluído, há um indicativo de causas especiais sobre o processo (por exemplo, falta de conhecimento dos mecânicos para execução da tarefa que se impõe ou falta de matérias-primas necessárias para realizar o reparo). Assim, costuma-se supor que a taxa de reparo (isto é, a intensidade com que reparos são concluídos) se assemelhe à função de risco de uma distribuição lognormal, conforme ilustrado na Figura 2.3. Observe que a função de risco da lognormal apresenta o formato de uma curva da banheira invertida, com $h(t)$ crescendo inicialmente e, após, decrescendo assintoticamente.

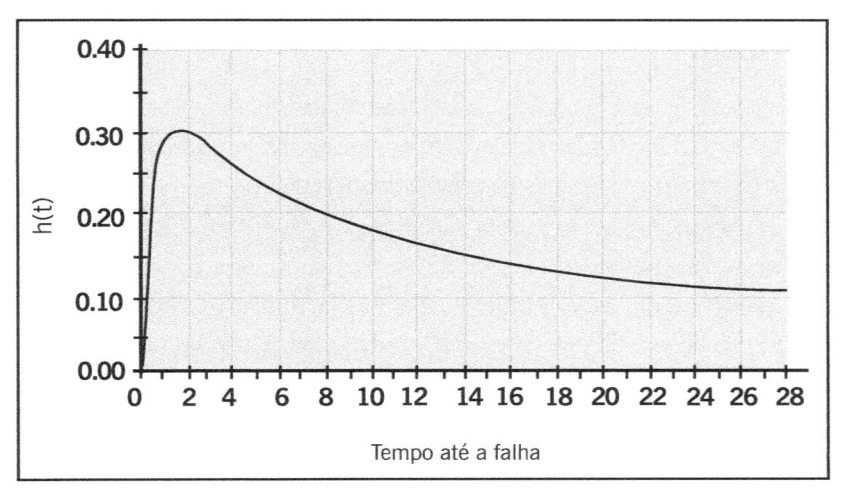

Figura 2.3: Função de risco da lognormal para $\mu = 1$ e $\sigma = 0,5$.

As medidas de confiabilidade de interesse para a distribuição lognormal são ($t \geq 0$):

$$f(t) = \frac{1}{\sqrt{2\pi}\sigma t} \exp\left\{\frac{-1}{2}\left[\frac{(\ln t - \mu)}{\sigma}\right]^2\right\} \tag{2.30}$$

$$R(t) = \Phi\left(\frac{\mu - \ln t}{\sigma}\right) \tag{2.31}$$

$$h(t) = \frac{\phi[(\mu - \ln t)/\sigma]/\sigma t}{\Phi[(\mu - \ln t)/\sigma]} \tag{2.32}$$

$$MTTF = e^{(\mu + \sigma^2)/2} \tag{2.33}$$

Nessas expressões, $\Phi(x)$ é o valor da função de distribuição da distribuição normal padronizada avaliada em x, e $\phi(\times)$ é o valor da função de densidade da distribuição normal padronizada avaliada em x.

Por ser uma distribuição limitada à esquerda, a lognormal não é centrada em μ, como é o caso da normal. Ao contrário, a mediana t_M da distribuição, que satisfaz $R(t_M) = 0,5$, é dada por $t_M = e^\mu$.

Os estimadores de máxima verossimilhança de μ e σ são dados por:

$$\hat{\mu} = \frac{1}{n}\sum_{i=1}^{n}\ln t_i \tag{2.34}$$

$$\hat{\sigma}^2 = \frac{1}{n}\left\{\sum_{i=1}^{n}(\ln t_i)^2 - \left[\left(\sum_{i=1}^{n}(\ln t_i)\right)^2 \Big/ n\right]\right\} \tag{2.35}$$

2.4. VERIFICAÇÃO DO AJUSTE DE DADOS A DISTRIBUIÇÕES DE PROBABILIDADE

As duas formas mais comuns de verificação de ajuste de dados a distribuições hipotetizadas são: (i) gráfica, através de histogramas de frequência e papéis de probabilidade, e (ii) analítica, através de testes de aderência.

Uma hipótese inicial acerca da distribuição de probabilidade que melhor se adapta a dados amostrais pode ser obtida através da análise dos histogramas empíricos de frequência e de risco, obtidos a partir dos dados. A verificação é feita por comparação com distribuições tabeladas conhecidas. Uma vez constatada a similaridade, pode-se refinar a análise gráfica utilizando o papel de probabilidade da distribuição hipotetizada, quando disponível. Nos papéis de probabilidade, dados amostrais são transformados de forma a se distribuírem em torno de uma reta que representa o seu comportamento esperado, mediante hipótese de uma determinada distribuição. Quanto mais próximos os dados transformados estiverem da reta-base que representa a distribuição, melhor será o seu ajuste à distribuição hipotetizada. Os papéis de probabilidade variam conforme a distribuição em questão, podendo ser de utilização trabalhosa quando implementados manualmente. Os papéis de probabilidade mais frequentemente utilizados em estudos de confiabilidade encontram-se disponíveis na janela Análise (opção gráficos) do aplicativo Proconf. Nelson (2003; Cap. 3) apresenta as diretrizes para a obtenção dos papéis de probabilidade da maioria das distribuições apresentadas neste capítulo.

Os testes analíticos de aderência mais utilizados são o do qui-quadrado e o de Kolmogorov-Smirnov. Ambos os testes apresentam a estrutura de um teste de hipóteses, em que a hipótese nula (H_0) é de que os dados sigam uma determinada distribuição hipotetizada. O teste do qui-quadrado é um teste paramétrico, com estatística de teste seguindo uma distribuição do qui-quadrado, caso H_0 seja verdadeira. A ideia é calcular a soma dos quadrados das diferenças entre frequências esperadas (considerando a distribuição em H_0) e frequências empíricas observadas em diferentes intervalos de classe; se a soma ultrapassar um determinado valor tabelado, rejeita-se H_0, o que não é, obviamente, o objetivo do teste. O teste de Kolmogorov-Smirnov (KS) é implementado de maneira análoga, entretanto considerando frequências acumuladas ao invés de frequências absolutas (isto é, a frequência registrada em um intervalo de classe é acumulada nos intervalos seguintes), utilizando melhor a informação contida na amostra. O KS é um teste não-paramétrico, de uso mais adequado em situações nas quais poucos dados amostrais estão disponíveis. O teste do qui-quadrado é formalizado na sequência. Ambos os testes encontram-se disponíveis no aplicativo Proconf.

Considere uma amostra de n observações de tempos até falha, obtida de uma população com distribuição de probabilidade desconhecida. Organize os n

pontos amostrais em uma tabela de frequência, distribuindo-os em k classes (onde k é usualmente dado por $\sqrt{n}$). Seja O_i a frequência observada na i-ésima classe e E_i a frequência esperada caso a população amostrada siga a distribuição de probabilidade hipotetizada em H_0. O teste do qui-quadrado compara O_i e E_i através da seguinte expressão:

$$X_0^2 = \sum_{i=1}^{k} \frac{(O_i - E_i)^2}{E_i} \tag{2.36}$$

Caso a distribuição hipotetizada modele os tempos até falha amostrados, pode-se demonstrar que X_0^2 segue uma distribuição do qui-quadrado, com $k - p - 1$ graus de liberdade (p denota o número de parâmetros da distribuição em H_0).

EXEMPLO DE FIXAÇÃO 2.3: TESTE DO QUI-QUADRADO USANDO DADOS SIMULADOS

Suponha uma amostra completa, sem inspeção, composta de 49 pontos amostrais correspondendo a tempos até falha observados em fontes de alimentação de microcomputadores. Os dados foram obtidos por simulação a partir de uma distribuição lognormal, sendo apresentados na Tabela 2.1 (tempos em milhares de horas).

Tempos até falha (x 1000)			
15	137	218	415
23	140	225	436
62	145	230	457
78	149	237	472
80	153	242	
85	158	255	
97	162	264	
105	167	273	
110	171	282	
112	175	301	
119	183	312	
121	189	330	
125	190	345	
128	197	360	
132	210	383	

Tabela 2.1: Dados simulados a partir de uma distribuição lognormal.

O histograma de frequência dos dados na Tabela 2.1 é dado na Figura 2.4. O gráfico sugere duas possíveis distribuições para os dados: Weibull e lognormal. Os cálculos relativos a cada hipótese são apresentados na Tabela 2.2. O nível de significância quando H_0: Weibull é de 62%; para H_0: lognormal, tem-se uma significância de 82%, evidenciando um melhor ajuste dos dados à distribuição lognormal, como esperado.

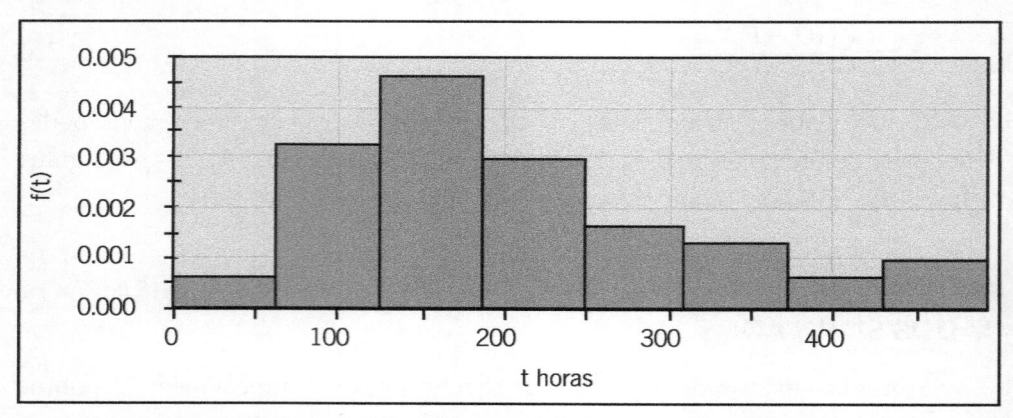

Figura 2.4: Histograma de frequência dos dados na Tabela 2.1.

Ho: Weibull				Ho: lognormal			
Limite Inferior	Limite Superior	Freq. Observada	Freq. Esperada	Limite Inferior	Limite Superior	Freq. Observada	Freq. Esperada
0	61,8	2	4,2	0	61,8	2	3,2
61,8	123,7	10	9,3	61,8	123,7	10	12,4
123,7	185,6	14	10,8	123,7	185,6	14	11,5
185,6	247,4	9	9,5	185,6	247,4	9	7,8
247,4	309,3	5	6,9	247,4	309,3	5	5
309,3	371,1	4	4,3	309,3	371,1	4	3,1
371,1	432,9	2	2,3	371,1	432,9	2	2
432,9	Mais	3	1,8	432,9	Mais	3	4

Tabela 2.2: Cálculos para o teste do qui-quadrado no exemplo.

QUESTÕES

1) Um certo componente para televisores foi testado em 20 aparelhos e seus tempos até falha anotados. Os valores a seguir são os tempos até falha em horas.

44, 128, 55, 102, 126, 77, 95, 43, 170, 130, 112, 130, 150, 180, 40, 90, 125, 106, 93, 71.

Os tempos até falha desse componente seguem uma distribuição gama. Encontre as estimativas dos parâmetros α e β.

2) Os tempos até falha de um certo sistema de transmissão seguem uma distribuição exponencial. Os tempos até falha desse sistema foram anotados de forma contínua, obtendo-se os seguintes valores:

48, 80, 122, 188, 189, 220, 253, 311, 325, 358, 490, 495, 513, 723, 773, 879, 1.510, 1.674, 1.809, 2.005, 2.028, 2.038, 2.870, 3.103, 3.205.

Calcule a estimativa de λ de acordo com o método da máxima verossimilhança.

3) Encontre o estimador para o parâmetro λ da distribuição de Rayleigh seguindo o método da máxima verossimilhança. A função de distribuição é dada por $f(x) = \lambda x e^{-\frac{\lambda x^2}{2}}$.

4) Um determinado componente apresenta os tempos até falha 15, 21, 30, 39, 52 e 68 horas em um teste de confiabilidade. Os tempos seguem uma distribuição de Rayleigh. Determine a estimativa do parâmetro λ.

5) Use o método da máxima verossimilhança para encontrar o parâmetro da seguinte função de densidade: $f(t) = \dfrac{1}{\gamma} e^{-\gamma^2 t}$.

6) Considere a distribuição $f(x) = \dfrac{\lambda e^{\lambda x}}{x}$. Encontre o estimador de máxima verossimilhança de λ baseado numa amostra aleatória de tamanho n.

7) Encontre a função de verossimilhança e o estimador de máxima verossimilhança para a seguinte distribuição: $f(x) = \lambda^x (5 - 2\lambda)^{1-2x}$.

8) Dada a seguinte amostra, distribuída segundo um modelo de Weibull com $\gamma = 5$, determine o valor de θ.

2,0467; 2,1855; 2,2458; 2,283; 2,3148; 2,4232; 2,4301; 2,6576; 2,7338; 2,9255; 2,9908; 3,1101; 3,1316; 3,7602; 4,0101.

9) Dada a seguinte amostra de uma distribuição lognormal, encontre o valor de σ, sabendo que $\mu = 2$.

0,8354; 1,3501; 1,6027; 2,1866; 2,6564; 2,8457; 2,8771; 3,1694; 3,1822; 3,8758; 3,8874; 6,1022; 6,1826; 6,3748; 6,4106; 6,5976; 8,0894; 9,248; 10,1226; 10,2311; 11,7324; 14,5509; 15,0022; 17,2304; 17,8238; 25,8404; 25,9037; 26,0993; 35,7513; 43,5031.

10) Feito um teste com seis radiadores para automóveis, chegou-se aos seguintes tempos até a falha (em milhares de horas de uso):

| 9,0 | 15,7 | 22,1 | 90,9 | 92,1 | 166,2 |

Sabendo-se que essa amostra segue uma distribuição exponencial, encontre (a) a taxa de falha; (b) o MTTF e (c) a confiabilidade em $t = 100$ dos radiadores.

Os próximos exercícios devem ser resolvidos utilizando o software Proconf.

11) Simule uma amostra normalmente distribuída de tamanho 10 (utilize $\mu = 5$ e $\sigma = 1$). Determine os estimadores de máxima verossimilhança de μ e σ. Simule amostras normalmente distribuídas de tamanho 30 e 50 (utilizando os mesmos valores de μ e σ) e verifique se as estimativas de máxima verossimilhança dos parâmetros da distribuição estão mais próximas de seus valores reais.

12) Simule uma amostra normal de tamanho 50, com média 50 e desvio-padrão 5. Quais são as estimativas de máxima verossimilhança dos parâmetros γ e θ, supondo um modelo de Weibull para os dados simulados?

13) Determine o estimador de máxima verossimilhança, a taxa de falha e o MTTF para a amostra a seguir, supondo uma distribuição exponencial.

1,6	11,2	24,4	43,1	51,9	86,6
3,0	11,5	29,2	44,2	54,4	96,4
5,5	15,8	29,3	45,2	54,7	100,7
5,8	18,2	32,5	48,5	57,9	124,1
9,4	21,2	35,7	51,9	63,2	139,0

14) Um teste realizado com 30 interruptores apresentou os seguintes tempos até a falha (dados em número de usos), os quais seguem uma distribuição lognormal.

232	1018	1877	3224	5246	10303
409	1179	2068	3568	5859	12498
562	1345	2270	3914	6607	15818
711	1517	2490	4296	7538	21710
862	1694	2756	4733	8728	38331

Determine (a) o estimador de máxima verossimilhança dos parâmetros da distribuição hipotetizada para os dados, e (b) calcule a confiabilidade para uma missão de 2.000 usos.

MODELOS DE RISCO E AS FASES DA VIDA DE UM ITEM

CONCEITOS APRESENTADOS NESTE CAPÍTULO

Neste capítulo, o conceito de taxa de falhas e função de risco é aprofundado. São apresentadas as categorias de função de risco, as quais são associadas às fases da vida de um item. A estimação da função de risco a partir de dados empíricos é detalhada. O conceito de curva da banheira também é apresentado. Uma lista de exercícios é proposta ao final do capítulo.

3.1. INTRODUÇÃO

A função de risco $h(t)$ é, provavelmente, a mais utilizada das medidas de confiabilidade; tal função pode ser interpretada como a quantidade de risco associada a uma unidade (componente ou sistema) no tempo t. A função de risco é bastante útil na análise do risco a que uma unidade está exposta ao longo do tempo, servindo como base de comparação entre unidades com características distintas. A função de risco é também conhecida em confiabilidade como taxa de falha ou taxa de risco.

Neste capítulo, revisam-se e aprofundam-se alguns conceitos apresentados no Capítulo 1. Seja T uma variável aleatória contínua que designa o tempo até falha de uma unidade, com densidade de probabilidade dada por $f(t)$ e função de distribuição dada por:

$$F(t) = P(T \leq t) = \int_0^t f(u)du \text{ , para } t > 0 \tag{3.1}$$

A função de confiabilidade da unidade, $R(t)$, é o complemento de $F(t)$, ou seja:

$$R(t) = 1 - F(t) = 1 - \int_0^t f(u)\,du = \int_t^{+\infty} f(u)\,du \tag{3.2}$$

A função de risco da unidade, $h(t)$, pode ser derivada usando probabilidade condicional. Para tanto, considere a probabilidade de falha entre t e $t + \Delta t$:

$$P(t \le T \le t + \Delta t) = \int_0^{t+\Delta t} f(u)\,du = R(t) - R(t + \Delta t) \tag{3.3}$$

A seguinte expressão é obtida impondo a condição de a unidade estar operacional no tempo t:

$$P(t \le T \le t + \Delta t \mid T \ge t) = \frac{P(t \le T \le t + \Delta t)}{P(T \ge t)} = \frac{R(t) - R(t + \Delta t)}{R(t)} \tag{3.4}$$

A taxa de falha média no intervalo $(t, t + \Delta t)$ é obtida dividindo a Equação (3.4) por Δt. Ao supor-se $\Delta t \to 0$, obtém-se a taxa de falha instantânea, isto é, a função de risco dada por:

$$h(t) = \lim_{\Delta t \to 0} = \frac{R(t) - R(t + \Delta t)}{R(t)\Delta t} = \frac{-R'(t)}{R(t)} = \frac{f(t)}{R(t)}, t \ge 0 \tag{3.5}$$

Funções de risco devem satisfazer a duas condições:

(i) $\int_0^{+\infty} h(t)\,dt = +\infty$ e (ii) $h(t) \ge 0$ para todo $t \ge 0$ \hfill (3.6)

A unidade de medida da função de risco é normalmente dada em termos de falhas por unidade de tempo. Como apresentado no Capítulo 1, as funções de confiabilidade e densidade podem ser derivadas a partir da função de risco.

3.2. CATEGORIAS DA FUNÇÃO DE RISCO E FASES DA VIDA DE PRODUTOS

Existem duas categorias básicas para a função de risco: (i) função de risco crescente (FRC), que descreve casos em que a incidência de risco não decresce com o tempo; e (ii) função de risco decrescente (FRD), adequada para descrever situações em que a incidência de risco não cresce com o tempo. As duas categorias vêm ilustradas na Figura 3.1. Uma função de risco constante, adequada para descrever casos em que a unidade está exposta a uma mesma quantidade de risco em qualquer momento do tempo (como no caso da distribuição exponencial), é o caso limítrofe entre FRC e FRD, pertencendo a ambas as categorias. Alguns autores (como Rausand & Høyland, 2003) apresentam duas categorias adicionais, derivadas das categorias básicas anteriores; elas são designadas por função de risco crescente ou decrescente na média, sendo designadas por FRCM ou FRDM. Uma função de risco é considerada FRCM (FRDM) se $H(t)/t$ não decresce (cresce) quando t aumenta.

Vários exemplos práticos ilustram a categoria FRC, correspondendo a itens que se desgastam ou degradam com o tempo. Exemplos incluem componentes mecânicos (na quase totalidade) e eletrodomésticos. Exemplos práticos de funções FRD são menos frequentes, mas podem ser encontrados na modelagem de confiabilidade de softwares, em que a incidência de *bugs* diminui à medida que o produto sofre revisões. Funções do tipo FRD também surgem na análise de confiabilidade humana, sendo adequadas para descrever o processo de aprendizagem de trabalhadores na execução de suas tarefas. A maioria dos produtos manufaturados, entretanto, costuma apresentar uma função de risco dada pela combinação das categorias acima, ilustrada na Figura 1.2 e conhecida como curva da banheira.

A partir do modelo da curva da banheira, divide-se a vida operacional de uma unidade em três estágios: (1) de mortalidade infantil (quando ocorrem falhas precoces), (2) de vida útil (em que a incidência de falhas é relativamente estável no tempo) e (3) de envelhecimento (quando o produto passa a apresentar desgaste e falhas passam a ocorrer com maior frequência).

O primeiro estágio da curva da banheira ($t < t_2$) é uma região de alta, porém decrescente, taxa de falha. Nesse estágio, a taxa de falha é dominada por defeitos relacionados a matérias-primas e operações de manufatura que não atendem às normas de especificação. As falhas percebidas nesse estágio são majoritariamente decorrentes de causas especiais. O estágio de mortalidade infantil pode ser reduzido através da adoção de projetos robustos de produto e de práticas de controle de qualidade na manufatura. Caso essas medidas não sejam eficazes, as unidades devem ser submetidas a um período de *burn in*. Durante o *burn in*, testam-se as unidades em condições normais de uso por um período de tempo suficiente para que defeitos precoces sejam detectados e corrigidos antes da ocorrência de falhas. Alternativamente, testam-se unidades em condições severas de uso, de forma a promover a falha daquelas apresentando defeitos por causas especiais.

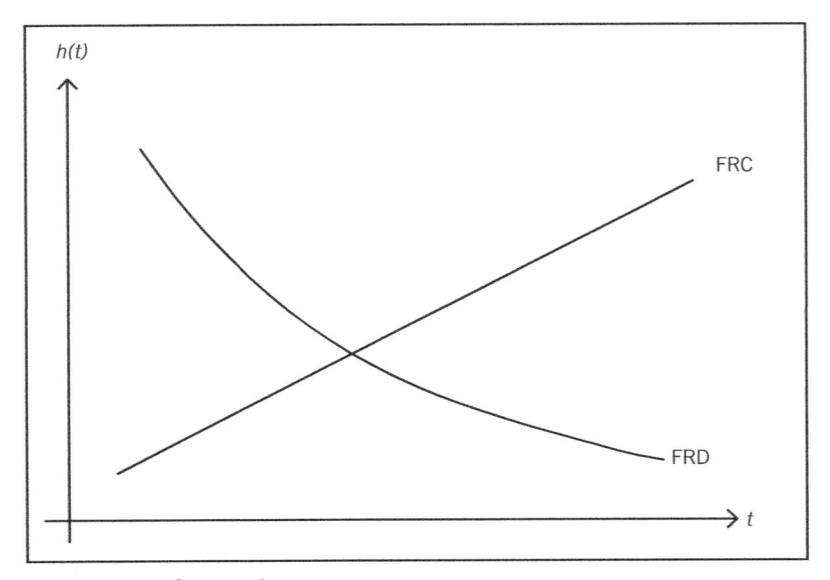

Figura 3.1: Categorias de funções de risco.

O segundo estágio da curva da banheira, denominado estágio de vida útil $(t_2 < t < t_3)$, traz a menor taxa de falha do gráfico na Figura 1.2, sendo aproximadamente constante. Tal comportamento é característico de falhas causadas por eventos aleatórios, designadas por causas comuns e não-relacionadas a defeitos inerentes às unidades. Por exemplo, sobrecargas de voltagem, vibração e impactos, aumentos na temperatura e umidade durante a operação normal das unidades. Falhas por causas comuns podem ser reduzidas através da melhoria nos projetos dos produtos, tornando-os mais robustos a variações nas condições de uso a que são submetidos.

O último estágio da curva da banheira, de envelhecimento $(t > t_3)$, é uma região de taxa de falha crescente, dominada por falhas relacionadas ao desgaste da unidade. Exemplos de falhas por envelhecimento são corrosão e trincas por fadiga. O aumento da taxa de falha normalmente indica a necessidade de reposição de peças no produto, informando acerca da duração aproximada de sua vida de projeto. As alternativas para amenizar a intensidade do envelhecimento incluem o projeto de produtos com componentes e materiais mais duráveis, práticas de manutenção preventiva e corretiva e controle de fatores ambientais de estresse que possam intensificar a taxa de falha do produto.

Apesar de a Figura 1.2 apresentar características gerais presentes nas funções de risco de vários tipos de produtos manufaturados, um dos três mecanismos pode ser predominante para uma determinada classe de sistemas. Por exemplo, computadores e componentes eletrônicos costumam apresentar uma função de risco dominada pelo estágio de vida útil, com períodos curtos de mortalidade infantil e envelhecimento. Para sistemas desse tipo, atenção especial deve ser dada a falhas aleatórias e a métodos de controle do ambiente de utilização do produto. Em contrapartida, em equipamentos e componentes mecânicos a função de risco é dominada pelos estágios 1 e 3 da curva da banheira, sendo o estágio 2, de vida útil, pouco relevante. O mesmo ocorre na modelagem de confiabilidade humana, em que o estágio 1 corresponde ao período de aprendizagem do indivíduo, e o estágio 3, à incidência de fadiga.

3.3. MODELOS DE RISCO

As categorias da função de risco discutidas na seção anterior podem ser formalizadas através da definição de seis modelos de risco: constante, crescente, decrescente, curva da banheira *piecewise* linear, função de potência e exponencial. A utilização combinada desses modelos permite representar a quase totalidade dos mecanismos de risco existentes na prática.

MODELO DE RISCO CONSTANTE

A função de risco constante é representada por:

$$h(t) = \lambda \text{ falhas/unidade de tempo} \tag{3.7}$$

onde λ é uma constante. A partir da Equação (1.15), determina-se a densidade correspondente a esse modelo:

$$f(t) = \lambda \exp\left[-\int_0^t \lambda du \right] = \lambda e^{-\lambda t}$$

(3.8)

que é a função de densidade de uma variável exponencialmente distribuída.

MODELO DE RISCO LINEARMENTE CRESCENTE

Um modelo de risco crescente corresponde ao último estágio da curva da banheira na Figura 1.2, sendo normalmente representado por uma função não linear. A função linear a seguir é uma simplificação desse modelo:

$$h(t) = \lambda t,$$

(3.9)

onde λ é uma constante. A função de densidade associada à Equação (3.9) pode ser obtida a partir da Equação (1.16):

$$f(t) = \lambda t \exp\left[-\int_0^t \lambda du \right] = \lambda e^{\frac{-\lambda t^2}{2}}$$

(3.10)

correspondendo à função de densidade da distribuição de Rayleigh.

MODELO DE RISCO LINEARMENTE DECRESCENTE

O modelo de risco linearmente decrescente provê uma representação simplificada do primeiro estágio da curva da banheira, dada por:

$$h(t) = a - bt$$

(3.11)

tal que a e b positivas são constantes, e $a \geq bt$. A função de densidade associada à Equação (3.11) não corresponde a nenhuma distribuição de probabilidade em particular.

MODELO DE RISCO LINEAR *PIECEWISE* DA CURVA DA BANHEIRA

O modelo linear da curva da banheira é bastante versátil, ajustando-se satisfatoriamente a funções de risco calculadas empiricamente. O modelo oferece uma aproximação linear da curva da banheira (a qual é tipicamente não linear na prática), apresentada na Figura 1.2; tal aproximação é dada por:

$$h(t) = \begin{cases} a - bt + \lambda, & 0 \leq t \leq a/b \\ \lambda & a/b \leq t \leq t_0 \\ c(t - t_0) + \lambda & t_0 < t \end{cases}$$

(3.12)

onde $\lambda > 0$. Essa função decresce linearmente até λ no tempo a/b, permanece constante até t_0, e cresce linearmente para tempos maiores que t_0. A função de densidade associada à região de risco constante, por exemplo, é dada por:

$$f(t) = \lambda \exp\left[-\left(\lambda t + a^2/2b \right) \right], \, a/b < t \leq t_0$$

(3.13)

MODELO DE RISCO DA FUNÇÃO DE POTÊNCIA

Uma função de risco pode ser caracterizada por uma função de potência. A partir da seguinte parametrização da função de potência:

$$h(t) = \frac{\gamma}{\theta}\left(\frac{\gamma}{\theta}\right)^{\gamma-1}$$

(3.14)

obtém-se a seguinte densidade associada:

$$f(t) = \frac{\gamma}{\theta} t^{\gamma-1} e^{-t^{\gamma}/\theta}$$

(3.15)

que é a densidade da distribuição de Weibull. A Weibull permite uma representação não-linear plena da curva da banheira na Figura 1.2, a partir da escolha apropriada do valor de γ, que é o parâmetro de forma da distribuição. A representação do estágio 1 é obtida quando $\gamma < 1$, do estágio 2 quando $\gamma = 1$, e do estágio 3 quando $\gamma > 1$.

MODELO DE RISCO EXPONENCIAL

O modelo de risco exponencial pode ser usado quando a função de risco crescer ou decrescer abruptamente, apresentando comportamento exponencial. Esse modelo é dado por:

$$h(t) = ce^{\alpha t}$$

(3.16)

A natureza do modelo nessa expressão depende dos valores das constantes c e α. A função de densidade associada à função de risco na Equação (3.16) é um caso especial da distribuição do valor extremo.

3.4. CLASSIFICAÇÃO DE DISTRIBUIÇÕES DE TEMPOS ATÉ FALHA A PARTIR DA FUNÇÃO DE RISCO

Das diversas distribuições de probabilidade tabeladas existentes na literatura, quatro distribuições são frequentemente utilizadas para descrever tempos até falha de componentes e sistemas; são elas: (*i*) exponencial, (*ii*) Weibull, (*iii*) gama e (*iv*) lognormal. Tais distribuições podem ser classificadas, conforme o comportamento de suas funções de risco, nas categorias básicas FRC e FRD apresentadas na Seção 3.2. O resultado da classificação vem apresentado na Tabela 3.1.

Os parâmetros listados na Tabela 3.1 (adaptada de Leemis, 1995) provêm das funções de densidade das quatro distribuições analisadas. As funções de densidade da exponencial e da Weibull estão apresentadas nas Equações (3.8) e (3.15), respectivamente; as densidades da gama e lognormal são dadas nas Equações (3.17) e (3.18).

$$f(t) = \frac{\lambda}{\Gamma(\gamma)}(\lambda t)^{\gamma-1} e^{-\lambda t}, \quad \gamma, \lambda > 0$$

(3.17)

$$f(t) = \frac{1}{\sqrt{2\pi}\sigma t} \exp\left\{ \frac{-1}{2} \left[\frac{(\ln t - \mu)}{\sigma} \right]^2 \right\}$$

$$(3.18)$$

Distribuição	FRD	FRC
Exponencial	$SIM_{p/\,todo\,\lambda}$	$SIM_{p/\,todo\,\lambda}$
Weibull	$SIM_{\gamma \geq 1}$	$SIM_{\gamma \leq 1}$
Gama	$SIM_{\gamma \geq 1}$	$SIM_{\gamma \leq 1}$
Lognormal	NÃO	NÃO

Tabela 3.1: Classificação das distribuições de probabilidade.

Observe na Tabela 3.1 que nenhuma combinação de parâmetros da lognormal resulta em $h(t)$'s exclusivamente FRC ou FRD. A função de risco da lognormal apresenta, aproximadamente, o formato de uma curva da banheira invertida ao longo do eixo vertical.

3.5. ESTIMATIVA DA FUNÇÃO DE RISCO A PARTIR DE DADOS EMPÍRICOS

Os procedimentos para estimação da função de risco a partir de dados empíricos dependem do tamanho da amostra disponível. Nesta seção, os procedimentos são apresentados a partir de dois exemplos.

EXEMPLO DE FIXAÇÃO 3.1

Os dados na Tabela 3.2 representam milhares de ciclos até a falha de um componente mecânico (molas) e ilustram o procedimento de estimação de $h(t)$ para pequenas amostras.

Número da falha	Kilociclos até falha	$\hat{h}(t)$	Número da falha	Kilociclos até falha	$\hat{h}(t)$
1	190	0,0024	5	350	0,0180
2	245	0,0050	6	365	0,0247
3	275	0,0070	7	380	0,0294
4	300	0,0171	8	400	–

Tabela 3.2: Dados de falha e estimativa de $h(t)$ – amostra de tamanho pequeno.

O estimador para $h(t)$ no caso de pequenas amostras é dado por:

$$\hat{h}(t_i) = \frac{1}{[(t_{i+1} - t_i)(n - i + 0{,}7)]} \tag{3.19}$$

onde n é o tamanho da amostra. Aplicando essa expressão aos dados da Tabela 3.2, obtêm-se os resultados na coluna $\hat{h}(t)$ da mesma tabela. Os valores de $\hat{h}(t)$ vêm grafados na Figura 3.2. A curva ajustada aos dados corresponde, aproximadamente, à função de risco de uma distribuição de Weibull, com $\gamma = 4$ e $\theta = 1$.

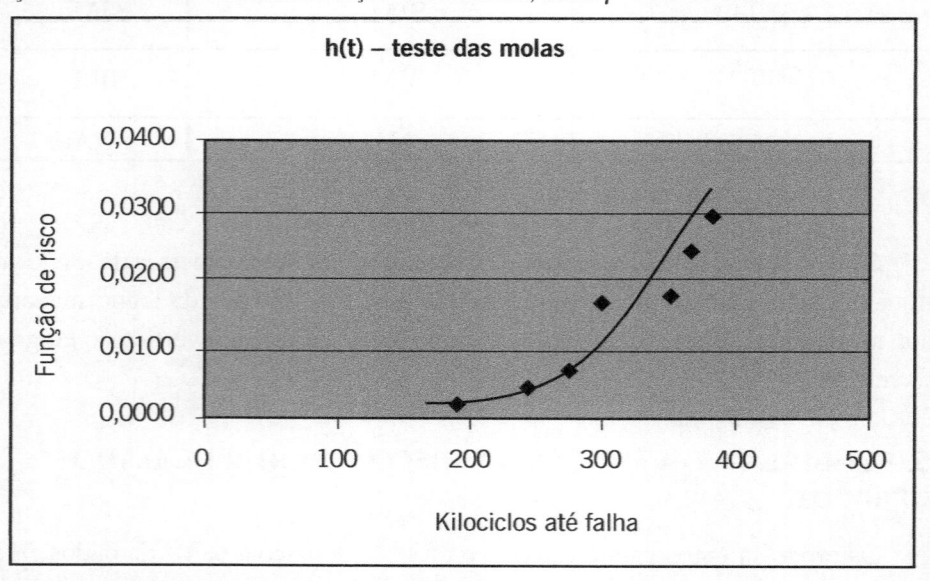

Figura 3.2: Função de risco empírica para os dados de falha das molas.

EXEMPLO DE FIXAÇÃO 3.2

Os dados na Tabela 3.3 representam falhas no câmbio verificadas em um teste com 46 tratores agrícolas e ilustram o procedimento de estimação de $h(t)$ para grandes amostras. Neste exemplo, os dados foram agrupados em intervalos de classe de 20.000 km.

Intervalo (km)	Número de falhas	$\hat{h}(t)$
$0 \leq m \leq 20.000$	19	0,0000207
$20.000 < m \leq 40.000$	11	0,0000204
$40.000 < m \leq 60.000$	7	0,0000219
$60.000 < m \leq 80.000$	5	0,0000278
$80.000 < m \leq 100.000$	4	0,0000500
$m > 100.000$	0	–

Tabela 3.3: Dados de falha e estimativa de $h(t)$ – amostra de tamanho grande.

O estimador para $h(t)$ no caso de amostras grandes é dado por:

$$\hat{h}(t) = \frac{\overline{N}(t) - \overline{N}(t + \Delta t)}{\overline{N}(t)\Delta t}$$

(3.20)

onde $\overline{N}(t)$ é o número de unidades sobreviventes no tempo t e Δt é o intervalo de classe. Para o primeiro grupo na Tabela 3.3, por exemplo, a Equação (3.20) resulta em:

$$\hat{h}(t) = \frac{46 - 27}{46(20000)} = 0,0000207$$

Os demais resultados vêm apresentados na coluna $\hat{h}(t)$ da Tabela 3.3. Os valores de $\hat{h}(t)$ estão grafados na Figura 3.3.

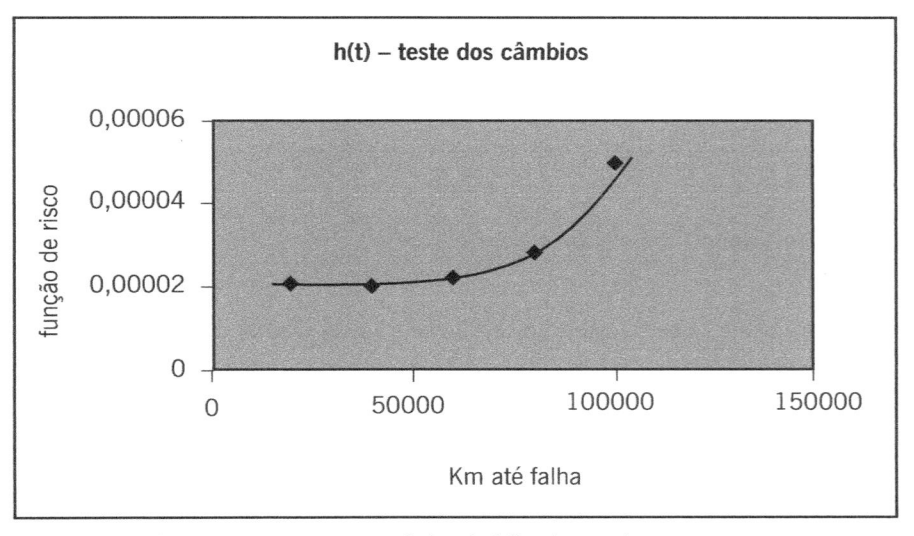

Figura 3.3: Função de risco empírica para os dados de falha dos câmbios.

QUESTÕES

1) Baseado em dados anteriores, se sabe que o 15º componente de uma amostra a falhar dura 597 horas de uso e o 16º dura 600 horas. Estime a taxa de risco sabendo que a amostra tem 25 componentes.

2) Os seguintes dados são o tempo de uso em milhares de horas de um microprocessador antes da falha. Estime a função de risco para o tempo de uso de 200.000 horas.

37	70	123	223	307
49	73	159	259	349
52	99	200	280	390

3) A seguir são apresentados os tempos até falha (dados em milhares de horas de trabalho) dos componentes de uma amostra de 20 circuitos eletrônicos. Estime a taxa de risco de um circuito trabalhando há 159.000 horas.

15	75	159	246	321
29	99	177	268	339
37	118	200	281	347
58	139	215	304	375

4) Os dados a seguir representam o número de componentes de uma furadeira que falharam em determinados períodos de tempo. Estime a taxa de risco para o intervalo de 40.000 a 80.000 utilizações.

Número de utilizações	Número de falhas
De 0 a 40000	163
De 40000 a 80000	218
De 80000 a 120000	148
De 120000 a 160000	126
Acima de 160000	95

5) Na tabela a seguir têm-se os dados de falha de um motor de caminhão. Estime a taxa de risco para a faixa dos 100.000 a 150.000 quilômetros de uso.

Quilometragem	Número de falhas
De 0 a 50000	12
De 50000 a 100000	21
De 100000 a 150000	27
De 150000 a 200000	33
Acima de 200000	17

6) Dada uma função de risco $h(t) = e^t + 2e^{2t}$, determine o valor da função acumulada de risco quando t é igual a 5 segundos.

7) Para uma função de risco com modelo exponencial com $c = 7$ e $\alpha = 3$, determine $h(t)$, $H(t)$, $R(t)$ e $f(t)$.

8) A função de risco associada à distribuição $f(t) = 6te^{-3t}$ é crescente, constante ou decrescente?

9) Quinze unidades de um certo componente são testadas e a sua vida útil é medida em quilociclos. As falhas ocorreram em 100, 160, 250, 350, 420, 460, 510, 560, 610, 720, 780, 800, 840, 890 quilociclos. Plote um gráfico com a densidade de falhas e a função risco baseada nesses dados.

10) A taxa de falha de um componente hidráulico é dada por:

$h(t) = \dfrac{t}{t+1}, t > 0$

Determine a função de confiabilidade.

11) Dada uma função $h(t) = 4t^2 + 3$, calcule $R(t)$.

12) A confiabilidade de um componente mecânico é dada por $R(t) = e^{-2t^2}$. Encontre $h(t)$.

13) Na seguinte amostra, utilizando o *Proconf*: (a) encontre a distribuição que melhor se adapta aos dados; (b) plote o gráfico da função de risco e analise se esta é do tipo IFR ou DFR; (c) calcule a função de risco utilizando os estimadores de máxima verossimilhança.

0,2354	0,8697	1,6259	2,275	2,7129
0,3552	1,0768	1,7411	2,3804	3,3482
0,5298	1,1834	1,8526	2,3804	3,5942
0,5534	1,3098	2,1014	2,4552	3,7008
0,7628	1,4397	2,1384	2,4647	4,2545
0,8584	1,6199	2,171	2,5586	4,5888

14) Simule no *Proconf* uma amostra de 30 valores de uma função de risco, com modelo de risco da função de potência, que seja decrescente.

15) Numa amostra, foram encontrados os seguintes resultados:

0,0065	0,41	1,2206	1,6994	2,1588
0,0126	0,6518	1,229	1,7212	3,0336
0,1593	0,7269	1,2389	1,7688	3,4397
0,1604	0,7937	1,3503	1,8007	3,8043
0,3315	0,9554	1,4055	2,1127	4,074
0,3818	1,2042	1,468	2,1262	7,0888

Utilize o *Proconf* para responder às seguintes questões: (a) encontre a distribuição adequada; (b) informe $h(t)$; (c) plote o gráfico da função de risco $h(t)$.

16) Na seguinte amostra, utilize o *Proconf* para: (a) encontrar a distribuição que melhor se adapta aos dados, e (b) calcular a função de risco (dica: utilize os estimadores de máxima verossimilhança).

1,0048	2,6775	4,2807	5,5072	6,2845
1,3679	3,1426	4,5062	5,6975	7,3588
1,8462	3,3731	4,721	5,6976	7,7606
1,9076	3,6399	5,189	5,8312	7,9327
2,4267	3,9075	5,2573	5,8482	8,807
2,6512	4,2689	5,3174	6,0145	9,3212

ANÁLISE DE DADOS CENSURADOS

CONCEITOS APRESENTADOS NESTE CAPÍTULO

O capítulo é devotado à análise de dados censurados, oriundos de testes de confiabilidade não integralmente concluídos. Apresentam-se os tipos mais usuais de censuras de dados e adapta-se o método da máxima verossimilhança, apresentado no Capítulo 2, para a análise desses dados. Finalmente, as distribuições de probabilidade apresentadas no Capítulo 2 são revisitadas e os estimadores de seus parâmetros, para o caso de amostras censuradas, são apresentados. Uma lista de exercícios propostos encerra o capítulo.

4.1. INTRODUÇÃO

Para obter informações sobre a distribuição de probabilidade de um componente (ou sistema) em um estudo de confiabilidade, normalmente conduzem-se testes de vida com o componente em questão. Nesses testes, n unidades idênticas e numeradas do componente são postas em uso, com o objetivo de registrar seus tempos até falha. Se o teste for conduzido de forma a permitir a falha de todas as n unidades, o conjunto de dados de tempo até falha obtido é dito *completo*.

Em muitas situações práticas, análises de confiabilidade não podem ser conduzidas com conjuntos completos de dados. Dados incompletos podem ser resultantes de testes de vida em que: (*i*) critérios de ordem prática ou econômica não permitiram rodar o teste até que todas as unidades falhassem, (*ii*) algumas unidades perderam-se ou danificaram-se durante o teste, ou (*iii*) não foi possível registrar o exato momento de ocorrência da falha nas unidades, mas somente um intervalo de tempo que contém esse momento. Além disso, a análise do conjunto de dados parciais obtidos antes do final do teste pode levar a conclusões seguras sobre a distribuição que caracteriza os tempos até falha da unidade. Nesses casos, o alargamento da amostra não seria necessário, e o teste seria interrompido. Um conjunto de dados incompletos de tempos até falha é dito **censurado** ou truncado. As circunstâncias que resultam em dados censurados, exemplificadas anteriormente, permitem concluir que, em um teste de vida de componentes, a censura pode ou não ser planejada.

Dados censurados são aqueles para os quais se conhece um limite, em geral inferior, do tempo até falha, mas não o seu valor exato. O tipo mais frequente de censura é conhecido como censura à direita. Um conjunto de dados é dito censurado à direita quando existir uma ou mais unidades para as quais só se conhece o limite inferior do tempo até falha. Suponha, por exemplo, um teste em que 15 componentes são colocados em uso durante 30 dias. Ao final do teste, 10 componentes haviam falhado, tendo sido registrados os tempos exatos de cada falha. Nesse caso, o conjunto de dados é constituído por 10 tempos até falha e cinco observações censuradas à direita, cujos tempos até falha ocorrem em algum momento após 30 dias de uso. Como o tempo exato da falha dessas unidades não pode ser conhecido já que o teste foi interrompido, a melhor informação disponível é que elas sobreviveram até 30 dias de uso. Assim, consideram-se as unidades como falhadas no tempo $t = 30$ dias, e o tempo de censura passa a ser interpretado como o limite inferior do tempo real de falha das unidades.

Em ensaios de confiabilidade, três tipos de censura à direita ocorrem com maior frequência; são eles: censura tipo I, censura tipo II e censura aleatória. Nas definições que se seguem, n designa o número total de unidades colocadas em teste e r, o número de falhas observadas.

Na censura tipo I, o teste de vida é interrompido em um tempo t_r predeterminado. Todas as unidades são ativadas no tempo $t = 0$ e observadas até a ocorrência da falha ou até t_r, quando ocorre o término do teste. Após esse momento, somente os tempos até falha das unidades que falharam antes de t_0 são conhecidos. Em um teste com censura tipo I, obtém-se um conjunto de dados contendo r ($\leq n$) tempos até falha observados e $(n - r)$ tempos até falha censurados em t_r. Como o número r de falhas observadas em um ensaio com censura tipo I é aleatório, corre-se o risco de que poucas ou nenhuma unidade falhe até o tempo t_0, sendo esta a desvantagem desse tipo de censura.

Na censura tipo II, o teste de vida é interrompido após a ocorrência da r-ésima falha. Como o número total de falhas r é definido *a priori*, pode-se escolher um valor de r que garanta uma modelagem estatística satisfatória dos resultados do teste. Na censura tipo II, todas as unidades são ativadas em $t = 0$ e o conjunto de dados obtidos do teste consiste de r tempos até falha observados e $(n - r)$ tempos até falha censurados. O tempo $T_{(r)}$ de término de teste é aleatório; consequentemente, é impossível prever a sua duração total, sendo esta a desvantagem deste tipo de censura.

Na censura aleatória (também designada por censura tipo IV), as n unidades são colocadas em teste em momentos distintos no tempo e o teste é interrompido no tempo t_0. Alternativamente, todas as unidades são ativadas em $t = 0$, mas têm sua operação interrompida em momentos distintos no tempo. Em ambos os casos, os tempos de censura das unidades são aleatórios (R_i, $i = 1,..., n$), podendo ser diferentes entre si. Esse tipo de censura ocorre, por exemplo, ao observar-se a utilização da garantia em produtos manufaturados por um determinado período de tempo. Como os produtos são manufaturados em diferentes momentos ao longo do período de observação, ao interromper-se a observação no término desse período, os tempos de censura dos produtos que não apresentaram falhas serão diferentes entre si, dependendo de sua data de fabricação.

Dados censurados à esquerda ocorrem com menos frequência do que dados censurados à direita. A censura à esquerda é característica de estudos sociais, em que o tempo até falha não representa necessariamente uma falha, mas a ocorrência de algum evento de interesse do analista. Para exemplificar a censura à esquerda, considere o caso de um pesquisador que deseja verificar com que idade indivíduos de uma localidade desenvolvem uma determinada habilidade. Nesse caso, o tempo até "falha" é o tempo transcorrido entre o nascimento e o momento em que o indivíduo desenvolve a habilidade. Indivíduos que, quando da chegada do pesquisador, já possuíam a habilidade desenvolvida serão observações censuradas à esquerda; em contrapartida, indivíduos que não haviam desenvolvido a habilidade quando da partida do pesquisador serão observações censuradas à direita.

A última classificação de censura é a censura por intervalo. Nesse caso, dados de tempo até falha são agrupados em intervalos. Essa censura ocorre, normalmente, em investigações em que não é possível determinar o momento da falha com precisão, já que o esquema de coleta dos dados não o permite. Um exemplo ocorre em componentes que sofrem inspeção periódica; no caso de ocorrência de falha, somente será possível afirmar que ela ocorreu no intervalo entre duas inspeções.

As designações empregadas na descrição dos diferentes esquemas de censura estão resumidas na Figura 4.1.

Existem pelo menos três abordagens para o tratamento de dados censurados, mas apenas uma delas é válida em termos estatísticos e práticos (Leemis, 1995). A primeira abordagem consiste em ignorar os valores censurados e realizar a análise apenas com os dados de falha observados. Apesar de simplificar a análise em termos matemáticos, essa não é uma abordagem válida. Se usada, por exemplo, em um conjunto de dados censurados à direita, serão exatamente os maiores valores de tempo até falha (correspondentes aos valores censurados à direita) que serão excluídos da análise. Nesse caso, a modelagem subestimará o tempo médio até falha das unidades, já que justamente as melhores unidades foram excluídas. A segunda abordagem consiste em simplesmente aguardar até que todos os dados censurados à direta falhem. Ainda que desejável em termos estatísticos, já que gera um conjunto completo de dados de tempos até falha, essa abordagem pode não ser prática devido ao tempo total demandado para finalizar o teste. A terceira abordagem consiste em tratar os dados censurados probabilisticamente incluindo os valores censurados na função de verossimilhança utilizada para estimar os parâmetros da distribuição que melhor caracteriza os tempos até falha; esse é o tratamento correto a ser dado à amostra censurada, sendo detalhado na próxima seção.

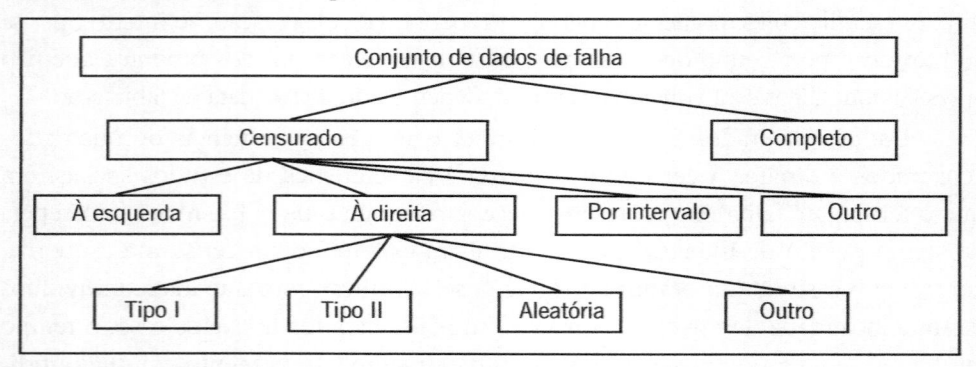

Figura 4.1: Tipos de conjuntos de dados e esquemas de censura.

No restante deste capítulo, os tempos até falha das n unidades colocadas em teste serão considerados como estatisticamente independentes e identicamente distribuídos, segundo uma função de densidade $f(t)$. É importante observar que os tempos até falha, no caso de dados censurados, devem ser interpretados como tempos até falha potenciais, já que as falhas não foram observadas na prática.

A suposição de tempos até falha identicamente distribuídos corresponde à suposição de unidades idênticas, ou seja, de um mesmo tipo, lote de fabricação e expostas a aproximadamente os mesmos estresses ambientais e operacionais. Ao supor independência entre falhas assumem-se unidades não afetadas pela operação ou pela falha de outras unidades. O mecanismo de censura deve satisfazer à condição de independência, em que censuras ocorrem independentemente de qualquer informação adquirida sobre unidades que já falharam no mesmo teste.

4.2. FUNÇÃO DE VEROSSIMILHANÇA PARA DADOS CENSURADOS

A função de verossimilhança para um conjunto de dados censurados pode ser escrita de várias formas, uma das quais é apresentada a seguir. Sejam $T_1,...,T_n$

variáveis aleatórias que seguem uma distribuição de probabilidade $f(t,\theta)$, onde θ é um parâmetro desconhecido. Em alguns casos, $f(t)$ pode ser caracterizada por múltiplos parâmetros, os quais seriam organizados em um vetor de parâmetros $\boldsymbol{\theta}$. Nos desenvolvimentos a seguir, os r tempos até falha observados são designados, em ordem crescente de ocorrência, por $t_1,...,t_r$; os dados censurados são designados por $t_1^+,...,t_{n-r}^+$. No caso de censura à direita do tipo I, $t_1^+ = ... = t_{n-r}^+ = t_0$. Um total de n unidades foi colocado em teste.

Considere inicialmente um conjunto completo de dados (isto é, sem censura, tal que $r = n$). A função de verossimilhança associada à amostra é dada por:

$$L(\theta) = \prod_{i=1}^{n} f(t_i, \theta) \tag{4.1}$$

A função na Equação (4.1) informa sobre a possibilidade (ou verossimilhança) de as variáveis $T_1,...,T_n$ assumirem os valores $t_1,...,t_n$; tal possibilidade é dada pelo valor da função de densidade. Para o caso de variáveis discretas, a verossimilhança corresponde a um valor de probabilidade.

A expressão na Equação (4.1) é função apenas do parâmetro desconhecido θ. O estimador de máxima verossimilhança de θ corresponde ao valor de θ que maximiza $L(\theta)$; tal valor é obtido derivando a Equação (4.1) com relação a θ, igualando o resultado a 0 e isolando θ. Pode-se demonstrar que $L(\theta)$ e $l(\theta) = \ln[L(\theta)]$ apresentam seus máximos no mesmo valor de θ (ver, por exemplo, DasGupta, 2008, Cap. 16); em muitos casos, é mais fácil resolver a derivada de $l(\theta)$. Aqui adota-se a mesma notação introduzida no Capítulo 2, em que o estimador do parâmetro θ é designado por $\hat{\Theta}$ e suas estimativas por $\hat{\theta}$.

No caso de uma amostra contendo dados censurados, a Equação (4.1) é assim reescrita para incluir a porção censurada da amostra:

$$L(\theta) = \prod_{i=1}^{r} f(t_i, \theta) \prod_{i=1}^{n-r} R(t_i^+, \theta) \tag{4.2}$$

onde $R(t_i^+, \theta)$ é a função de confiabilidade com parâmetro θ avaliada no tempo censurado t_i^+. Observe que a função de confiabilidade $R(t_i^+, \theta)$ utilizada na expressão da função de verossimilhança para uma observação censurada à direita corresponde à probabilidade de a unidade i sobreviver a um tempo t_i^+.

O logaritmo da função na Equação (4.2) é dado por:

$$l(\theta) = \sum_{i=1}^{r} \ln f(t_i, \theta) + \sum_{i=1}^{n-r} \ln R(t_i^+, \theta) \tag{4.3}$$

sendo utilizado em algumas derivações apresentadas na próxima seção. A função de verossimilhança para conjuntos de dados censurados à esquerda não é abordada neste livro; para detalhes, ver Lawless (1982), entre outros.

4.3. MODELOS PARAMÉTRICOS PARA DADOS DE CONFIABILIDADE

Nesta seção, são apresentados modelos paramétricos para ajuste a dados de confiabilidade, obtidos em ensaios de confiabilidade ou observações de campo, em que parte dos dados sofreu censura à direita do tipo I e II. Quatro distribuições de probabilidade frequentemente utilizadas para descrever tempos até falha de componentes e sistemas são abordadas; são elas: (*i*) exponencial, (*ii*) Weibull, (*iii*) gama, e (*iv*) lognormal.

- *Distribuição exponencial*

O estimador de máxima verossimilhança do parâmetro λ da distribuição exponencial, no caso de dados censurados à direita mediante censura do tipo I, é dado por:

$$\hat{\Lambda} = \frac{r}{\sum_{i=1}^{r} t_i + (n-r)t_o}$$

(4.4)

onde t_0 corresponde ao tempo de interrupção do teste.

No caso de censura do tipo II, em que o teste é interrompido no tempo t_r de ocorrência da *r*-ésima falha, o estimador de máxima verossimilhança de λ é dado por:

$$\hat{\Lambda} = \frac{r}{\sum_{i=1}^{r} t_i + (n-r)t_r}$$

(4.5)

EXEMPLO 4.1

Considere um teste de confiabilidade com 10 unidades de um componente eletrônico. O teste é interrompido no tempo $t_0 = 50.000$ minutos devido a restrições orçamentárias. No momento da censura, os seguintes tempos até falha haviam sido observados: 2.000, 8.000, 14.000, 16.000, 21.000, 29.000. Determine o MTTF das unidades mediante suposição de dados exponencialmente distribuídos (*a*) levando em consideração os dados censurados e (*b*) desconsiderando os dados censurados.

(*a*) Os dados obtidos no teste sofreram censura do tipo I. Assim, a estimativa do parâmetro λ da distribuição exponencial pode ser obtida a partir da Equação (4.4):

$$\hat{\lambda} = \frac{6}{90.000 + (4 \times 50.000)} = 2,069 \times 10^{-5} \text{ falhas por minuto}$$

(4.6)

O MTTF da distribuição exponencial é o inverso de λ, isto é:

$$MTTF = \frac{1}{\lambda} = 48.333 \text{ minutos}$$

(4.7)

(b) Descartando os dados censurados, a estimativa do parâmetro λ resulta em uma incidência maior de falhas por unidade de:

$$\hat{\lambda} = \frac{6}{90.000} = 6,67 \times 10^{-5} \text{ falhas por minuto} \tag{4.8}$$

O MTTF resultante é substancialmente menor, já que as unidades que sobreviveram por um maior período de tempo foram descartadas da amostra:

$$MTTF = \frac{1}{\hat{\lambda}} = 15.000 \text{ minutos} \tag{4.9}$$

• *Distribuição de Weibull*

Ao contrário da exponencial, as estimativas dos parâmetros da distribuição de Weibull não podem ser obtidas por cálculo direto, mas por um processo iterativo. Os estimadores de γ e θ para amostras censuradas à direita são os mesmos, para censura do tipo I e II. Sejam os dados obtidos no teste representados por:

$$t_1 \leq t_2 \leq \ldots \leq t_r = t_{r+1}^+ = \ldots = t_n^+ \tag{4.10}$$

Para estimar o parâmetro γ, utiliza-se a Equação (4.11), derivada da função de verossimilhança, em um procedimento de tentativa e erro; o objetivo é determinar o valor de $\hat{\gamma}$ que resulte em $Dif(\hat{\gamma}) = 0$. Na prática, a Equação (4.11) pode ser utilizada como função objetivo em um software de otimização não linear, em que o objetivo seja minimizar $Dif(\hat{\gamma})$, sujeito às restrições $\hat{\gamma} \geq 1$ e $Dif(\hat{\gamma}) \geq 0$. O aplicativo Proconf, que acompanha este livro, realiza essa otimização automaticamente.

$$Dif(\hat{\gamma}) = \frac{\sum_{i=1}^{r} t_i^{\hat{\gamma}} ln t_i + (n-r) t_r^{\hat{\gamma}} ln t_r}{\sum_{i=1}^{r} t_i^{\hat{\gamma}} + (n-r) t_r^{\hat{\gamma}}} - \frac{1}{r} \sum_{i=1}^{r} ln t_i - \frac{1}{\hat{\gamma}} = 0 \tag{4.11}$$

O estimador não-tendencioso de $\hat{\theta}$, escrito como uma função dos dados amostrais e de $\hat{\gamma}$, é dado por:

$$\hat{\theta} = \left[\frac{\sum_{i=1}^{r} t_i^{\hat{\gamma}} + (n-r) t_r^{\hat{\gamma}}}{r} \right]^{1/\hat{\gamma}} \tag{4.12}$$

EXEMPLO 4.2

Considere o teste de confiabilidade do Exemplo 4.1. Determine o MTTF das unidades mediante suposição de dados distribuídos segundo uma distribuição de Weibull.

Solução:

Aplicando a Equação (4.11) em um procedimento de otimização não linear, chega-se a um valor para γ dado por:

$$\hat{\gamma} = 0,91 \tag{4.13}$$

O valor de γ próximo de 1,0 indica uma distribuição de Weibull com formato próximo ao de uma distribuição exponencial. Utilizando o resultado da Equação (4.13) na Equação (4.12), tem-se:

$$\hat{\theta} = \left[\frac{37.285 + (10-6)18.882,6}{6} \right]^{\frac{1}{0,91}} = 49.757 \tag{4.14}$$

O MTTF resultante, superior àquele obtida modelando os dados supondo distribuição exponencial, é dado por:

$$MTTF = \theta^{\frac{1}{\gamma}} \Gamma\left(1 + \frac{1}{\gamma}\right) = 60.997 \text{ minutos} \tag{4.15}$$

- *Distribuição lognormal*

A estimação dos parâmetros μ e σ da distribuição lognormal, mediante censura do tipo I ou II, requer a especificação do número total de unidades colocadas em teste (n). Para $n \leq 20$, as melhores estimativas de μ e σ são combinações lineares dos logaritmos dos r tempos até falha observados, dadas por:

$$\hat{\mu} = \sum_{i=1}^{r} a_i \ln t_i \tag{4.16}$$

e

$$\hat{\sigma} = \sum_{i=1}^{r} b_i \ln t_i \tag{4.17}$$

onde os valores de a_i e b_i foram tabelados por Sarhan e Greenberg (1962) e não são apresentados neste livro, já que se encontram implementados no aplicativo Proconf.

Para tamanhos de amostra $n > 20$, os estimadores de máxima verossimilhança da distribuição normal podem ser usados para estimar os parâmetros da lognormal, com censura do tipo I ou II, conforme apresentado a seguir:

$$\bar{y} = \frac{1}{r} \sum_{i=1}^{r} \ln t_i \tag{4.18}$$

$$s^2 = \frac{1}{r} \left[\sum_{i=1}^{r} (\ln t_i)^2 - \left(\sum_{i=1}^{r} \ln t_i \right)^2 / r \right] \tag{4.19}$$

Os estimadores de máxima verossimilhança de μ e σ são:

$$\hat{M} = \bar{y} - \lambda(\bar{y} - \ln t_r) \tag{4.20}$$

e

$$\hat{\Sigma} = s^2 + \lambda(\bar{y} - \ln t_r)^2 \tag{4.21}$$

com coeficiente λ aproximado pela seguinte expressão (Cohen, 1961 *apud* Elsayed, 1996):

$$\lambda = \left[1,136a^3 - \ln(1-a)\right]\left[1 + 0,437\beta - 0,250a\beta^{1,3}\right] + 0,08a(1-a) \tag{4.22}$$

onde α e β são dados por:

$$\alpha = s^2 / (\bar{y} - \ln t_r)^2 \text{ e} \tag{4.23}$$

$$\beta = (n-r)/n \tag{4.24}$$

EXEMPLO 4.3

Considere um teste de confiabilidade com $n = 12$. O teste é interrompido após a oitava falha; os tempos até falha observados são: 29, 35, 40, 44, 47, 48, 49 e 51. Suponha dados seguindo uma distribuição lognormal e estime os parâmetros μ e σ.

Solução:

Neste caso, $n < 20$ e os parâmetros podem ser estimados utilizando as Equações (4.16) e (4.17). Os valores tabelados de a_i e b_i para $n = 12$ e $r = 8$ são:

i	a_i	b_i
1	0,0057	-0,2937
2	0,0428	-0,1686
3	0,0595	-0,1119
4	0,0724	-0,0678
5	0,0836	-0,0296
6	0,0938	0,0058
7	0,1036	0,0400
8	0,5386	0,6259

As estimativas de μ e σ são:

$$\hat{\mu} = 3,87069 \text{ e } \hat{\sigma} = 0,26733 \tag{4.25}$$

- *Distribuição gama*

A estimação exata dos parâmetros γ e θ da distribuição gama é bastante complexa no caso de conjunto de dados contendo censura, demandando o uso de tabelas ou pacotes computacionais. Os parâmetros podem ser aproximados através do seguinte algoritmo, proposto por Elsayed (1996):

1. Calcule as médias aritmética e geométrica dos tempos até falha observados:

$$\bar{t}_c = \sum_{i=1}^{r} t_i \Big/ r \tag{4.26}$$

$$\tilde{t}_c = \left(\prod_{i=1}^{r} t_i \right)^{1/r} \tag{4.27}$$

2. Calcule as quantidades NR, S e Q usando as expressões a seguir:

$$NR = n/r \tag{4.28}$$

$$S = \bar{t}_c / t_r \tag{4.29}$$

$$Q = 1 \big/ \left(1 - \tilde{t}_c / \bar{t}_c \right) \tag{4.30}$$

3. Calcule a estimativa não-tendenciosa de γ utilizando umas das expressões a seguir:

- Se $S < 0,42$:

$$\hat{\Gamma} = 1,061(1 - \sqrt{Q}) + 0,2522Q(1 + (\sqrt{S} / NR^4))$$
$$+ 1,953(\sqrt{S} - 1/Q) - 0,220 / NR^4 + 0,1308Q / NR^4 + 0,4292 / (Q\sqrt{S}) \qquad (4.31)$$

- Quando $0,42 \le S \le 0,80$:

$$\hat{\Gamma} = 0,5311Q((1/ NR^2) - 1) + 1,436 \log Q + 0,7536(QS - S)$$
$$- 2,040 / NR - 0,260QS / NR^2 + 2,489 / (Q / NR)^{\frac{1}{2}} \qquad (4.32)$$

- Se $S > 0,80$:

$$\hat{\Gamma} = 1,151 + 1,448(Q(1 - S) / NR) - 1,024(Q + S)$$
$$+ 0,5311 \log Q + 1,541QS - 0,515(Q / NR)^{\frac{1}{2}} \qquad (4.33)$$

4. Estime o valor de θ utilizando a seguinte expressão:

$$\hat{\Theta} = \frac{\left(\sum_{i=1}^{r} t_i + (n - r)t_r \right) / n}{\hat{\gamma} \left[1 - 1/(\hat{\gamma}r) \right]} \qquad (4.34)$$

4.4. DADOS MULTICENSURADOS

Os modelos apresentados na seção anterior são apropriados para conjuntos de dados apresentando censura do tipo I, II e aleatória. Em algumas situações, todavia, uma combinação de tipos de censura pode ocorrer no mesmo teste; nesses casos, os resultados obtidos são ditos multicensurados. Os modelos paramétricos vistos anteriormente não são adequados para modelagem de dados multicensurados. Nesses casos, uma abordagem não-paramétrica alternativa é o estimador da função de confiabilidade de Kaplan-Meier, cujo procedimento é resumido a seguir (Kaplan e Meier, 1958).

Selecione um tempo $t > 0$ para análise. Ordene os n tempos até falha em ordem crescente, tal que $t_{(1)} < t_{(2)} < ... < t_{(n)}$; os tempos até falha podem corresponder a falhas efetivamente observadas ou a unidades censuradas. O conjunto J_t contém todos os índices j para os quais $t_{(j)} \le t$, onde $t_{(j)}$ representa o j-ésimo tempo até falha ordenado anteriormente. Seja n_j o número de unidades sobreviventes no momento imediatamente anterior a $t_{(j)}$, $j = 1,..., n$. O estimador de Kaplan-Meier para $R(t)$ é definido como:

$$\hat{R}(t) = \prod_{j \in J_t} \frac{n_j - 1}{n_j} \qquad (4.35)$$

A lógica do estimador na Equação (4.35) baseia-se no fato de que a probabilidade de sobrevivência de uma unidade em um intervalo (t_i, t_{i+1}) pode ser estimada como a razão entre o número de unidades que não falharam durante o intervalo e o número de unidades em teste no início do intervalo.

QUESTÕES

1) Foram testadas 25 unidades de uma determinada peça. Todas as peças foram ativadas em $t = 0$, e o teste foi interrompido após 1.000 horas. Nesse intervalo, observaram-se falhas nos tempos: 80, 180, 300, 420, 550, 640, 720, 800, 870, 940, 990. Supondo que os dados estejam distribuídos exponencialmente e levando em consideração os dados censurados, encontre o MTTF.

2) Um teste foi feito em 10 peças mas, devido a limitações financeiras, foi interrompido após a sétima falha. Os dados seguem uma distribuição exponencial. Considerando censura do Tipo II, encontre $f(t)$, $h(t)$, $R(t)$ e o MTTF. A seguir estão os tempos (em horas) até a falha, sendo o último correspondente ao momento em que o teste foi interrompido

| 18 | 56 | 98 | 147 | 204 | 273 | 359 |

3) Realizou-se um teste com 7 ferros de solda. Supondo que os tempos até falha resultantes sigam uma distribuição lognormal, estime os parâmetros μ e σ; os tempos das falhas são: 13, 36, 55, 59. Utilize a tabela a seguir nos cálculos (correspondente a $n = 7$ e $r = 4$).

i	a_i	b_i
1	-0,0738	-0,5848
2	0,0677	-0,2428
3	0,1375	-0,0717
4	0,8686	0,8994

4) Um teste feito em uma amostra de 15 unidades foi interrompido após a décima falha. Os tempos até a falha encontrados foram: 4737, 5498, 12380, 22182, 22468, 25655, 35941, 38718, 43791 e 54680. Supondo que os dados sigam uma distribuição de Weibull, determine o MTTF.

5) Um teste realizado com 12 capacitores foi interrompido na 9ª falha. Os tempos até falha registrados são 3, 9, 12, 13, 15, 16, 21, 23 e 29. Determine os parâmetros da distribuição lognormal que se adapta a essa amostra. Utilize a seguinte tabela para os cálculos:

i	a_i	b_i
1	0,0360	-0,2545
2	0,0581	-0,1487
3	0,0682	-0,1007
4	0,0759	-0,0633
5	0,0827	-0,0308
6	0,0888	-0,0007
7	0,0948	0,0286
8	0,1006	0,0582
9	0,3950	0,5119

6) Para o exercício anterior, estime os parâmetros de uma distribuição de Weilbull.

7) Estime os parâmetros μ e θ da distribuição Gama para a seguinte amostra:

8	11	14	18	25	28+
9	12	15	21	28+	28+

8) Foi realizado um teste com 11 bombas de água cujos tempos até falha seguem uma distribuição gama. O teste foi interrompido após a sétima falha, e os tempos (em milhares de horas de uso) a seguir foram coletados: 2; 3,8; 6; 9; 12; 15 e 20. Encontre o MTTF.

9) Em um teste realizado com 12 controladores eletrônicos, obtiveram-se os seguintes tempos até falha:

1,5	68,5	91,4	94,3 +
4,0	72,2	94,3	94,3 +
32,7	90,1	94,3 +	94,3 +

Com base nos resultados, supondo dados exponencialmente distribuídos, encontre a função acumulada de risco para $t = 45$.

10) Supondo que os valores do exemplo anterior fossem modelados segundo uma distribuição de Weilbull, qual seria a sua função acumulada de risco em $t = 45$?

11) Encontre os estimadores de μ e σ para a seguinte amostra de uma distribuição lognormal.

7,6	134,8	170,9 +	170,9 +
36,1	152,2	170,9 +	170,9 +
129,8	170,9	170,9 +	
130,4	170,9 +	170,9 +	

Para resolver, utilize a tabela dada a seguir (para $n = 14$ e $r = 7$):

i	a_i	b_i
1	-0,0915	-0,3599
2	-0,0158	-0,2084
3	0,0175	-0,1414
4	0,0429	-0,0903
5	0,0643	-0,0469
6	0,0835	-0,0077
7	0,8992	0,8546

12) Encontre o estimador de Kaplan-Meier para $t = 78$ na seguinte amostra:

42	71+	87	103+
61	83	93	104
70	85+	102	107

13) Em um estudo com 15 circuitos eletrônicos, se encontraram os seguintes tempos até falha:

292	322	351	383+	412
304	334	368	389+	435
311	340+	381	399	456

Alguns circuitos tiveram seus testes interrompidos por problemas técnicos e estão indicados com o sinal "+". Encontre o estimador da função de confiabilidade de Kaplan-Meier em $t = 395$.

14) Em um teste feito com nove ventiladores obtiveram-se os seguintes tempos até falha:

40+	50	53+
46	51+	54
49+	52	57

Encontre o estimador de Kaplan-Meier para $t = 47$.

15) Em um teste feito com alto-falantes foram testadas 24 peças. O teste foi iniciado no mesmo momento para todas as peças e interrompido na 16ª falha. Os tempos até a falha (em dias) encontrados foram:

21	60	116	172
22	91	144	193
23	97	152	211
45	115	167	212

Utilize o *Proconf* para (*a*) encontrar a distribuição que melhor se ajusta aos dados, (*b*) encontrar o estimador de máxima verossimilhança e (*c*) calcular a confiabilidade em $t = 36$ dias.

16) Testando uma amostra de 30 reatores de lâmpadas fluorescentes foram obtidos os seguintes tempos até falha (em milhares de acionamentos), os quais seguem uma distribuição de Weibull:

12,3	129,4	304,9	581,4	1085,7	1345,2+
48,3	154,6	339,0	614,2	1137,7	1345,2+
87,8	180,3	343,1	756,4	1217,7	1345,2+
97,2	246,7	413,9	782,1	1280,5	1345,2+
104,7	278,1	435,5	1003,8	1345,2	1345,2+

Com o auxílio do *Proconf*, encontre μ e θ e o MTTF.

17) Supondo que os dados do exercício anterior obedeçam a uma distribuição Gama, encontre seus estimadores de máxima verossimilhança e o tempo médio até a falha utilizando o *Proconf*.

18) Num teste feito com 20 parafusos foram encontrados os seguintes tempos até falha. O teste sofreu censura aleatória.

6	13	19	32 +	49
8 +	13 +	25	41	50
9	15	27	45	53 +
12	18 +	32	46 +	60

Utilize o *Proconf* para (*a*) encontrar a distribuição adequada aos dados, (*b*) encontrar seus estimadores de máxima verossimilhança e (*c*) calcular a confiabilidade no momento da última falha.

19) Trinta pneus são submetidos a um teste de resistência, que foi interrompido após a 21ª falha. A seguir são apresentados os tempos até falha (em milhares de quilômetros):

2,1	27,8	47,8	63,8	87,4	87,4 +
2,7	28,6	51,4	65,3	87,4 +	87,4 +
3,2	32,7	53,5	72,3	87,4 +	87,4 +
7,4	34,1	54,5	75,7	87,4 +	87,4 +
21,8	45,6	54,9	82,4	87,4 +	87,4 +

Utilize o Proconf para resolver as seguintes questões:

(*a*)   Assumindo dados exponencialmente distribuídos, plote a função de risco.

(*b*)   Calcule a confiabilidade de um pneu após 100.000 km rodados.

(*c*)   Refaça os itens (*a*) e (*b*) assumindo uma distribuição de Weibull.

ANÁLISE DE SISTEMAS SÉRIE-PARALELO

CONCEITOS APRESENTADOS NESTE CAPÍTULO

No início do capítulo apresenta-se a representação de sistemas de componentes através de diagramas de blocos. Na sequência, os sistemas em paralelo e em série são introduzidos, bem como combinações série-paralelo e sistemas do tipo k-em-n. Uma breve apresentação sobre sistemas com componentes dependentes fecha o capítulo, o qual é acompanhado de uma lista de exercícios. No Apêndice são fornecidas instruções para uso do aplicativo Prosis, que acompanha este livro.

5.1. INTRODUÇÃO

Sistema é todo o conjunto de componentes interconectados segundo um projeto predeterminado, de forma a realizar um conjunto de funções de maneira confiável e com bom desempenho. Sistemas são aqui representados por arranjos de blocos funcionais. Os blocos funcionais, aqui designados por componentes, podem ser subsistemas ou componentes individuais, dependendo do tipo de sistema e das condições estabelecidas para o estudo. O tipo e a qualidade dos componentes usados, bem como a forma como estão arranjados influi diretamente no desempenho e na confiabilidade do sistema por eles composto. Uma vez configurado o sistema, sua confiabilidade pode ser determinada. Se o sistema não oferecer um nível adequado de confiabilidade, tanto o seu arranjo estrutural como a confiabilidade de suas partes componentes podem ser alterados, em um processo iterativo, em busca de um projeto que atenda às especificações de confiabilidade.

Duas decisões devem ser tomadas no processo de representação estrutural de um sistema: (i) quais componentes do sistema devem ser incluídos na análise e (ii) o nível de detalhe utilizado na representação desses componentes. Se o sistema em estudo for, por exemplo, um microcomputador, pode-se decidir pela representação de subsistemas, tais como a placa-mãe ou o ventilador, na forma de um único componente, ou detalhada em suas submontagens, especificando componentes individuais como a hélice e a carcaça, no caso do ventilador. O nível de detalhe na representação do sistema depende das informações disponíveis relativas à confiabilidade de suas partes componentes e dos objetivos do estudo.

A forma mais difundida de representação estrutural de sistemas utiliza o diagrama de blocos de confiabilidade. Tal diagrama oferece uma representação gráfica da forma como componentes do sistema estão conectados entre si. O diagrama de blocos descreve a função do sistema. É possível que em sistemas com mais de uma função sejam necessários diagramas de blocos individuais para cada função.

Considere a representação, através de um diagrama de blocos, de um sistema com n componentes. Nesse caso, cada componente será representado por um bloco, como na Figura 5.1. Sempre que existir uma conexão entre os pontos extremos (a) e (b) na figura, diz-se que o componente i está funcionando, o que não incluiu todas as suas formas de funcionamento, mas uma forma ou conjunto de formas pré-especificado (tal que alguns modos de falha de i não ocorram). A definição das formas de funcionamento de um componente pode gerar múltiplas representações do componente e, por consequência, do sistema a que ele pertence.

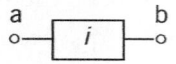

Figura 5.1: Componente i ilustrado na forma de bloco.

A representação acima pode ser ampliada para um sistema de componentes, conforme exemplificado na Figura 5.2. O diagrama de blocos de um sistema apresenta a forma em que os n componentes do sistema estão interconectados de modo a proporcionar o funcionamento do sistema. Ampliando a definição apresentada na Figura 5.1, sempre que existir uma conexão entre os pontos extremos (a) e (b) da Figura 5.2, diz-se que uma função específica do sistema (representada pelo diagrama da figura) é atingida; nesse contexto, alguns modos de falha do sistema não podem ocorrer.

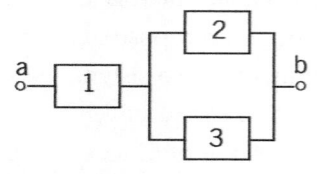

Figura 5.2: Sistema ilustrado na forma de diagrama de blocos.

Nas análises de confiabilidade apresentadas nas demais seções deste texto, o sistema e seus componentes são analisados em um tempo t específico. Dessa forma, pressupõem-se componentes que seguem uma distribuição de probabilidade com parâmetros conhecidos, tal que suas confiabilidades possam ser determinadas no tempo t de interesse. Em outras palavras, a análise de confiabilidade do sistema é estática; um perfil da confiabilidade do sistema no tempo pode ser obtido repetindo a análise para diferentes momentos no tempo.

Uma segunda suposição importante diz respeito ao estado dos componentes e sistema no momento da análise. Nas seções que se seguem, componentes e sistemas estão operantes (isto é, funcionando) ou não-operantes. Ainda que tal suposição binária possa não descrever de forma correta e realista certos tipos de componentes e sistemas, ela é necessária, na maioria dos casos, para tornar possíveis os cálculos envolvidos na análise do sistema. Sendo assim, os componentes e sistemas discutidos estão sujeitos (*i*) a falhas catastróficas ou (*ii*) a falhas causadas por degradação gradual, mas para as quais se estabelece um valor limite que caracteriza a ocorrência da falha (tornando, assim, válida a suposição binária).

A seguinte notação será utilizada nos Capítulos 5 e 6 deste livro:

x_i = evento do i-ésimo componente em um estado operante,

$\overline{x}_i$ = evento do i-ésimo componente em um estado não-operante,

$P(\cdot)$ = probabilidade de ocorrência de um evento, tal que $P(x_i) = R_i$ e $P(\overline{x}_i) = \overline{R}_i$

R_i = confiabilidade do i-ésimo componente no momento da análise,

$\overline{R}_i = 1 - R_i$ = não-confiabilidade i-ésimo componente no momento da análise,

R_S = confiabilidade do sistema no momento da análise, e

$\overline{R}_S = 1 - R_S$ = não-confiabilidade do sistema no momento da análise.

5.2. SISTEMAS EM SÉRIE

Em um sistema em série, n componentes estão conectados de tal forma que a falha de qualquer componente resulta na falha de todo o sistema. Os arranjos em série são muito utilizados no projeto de produtos industriais já que, por não apresentarem redundância de componentes, costumam apresentar menor custo. Para determinar a confiabilidade de um sistema em série, é necessário conhecer as confiabilidades de suas partes componentes no momento da análise. O diagrama de blocos de um sistema em série está apresentado na Figura 5.3.

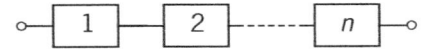

Figura 5.3: Diagrama de blocos de um sistema em série.

Em um sistema em série, todos os componentes devem estar operantes para que o sistema esteja operante. Assim, a confiabilidade do sistema pode ser expressa como:

$$R_S = P(x_1 \cap x_2 \cap \ldots \cap x_n) \tag{5.1}$$

Supondo componentes com modos de falha independentes entre si (isto é, a falha de um componente não afeta a probabilidade de falha dos demais), obtém-se a expressão usual para a confiabilidade de um sistema em série:

$$R_S = P(x_1) \times \ldots \times P(x_2) = \prod_{i=1}^{n} R_i \tag{5.2}$$

A Equação (5.2) é conhecida como a regra do produto em confiabilidade. A aplicação prática da equação conduz a um cenário no qual a confiabilidade do sistema decresce rapidamente à medida que o número de componentes aumenta. O limite superior na confiabilidade do sistema é dado pelo componente menos confiável no arranjo em série, isto é:

$$R_S \leq \min_i \{R_i\} \tag{5.3}$$

Suponha um sistema em série com n componentes idênticos, com não-confiabilidade designada por $\overline{R}$. A confiabilidade do sistema é dada por:

$$R_S = (1 - \overline{R})^n \tag{5.4}$$

Aplicando o teorema binomial, obtém-se a seguinte expansão:

$$1 + n(-\overline{R})^1 + \frac{n(n-1)}{2}(-\overline{R})^2 + \ldots + (-\overline{R})^n \tag{5.5}$$

É razoável supor um valor pequeno para $\overline{R}$, o que permite ignorar os termos de mais alta ordem na Equação (5.5), gerando a seguinte aproximação para a confiabilidade do sistema:

$$R_S \approx 1 - n\overline{R} \tag{5.6}$$

No caso de componentes distintos, a aproximação pode ser reescrita como:

$$R_S \approx 1 - \sum_{i=1}^{n} \overline{R}_i \tag{5.7}$$

As aproximações nas Equações (5.6) e (5.7) podem ser utilizadas para determinar a confiabilidade necessária em nível de componente de modo a se alcançar uma confiabilidade-alvo de sistema.

EXEMPLO DE FIXAÇÃO 5.1

Deseja-se uma confiabilidade de 0,95 em um sistema constituído de 20 componentes idênticos. Determine a confiabilidade necessária para os componentes.

Solução:

Aplicando a Equação (5.6):

$$0,95 \approx 1 - 20\overline{R} \implies \overline{R} = 0,0025 \tag{5.8}$$

A confiabilidade necessária para os componentes será aproximadamente $R = 0,9975$.

5.3. SISTEMAS EM PARALELO

Em um sistema em paralelo, todos os componentes devem falhar para que o sistema falhe. A confiabilidade de um sistema em paralelo de componentes independentes é determinada a partir da sua não-confiabilidade, isto é:

$$\overline{R}_S = P\left[\overline{x}_1 \cap \overline{x}_2 \cap \ldots \cap \overline{x}_n\right] = P(\overline{x}_1) \times \ldots \times P(\overline{x}_n) = \prod_{i=1}^{n}(1-R_i) \tag{5.9}$$

A confiabilidade do sistema é dada pela probabilidade complementar:

$$R_S = 1 - \prod_{i=1}^{n}(1-R_i) \tag{5.10}$$

A análise do sistema em paralelo apresentada anteriormente pressupõe que todos os componentes são ativados quando o sistema é ativado e que falhas não afetam a confiabilidade dos componentes sobreviventes. Tal arranjo é conhecido como arranjo paralelo puro, representado na Figura 5.4(a), constituindo uma parcela dos arranjos em paralelo existentes. Outros arranjos em paralelo, com carga compartilhada e com redundância em *standby*, são mais utilizados na prática.

Em arranjos com carga compartilhada, a taxa de falha dos componentes sobreviventes aumenta à medida que falhas ocorrem. O sistema de turbinas de um avião é um bom exemplo desse arranjo. Se uma das turbinas deixar de operar, as turbinas remanescentes deverão sustentar uma carga de operação maior, o que acarretará em aumento na sua taxa de falha. Tais arranjos dinâmicos não são detalhados neste texto, mas podem ser encontrados em referências como Mann, Schafer e Singpurwalla (1974; Cap. 10) e Ross (2006; Cap. 9).

Em um sistema com redundância em *standby*, o componente em *standby* só é ativado se um dos componentes em operação vier a falhar. Tal situação vem ilustrada na Figura 5.4(b). A chave de troca [c] pode representar um dispositivo automático ou um operador que executa a troca quando demandada. Um exemplo comum desse tipo de sistema é a geração de energia de um hospital. Em condições normais, o hospital é abastecido pela rede de distribuição. No caso de falta de energia, dois geradores reservas estão disponíveis para serem acionados. Os sistemas com redundância em *standby* devem ser analisados como sistemas dinâmicos.

Seja $R_S^n(t)$ a confiabilidade de um sistema de n componentes com *standby* e T_i a variável aleatória representando o tempo até falha do i-ésimo componente, com função de densidade $f_i(t_i)$. Para um sistema com dois componentes e uma chave de troca livre de defeitos, a Figura 5.4(c) traz os modos de sucesso na operação do sistema. A confiabilidade desse sistema para uma missão de duração t será dada por:

$$R_S^2(t) = P\left[(T_1 > t) \cup (T_1 \le t \cap T_2 > t - T_1)\right] \tag{5.11}$$

Como os modos de sucesso são mutuamente exclusivos, reescreve-se a Equação (5.11) como:

$$R_S^2(t) = R_1(t) + \int_0^t f_1(t_1) R_2(t - t_1) dt_1 \qquad (5.12)$$

Aplicando-se a Equação (5.12) no caso especial em que todos os componentes apresentam uma taxa de falha constante e igual a λ, tem-se a seguinte confiabilidade resultante para o sistema:

$$R_S^2(t) = e^{-\lambda t}(1 + \lambda t) \qquad (5.13)$$

A modificação na Equação (5.12) para incluir casos em que a chave de troca é imperfeita, com probabilidade de falha p_c, é feita multiplicando p_c pelo segundo termo no lado direito da equação.

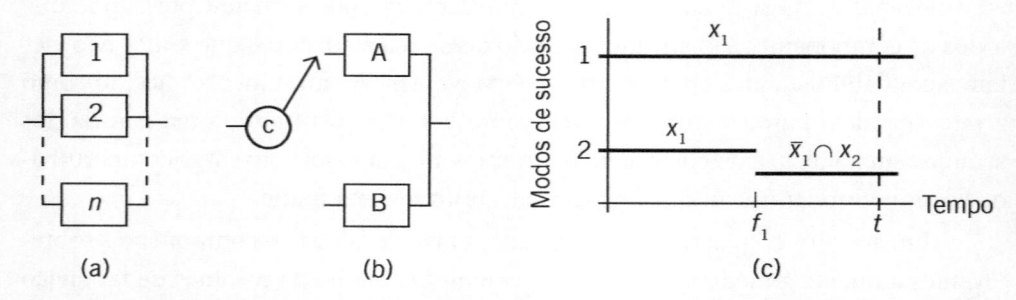

(a)   (b)   (c)

Figura 5.4: Diagrama de blocos de arranjos em paralelo (a) puro e (b) com *standby*, e (c) representação dos modos de sucesso de um sistema de dois componentes com *standby*.

5.4. SISTEMAS PARALELO-SÉRIE, SÉRIE-PARALELO E PARALELO-MISTO

Em muitas situações reais, sistemas são compostos por combinações de subsistemas em série e paralelo. Tais combinações podem ser facilmente analisadas reduzindo os subsistemas sucessivamente a componentes em série ou paralelo. Na sequência, desenvolvem-se expressões para a confiabilidade de sistemas paralelo-série e série-paralelo. A utilização dessas expressões na determinação da confiabilidade de um sistema paralelo-misto é ilustrada através de um exemplo.

Sistemas do tipo paralelo-série caracterizam-se por apresentar redundância no nível do sistema (também designada por redundância de alto nível), sendo constituídos por m subsistemas em série de n componentes conectados em paralelo. A Figura 5.5(a) traz um diagrama em blocos com uma representação genérica desses sistemas.

Seja R_{ij} a confiabilidade do j-ésimo ($j = 1,...,n$) componente localizado no i-ésimo ($i = 1,...,m$) subsistema em série. A confiabilidade do subsistema é:

$$R_{SS_i} = \prod_{j=1}^n R_{ij}, \quad i = 1,...,m \qquad (5.14)$$

ou seja, idêntica à Equação (5.2), como esperado. Como m desses subsistemas estão conectados em paralelo, a Equação (5.10) pode ser adaptada para obter a confiabilidade do sistema:

$$R_S = 1 - \prod_{i=1}^{m}\left[1 - \prod_{j=1}^{n} R_{ij}\right] \tag{5.15}$$

No caso especial em que todos os componentes do sistema são idênticos e apresentam confiabilidade R, a confiabilidade do sistema é:

$$R_S = 1 - \left(1 - R^n\right)^m \tag{5.16}$$

Sistemas do tipo série-paralelo apresentam redundância no nível do componente, também chamada redundância de baixo nível. Tais sistemas são constituídos por n subsistemas em série, os quais apresentam m componentes conectados em paralelo. A Figura 5.5(b) traz um diagrama em blocos com uma representação genérica desses sistemas. A expressão de confiabilidade desses sistemas pode ser obtida seguindo uma lógica similar a dos sistemas paralelo-série, sendo dada por:

$$R_S = \prod_{i=1}^{n}\left[1 - \prod_{j=1}^{m}\left(1 - R_{ij}\right)\right] \tag{5.17}$$

onde i designa o subsistema e j designa o componente. No caso especial em que todos os componentes são idênticos e apresentam confiabilidade R, a confiabilidade do sistema é:

$$R_S = \left[1 - \left(1 - R\right)^m\right]^n \tag{5.18}$$

Os sistemas com redundância de alto e baixo nível ilustrados na Figura 5.5 apresentam o mesmo número de componentes. Considere uma situação na qual, a um custo idêntico, o engenheiro de qualidade deva optar por um ou outro *design*. Deseja-se determinar, assim, em um cenário em que todos os componentes apresentam confiabilidade idêntica R, qual arranjo resulta em um sistema com maior confiabilidade.

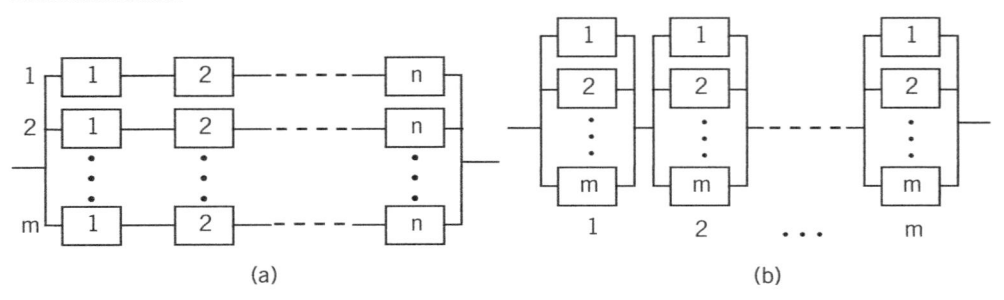

(a)   (b)

Figura 5.5: Diagrama de blocos com representações genéricas de sistemas (a) em paralelo-série e (b) série-paralelo.

Pode-se demonstrar que a redundância de baixo nível resulta em sistemas com confiabilidade pelo menos tão grande quanto a de sistemas com redundância de alto nível. A diferença, entretanto, não é tão pronunciada quando os componentes apresentam alta confiabilidade ($R > 0{,}9$). Sendo assim, sempre que o sistema em estudo viabilizar, será mais benéfico prover componentes sobressalentes do que sistemas sobressalentes. Em alguns sistemas, como no caso de geradores de emergência em hospitais, tal cenário pode não ser possível, já que o tempo de parada para troca ou acionamento do componente sobressalente pode comprometer operações vitais do hospital. Nesse caso, ainda que não vantajoso em termos de confiabilidade, é necessário prover um gerador sobressalente.

EXEMPLO DE FIXAÇÃO 5.2

Considere seis componentes idênticos com confiabilidade. Determine as confiabilidades resultantes nos arranjos (a), (b) e (c) na Figura 5.6

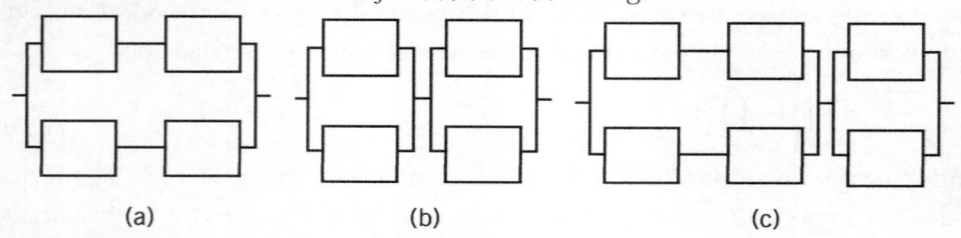

(a)   (b)   (c)

Figura 5.6: Configurações dos sistemas no Exemplo 5.2.

(*a*) Aplicando a Equação (5.16):

$$R_S = 1 - \left(1 - R^n\right)^m = 1 - \left(1 - 0{,}75^2\right)^2 = 0{,}8086 \tag{5.19}$$

(*b*) Aplicando a Equação (5.18):

$$R_S = \left[1 - \left(1 - R\right)^m\right]^n = \left[1 - \left(1 - 0{,}75\right)^2\right]^2 = 0{,}8789 \tag{5.20}$$

(*c*) Este é um arranjo paralelo-misto, que pode ser resolvido combinando as Equações (5.16) e (5.18):

$$R_S = \left[1 - \left(1 - R^n\right)^m\right]\left[\left[1 - \left(1 - R\right)^m\right]^n\right] =$$
$$R_S = 1 - \left(1 - 0{,}75^2\right)^2 \left[1 - \left(1 - 0{,}75\right)^2\right] = 0{,}8205 \tag{5.21}$$

5.5. SISTEMAS *K*–EM–*N*

Sistemas em série e paralelo puros são casos especiais dos sistemas *k*-em-*n*, nos quais o sistema está operante se *k* ou mais de seus *n* componentes estiverem operantes. Um sistema em série corresponde a um sistema do tipo n-em-n; um sistema em paralelo corresponde a um sistema do tipo 1-em-n. Um avião que necessita de pelo menos duas das quatro turbinas para operar e, mais genericamente, uma ponte suspensa que necessita k de seus n cabos para manter-se suspensa são exemplos de sistemas do tipo 2-em-n e k-em-n, respectivamente.

Uma representação genérica do diagrama de blocos de um sistema k-em-n não é possível. Para casos específicos, pode-se representar o arranjo repetindo componentes no diagrama. O diagrama de blocos para um sistema do tipo 2-em-3, por exemplo, é apresentado na Figura 5.7. O diagrama indica que se todos os três ou exatamente dois dos três componentes estiverem operantes, o sistema estará operante.

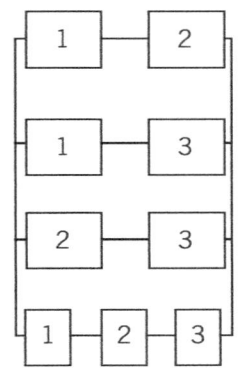

Figura 5.7: Diagrama de blocos de um sistema 2-em-3.

A confiabilidade de um sistema k-em-n pode ser facilmente obtida supondo-se componentes idênticos, com confiabilidade R e distribuições de tempos até falha independentes. Nesse caso, a expressão é idêntica à função de massa de uma distribuição binomial:

$$R_S(k;\, n, R) = \sum_{i=k}^{n} \binom{n}{i} R^i (1-R)^{n-i} \qquad (5.22)$$

No caso dos componentes com confiabilidades distintas no momento da análise, pode-se também determinar a confiabilidade do sistema com facilidade, mediante suposição de componentes com modos de falha independentes, como apresentado no exemplo a seguir.

EXEMPLO DE FIXAÇÃO 5.3

Considere um avião a jato com quatro turbinas em paralelo. O sistema é considerado operacional se quaisquer três turbinas estiverem operantes. Determine a confiabilidade do sistema.

O sistema em questão é do tipo 3-em-4. A confiabilidade do sistema é dada por:

$$R_S = P(x_1 x_2 x_3 + x_1 x_2 x_4 + x_1 x_3 x_4 + x_2 x_3 x_4) \tag{5.23}$$

Os eventos $A_1 = x_1 x_2 x_3$, $A_2 = x_1 x_2 x_4$, $A_3 = x_1 x_3 x_4$ e $A_4 = x_2 x_3 x_4$ e $A_5 = x_1 x_2 x_3 x_4$ representam os modos de operação do sistema. Na estimação da confiabilidade do sistema, pode-se incluir o evento A_5; entretanto, os termos de interação acabam por cancelar algumas das probabilidades, o que torna a inclusão de A_5 dispensável. No geral, em sistemas k-em-n, a inclusão do evento em que todos os componentes estão operantes não é necessária. Rescrevendo-se a Equação (5.23), obtém-se a seguinte expressão:

$$\begin{aligned}
R_s = \; & P(A_1 + A_2 + A_3 + A_4) = P(A_1) + P(A_2) + P(A_3) + P(A_4) - \\
& P(A_1 A_2) - \dots - P(A_3 A_4) + P(A_1 A_2 A_3) + \dots + P(A_2 A_3 A_4) \\
& P(A_1 A_2 A_3 A_4)
\end{aligned} \tag{5.24}$$

As probabilidades envolvendo dois ou mais eventos resultam em $P(x_1 x_2 x_3 x_4)$. Substituindo este resultado na Equação (5.24), obtém-se:

$$R_S = P(x_1 x_2 x_3) + P(x_1 x_2 x_4) + P(x_1 x_3 x_4) + P(x_2 x_3 x_4) - 3P(x_1 x_2 x_3 x_4) \tag{5.25}$$

No caso de componentes idênticos com confiabilidade R, essa expressão é igual a:

$$R_S = 4R^3 - 3R^4 \tag{5.26}$$

ou seja, o mesmo resultado obtido a partir da Equação (5.22):

$$\begin{aligned}
R_S(3; 4, R) &= \sum_{i=3}^{4} \binom{n}{i} R^i (1-R)^{4-i} = \binom{4}{3} R^3 (1-R) + \binom{4}{4} R^4 (1-R)^0 = \\
&= 4R^3 - 3R^4
\end{aligned} \tag{5.27}$$

5.6. SISTEMAS COM COMPONENTES DEPENDENTES

Nos sistemas apresentados anteriormente, cálculos de confiabilidade partiram da suposição de independência entre componentes do sistema. Tal suposição pode ser válida em uma série de situações práticas, em que o efeito da falha de um componente sobre os demais é desprezível. Em outras aplicações, a análise da confiabilidade do sistema baseada na suposição de independência leva a resultados pouco realistas.

Das muitas abordagens propostas para o cálculo da confiabilidade de sistemas com componentes dependentes, quatro merecem menção: (*i*) método da raiz quadrada, (*ii*) modelo do fator β, (*iii*) modelo do fator β generalizado, e (*iv*) modelo da taxa de falha binomial.

Cada abordagem modela situações distintas. O método da raiz quadrada, por exemplo, parte do arranjo estrutural dos componentes no sistema para determinar seus limites inferior e superior de confiabilidade. No limite superior, falhas dos componentes são independentes entre si e tem-se uma situação de máxima confiabilidade para o sistema. No limite inferior, existe uma dependência positiva entre as falhas do sistema (ou seja, a ocorrência da falha em um componente aumenta a taxa de falha dos demais componentes). A determinação dos limites de confiabilidade é específica para cada tipo de sistema, podendo ser inviável em sistemas complexos com grande número de componentes. Para um maior detalhamento sobre esses métodos, recomendam-se os trabalhos de Mosleh (1991) e Rausand e Høyland (2003; Cap. 6).

QUESTÕES

1) Em um sistema em série constituído por 30 componentes idênticos, qual deveria ser a confiabilidade mínima necessária em cada um desses componentes para que se obtenha uma confiabilidade total de 92%?

2) Um sistema é composto por 11 componentes cuja confiabilidade é de 0,95 e por quatro componentes cuja confiabilidade é de 0,99. Sabendo que esse sistema está em série, determine a confiabilidade total do sistema.

3) Calcule a confiabilidade de um sistema constituído por cinco componentes arranjados em paralelo cuja confiabilidade é 50%.

4) Imagine um sistema em paralelo com dois componentes, com *standby*, e taxa de falha constante igual a 0,0614. Qual a sua confiabilidade no tempo $t = 10$, sabendo-se que a chave de troca é livre de defeitos?

5) Compare a confiabilidade de dois sistemas com nove componentes, sendo (*a*) um paralelo-série (apresentando três subsistemas em paralelo, cada um constituído de três componentes em série); e outro (*b*) série-paralelo (apresenta três subsistemas em série, cada um constituído de três componentes em paralelo). Considere uma confiabilidade de 0,95 para todos os componentes do sistema.

6) Calcule a confiabilidade do arranjo na Figura 5.8.

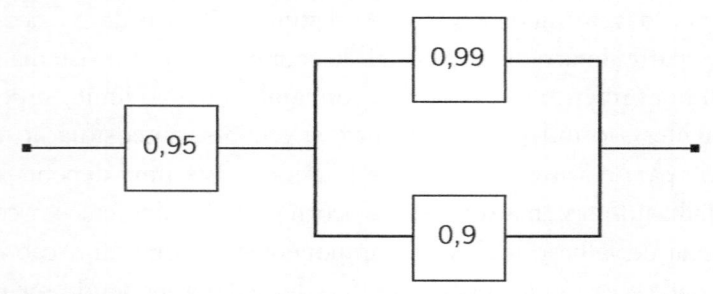

Figura 5.8: Diagrama de blocos do sistema.

7) Considere que o arranjo na **Figura 5.9** é constituído por 12 componentes com $R = 0,78$. Determine a confiabilidade do sistema.

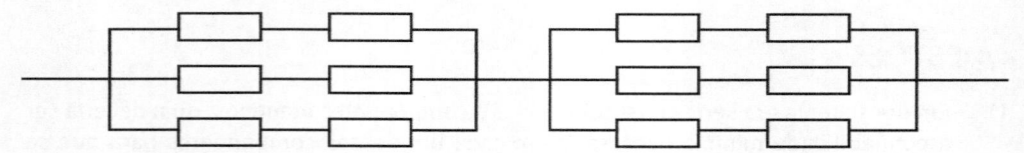

Figura 5.9: Diagrama de blocos do sistema.

8) Há diferença de confiabilidade entre um sistema constituído por três componentes em paralelo e um sistema constituído por um componente em paralelo com um subsistema constituído de dois componentes em paralelo? Considere a confiabilidade de todos os componentes igual a 0,85.

9) O arranjo na **Figura 5.10** apresenta quatro componentes com a mesma confiabilidade R. Determine o valor de R, sabendo que a confiabilidade do sistema é igual a 94%.

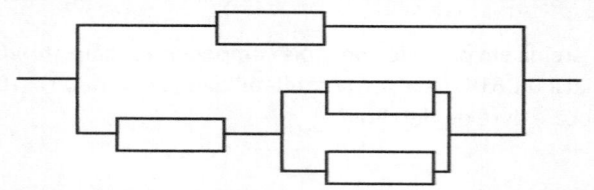

Figura 5.10: Diagrama de blocos do sistema.

10) Calcule a confiabilidade do sistema na **Figura 5.11**.

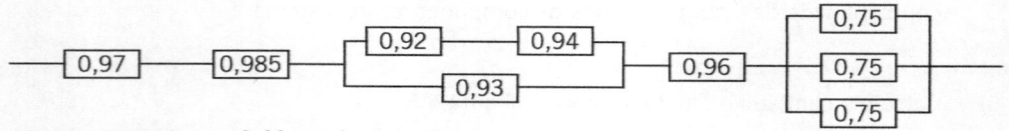

Figura 5.11: Diagrama de blocos do sistema.

11) Calcule a confiabilidade do sistema na Figura 5.12.

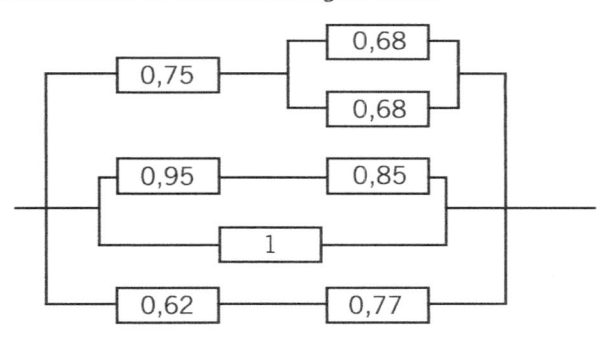

Figura 5.12: Diagrama de blocos do sistema.

12) Um sistema com cinco componentes em paralelo necessita que três deles estejam funcionando para que esteja operante. Sabendo que a confiabilidade dos componentes é 0,88, calcule a confiabilidade do sistema.

13) Considere uma planta industrial com sete linhas de produção. Para atender à sua demanda, a planta necessita que pelo menos cinco linhas estejam produzindo. Qual a probabilidade de essa indústria não atender à sua demanda sabendo que a confiabilidade de cada linha é 0,75?

14) Para um avião funcionar, duas de suas quatro turbinas precisam estar em perfeito funcionamento. Sabendo que a confiabilidade de cada turbina é 0,99, calcule a possibilidade de acidentes em ppm (partes por milhão).

15) Para uma loja funcionar adequadamente três dos seus sete funcionários devem estar presentes. Levando em consideração que cada funcionário falta uma vez por semana e a loja funciona cinco dias por semana, calcule a probabilidade de a loja funcionar adequadamente.

16) O sistema eletrônico de um avião é composto por um sensor, um sistema de orientação, um computador, um controlador de incêndio, um radar e um sistema amplificador de áudio. O sistema só opera se todos os componentes operarem. As confiabilidades dos componentes, em ordem crescente, são:

$P_1 = 0,75$ $P_2 = 0,80$ $P_3 = 0,87$ $P_4 = 0,90$ $P_5 = 0,95$ $P_6 = 0,99$

A confiabilidade desejada para o sistema é $R_L = 0,53$. Calcule R_s.

17) Um sistema em série contém três componentes, X_1, X_2 e X_3, e só opera se pelo menos dois dos componentes estiverem operantes. A confiabilidade dos componentes é $R_1 = 0,80$, $R_2 = 0,85$ e $R_3 = 0,90$, respectivamente. Qual a confiabilidade do sistema?

18) Deseja-se que um sistema composto por cinco unidades idênticas em paralelo puro tenha confiabilidade 0,99. Qual a confiabilidade que cada componente deve apresentar de forma a atingir essa meta?

19) Um amplificador com taxa de falha constante tem confiabilidade de 0,95. Qual a confiabilidade de um sistema com: (*a*) três amplificadores em série; (*b*) três amplificadores em paralelo. Qual o sistema mais confiável?

20) Um sensor de temperatura necessita ter confiabilidade mínima de 0,97, porém a confiabilidade de um único sensor é de 0,85. O engenheiro responsável imagina que colocando dois sensores em paralelo alcance o critério. Verifique se ele está correto.

21) Um par termoelétrico tem uma taxa de falha de $\lambda = 0,005/h$. Supondo dois componentes com redundância em *standby*, qual a confiabilidade do sistema para 100 horas?

22) Um sistema com redundância de alto nível é constituído por três subsistemas em série de dois componentes conectados em paralelo. Considerando todos os componentes idênticos e com confiabilidade igual a 0,90, calcule a confiabilidade do sistema.

23) Um sistema com redundância de baixo nível é constituído por dois subsistemas em série de três componentes conectados em paralelo. Considerando todos os componentes idênticos e com confiabilidade igual a 0,85, calcule a confiabilidade do sistema.

24) Considere um sistema com oito componentes idênticos com confiabilidade 0,90, arranjados em paralelo-misto, de acordo com a configuração na Figura 5.13. Qual a confiabilidade do sistema?

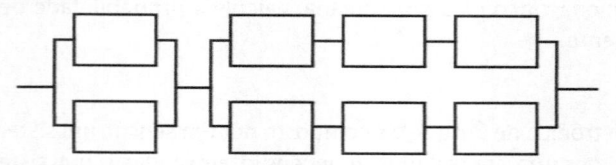

Figura 5.13: Diagrama de blocos do sistema.

Os demais exercícios devem ser resolvidos utilizando o software Prosis.

25) Um sistema com cinco componentes está distribuído conforme o esquema na Figura 5.14.

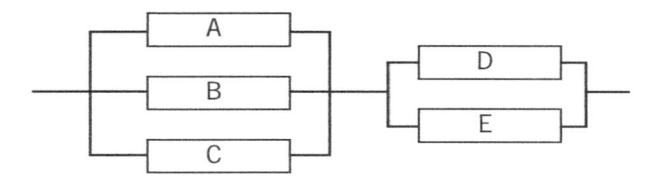

Figura 5.14: Diagrama de blocos do sistema.

Os componentes apresentam as seguintes características:

Nome do componente	Distribuição	Parâmetro de forma	Parâmetro de escala	Parâm. de localização	Custo Desenv.
A	Normal	0	38	89	1
B	Weibull	5	80	40	1
C	Normal	0	18	112	1
D	Exponencial	0	115	70	1
E	Weibull	3	60	55	1

Determine a confiabilidade para cada componente e para esse sistema em $t = 110$.

26) Um sistema série-paralelo possui quatro componentes com tempos até falha caracterizados pelas seguintes distribuições de probabilidade:

A: Normal, com $\sigma = 8$ e $\mu = 100$;

B: Normal, com $\sigma = 5$ e $\mu = 70$;

C: Exponencial, com $\lambda = 0,01$, sendo que a primeira falha ocorre em $t = 20$;

D: Weilbull, com $\gamma = 5$ e $\theta = 90$, sendo que a primeira falha ocorre em $t = 15$.

Utilize o ProSis para determinar em que instante o sistema apresenta uma confiabilidade de 95%.

27) Considere o sistema na Figura 5.15.

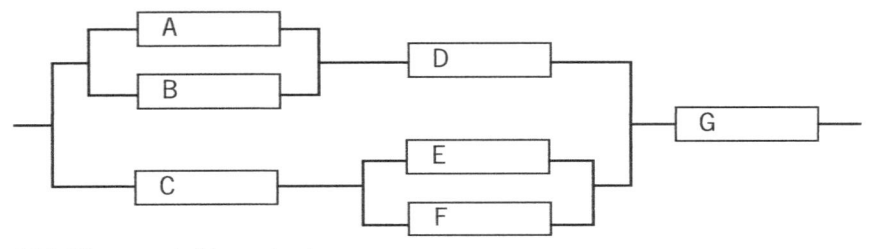

Figura 5.15: Diagrama de blocos do sistema.

Considere que *A* e *C* seguem distribuições normais, com média 90 e desvio-padrão 5; *B* e *D* seguem distribuições normais, com média 85 e desvio-padrão 3; E segue uma distribuição normal, com média 120 e desvio 7; F segue uma distribuição de Weilbull, com $\gamma = 2$ e $\theta = 15$, e a primeira falha ocorre em $t = 15$; G segue uma distribuição uniforme com amplitude 90 e mínimo 20. Encontre a confiabilidade e o componente crítico do sistema em $t = 80$. Determine a confiabilidade do componente crítico nesse instante.

28) Plote os gráficos de confiabilidade, taxa de falha e densidade acumulada de falha do sistema representado no diagrama de blocos da Figura 5.16.

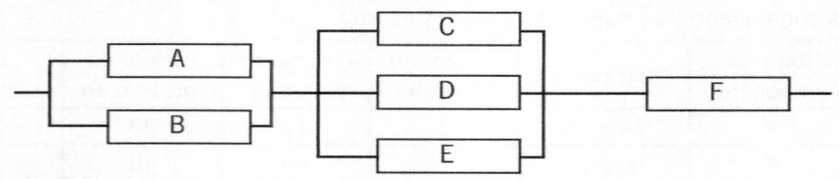

Figura 5.16: Diagrama de blocos do sistema.

Os componentes apresentam as seguintes características:

Componente	Distribuição	Parâmetro de Forma	Parâmetro de Escala	Parâmetro de Localização
A	Weibull	2	72	0
B	Weibull	3	55	0
C	Normal	0	5	90
D	Normal	0	9	115
E	Normal	0	15	230
F	Normal	0	2	70

29) No sistema representado no diagrama da Figura 5.17, os componentes A, C e D seguem uma distribuição de probabilidade de Weilbull, com estimadores de máxima verossimilhança $\gamma = 3,2$ e $\theta = 44$, enquanto B e E apresentam uma taxa de falha constante igual a 0,01. A primeira falha nos três primeiros componentes ocorre em $t = 24$ e nos dois últimos em $t = 32$. Determine a confiabilidade do sistema em quatro instantes no tempo: 30, 50, 70 e 90. Indique qual é o componente crítico do sistema em cada instante.

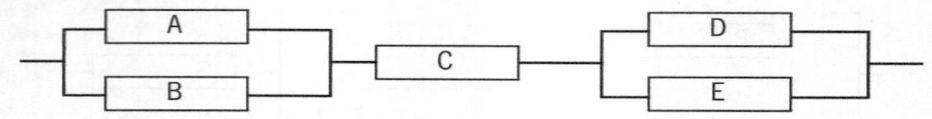

Figura 5.17: Diagrama de blocos do sistema.

APÊNDICE: UTILIZAÇÃO DO PROSIS A PARTIR DE UM EXEMPLO

Considere as informações na Tabela 5.1, relativas a um sistema de componentes e suas distribuições de probabilidade. Nosso objetivo é:

- inserir informações sobre componentes, subsistemas e sistema;
- analisar os gráficos de confiabilidade resultantes para componentes, subsistemas e sistema;
- obter valores de confiabilidade e TTF para cada componente, subsistema e sistema.
- determinar componentes críticos e melhor alocação de confiabilidade para o sistema (ou seja, em quais componentes ou subsistemas melhorias na confiabilidade devem ser priorizadas).

Nome do componente	Distribuição	Parâmetro de forma	Parâmetro de escala	Parâm. de localização	Custo Desenv.
Parafuso 1	Normal	0	122,172	210,56	1
Parafuso 2	Normal	0	2	120	1
Parafuso 3	Normal	0	10	100	1
Chapa	Exponencial	0	100	60	1
Coluna 1	Weibull	2	50	50	1
Coluna 2	Weibull	4	60	30	1

Tabela 5.1: Informações sobre componentes e suas distribuições de probabilidade

Esses componentes estão arranjados segundo a Figura 5.18.

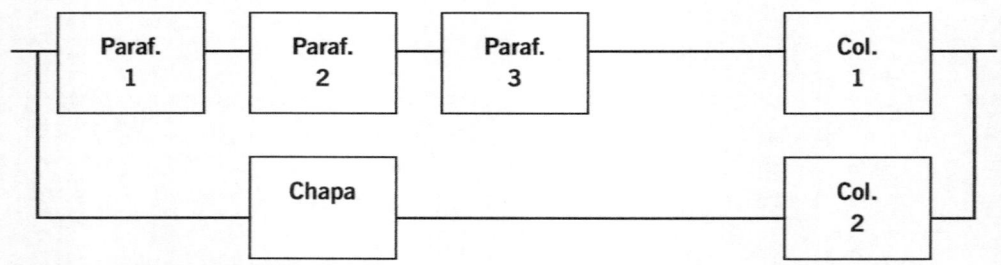

Figura 5.18: Sistema do tutorial Prosis.

O Proconf possui duas janelas de funções:

1. Dados
2. Análise

A janela **Dados** é a primeira a aparecer quando o programa é aberto. Ela contém quatro planilhas: (*i*) Informações Básicas, (*ii*) Componentes, (*iii*) Sistema e (*iv*) Esquema. Em (*i*), o usuário fornece informações sobre a análise em curso. Por exemplo, o Título do Projeto poderia ser *Tutorial*, a Unidade de Tempo poderia ser *Milhares de Horas*, seguido de Comentários pertinentes. Em (*ii*), as informações sobre cada componente são entradas. Você precisa identificar a distribuição e seus parâmetros para cada componente. As opções de distribuição são *exponencial, Weibull, Gama, lognormal, uniforme, normal* e *usuário*. A opção usuário demanda que o analista entre com tempos e confiabilidades respectivas na planilha de entrada de dados à direita da janela (o *software* gerará uma distribuição empírica utilizando essas informações; quanto maior o número de informações sobre tempos e confiabilidades, maior a precisão do ajuste à distribuição empírica). Para cada opção, o usuário deverá informar os parâmetros. Para saber como entrar corretamente com os parâmetros em cada tipo de distribuição, clique no ícone ? no canto direito superior da janela. Na última coluna, informe o custo de desenvolvimento de cada componente (ou seja, quanto custaria melhorar a confiabilidade do componente em questão). Essa análise é comparativa (e opcional): escolha um componente como padrão e compare os demais com relação a ele. Em (*iii*), informe como os componentes em (*ii*) encontram-se arranjados. O programa agrupa componentes em série e paralelo (a análise de sistemas complexos usando o software demandará um certo esforço para decomposição dos sistemas). Você deverá escolher o tipo de arranjo de cada subsistema e seus componentes. Lembre-se de que os próprios subsistemas podem entrar como componentes em outros subsistemas, o que permitirá arranjos mais elaborados. O último subsistema a ser definido deverá ser o próprio sistema (um arranjo com os componentes e subsistemas anteriores). A planilha (*iv*) ainda está em desenvolvimento.

A janela *Análise de Confiabilidade* possui quatro planilhas: (*i*) análise de confiabilidade; (*ii*) gráficos e inferências; (*iii*) componente crítico e (*iv*) alocação de confiabilidade. Em (*i*), valores de tempo e funções derivadas de confiabilidade são informados. Você pode escolher componentes e subsistemas para os quais deseja fazer a análise. Você também pode escolher a escala de tempo em que deseja trabalhar, componente ou sistema. A escala para o sistema será correspondente à menor escala de tempo dentre todos os componentes e subsistemas que o compõem. Em (*ii*), são apresentados os gráficos de confiabilidade e distribuição para cada componente, subsistema e para o sistema completo. Mais uma vez, a escala de tempo pode ser definida pelo usuário. A planilha (*iii*) apresenta um gráfico de Pareto informando a importância relativa de cada componente no sistema. Componentes importantes são aqueles que apresentam maior impacto sobre a confiabilidade global do sistema. A planilha (*iv*) informa a alocação de confiabilidade aos componentes do sistema que implique menor esforço e menor custo. A alocação considera a meta de confiabilidade especificada pelo usuário num determinado tempo.

Entre as informações apresentadas anteriormente no programa e analise suas funções operacionais.

ANÁLISE DE SISTEMAS COMPLEXOS

CONCEITOS APRESENTADOS NESTE CAPÍTULO

Este capítulo retoma e aprofunda os assuntos tratados no Capítulo 5, apresentando a análise de sistemas complexos. Quatro procedimentos de análise são detalhados: o método da decomposição, o método do *tie set* e do *cut set*, o método da tabela booleana e o método da tabela de redução. Uma lista de exercícios é apresentada ao final do capítulo.

6.1. INTRODUÇÃO

Arranjos estruturais podem ser simples ou complexos, dependendo do grau de dificuldade para determinação de suas expressões de confiabilidade.

Sistemas simples incluem arranjos em série, paralelo, combinações série-paralelo e paralelo-série, e arranjos do tipo k-em-n. As expressões de confiabilidade desses sistemas são facilmente deriváveis a partir das leis básicas da probabilidade. Em um sistema em série de n componentes, por exemplo, a operação do sistema está condicionada à operação simultânea de todos os seus componentes; ou seja, a falha de qualquer componente resulta na falha do sistema. A expressão de confiabilidade para um sistema pode ser assim obtida:

$$R_s = P\,(x_1 \cap x_2 \cap ... \cap x_n) \tag{6.1}$$

onde $P\,(x_i)$ é a probabilidade de sucesso na operação do i-ésimo componente, representado pelo evento x_i. Supondo componentes com modos de falha independentes entre si, obtém-se a expressão usual para a confiabilidade de um sistema em série:

$$R_S = P\,(x_1) \times ... \times P\,(x_n) = \prod_{i=1}^{n} R_i \tag{6.2}$$

Demais sistemas simples têm suas expressões de confiabilidade determinadas de forma análoga às apresentadas no Capítulo 5.

Em um sistema complexo, a natureza das interconexões entre componentes não permite uma determinação direta e generalizável de sua expressão de confiabilidade, sendo necessário, para tanto, a utilização de métodos especiais. Nas seções que se seguem, quatro métodos para a determinação da confiabilidade de sistemas complexos são apresentados: (i) método da decomposição, (ii) métodos *tie set* e *cut set*, (iii) método da tabela booleana, e (iv) método da redução.

6.2. MÉTODOS PARA DETERMINAÇÃO DA CONFIABILIDADE DE SISTEMAS COMPLEXOS

Sistema complexos são aqueles que não podem ser modelados (ou são de modelagem difícil) como combinações de sistemas simples (série, paralelo, paralelo-série, série-paralelo ou k-em-n). Redes de computadores e sistemas urbanos de distribuição de energia e água são exemplos desses sistemas. Sistemas complexos podem ser unidirecionados ou bidirecionados. No primeiro caso, o caminho que liga um componente a outro é unidirecional, como exemplificado na Figura 6.1, em que todos os caminhos são direcionados da esquerda para a direita; no segundo caso, qualquer direção de ligação entre os dois componentes é válida. Na sequência, apresentam-se os métodos mais usuais para determinação da expressão de confiabilidade de sistemas complexos.

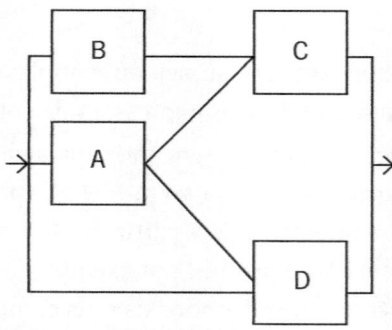

Figura 6.1: Diagrama de blocos de um sistema complexo.

6.2.1. MÉTODO DA DECOMPOSIÇÃO

O método da decomposição, ou decomposição pivotal, é implementado identificando-se um componente-chave, x, que corte diversos caminhos do sistema. A confiabilidade do sistema será, então, expressa em termos do componente-chave, usando a seguinte expressão:

$$R_s = P \text{ [sistema operacional}|x]P(x) + P \text{ [sistema operacional}|\overline{x}]P(\overline{x}) \qquad (6.3)$$

onde P [sistema operacional|x] designa a probabilidade de o sistema estar operante, dado que o componente x está em um estado operante, P [sistema operacional|$\overline{x}$] = probabilidade do sistema não operante, dado que o componente x está em um estado não-operante (correspondendo ao evento $\overline{x}$), $P(x)$ corresponde à confiabilidade do componente x no momento da análise, tal que $P(x) = 1 - P(\overline{x})$.

A escolha do componente-chave influencia diretamente os cálculos associados às probabilidades na Equação (6.3). Deve-se preferencialmente visualizar um componente condicionante que reduza o sistema complexo a dois subsistemas simples, com expressões de confiabilidade conhecidas. Uma escolha equivocada de componente-chave levará a subsistemas ainda complexos, que demandarão a aplicação reiterada do método. Sendo assim, o melhor componente-chave é aquele que promove uma única decomposição no sistema. É importante observar que a aplicação reiterada do método pode ser necessária, de qualquer forma, em sistemas de alta complexidade.

EXEMPLO DE FIXAÇÃO 6.1

Considere o sistema na Figura 6.1. Trata-se claramente de um sistema complexo, já que é impossível analisá-lo usando as expressões de confiabilidade para sistemas simples. Considere A como o componente-chave e determine a expressão de confiabilidade do sistema através do método da decomposição.

Solução:

Considere, inicialmente, a situação em que A está no estado operante. Nesse caso, o componente B passa a ser desnecessário para a operação do sistema, já que, havendo uma conexão direta entre o início do sistema e os componentes C e D, o caminho que passa por B levando a C jamais será utilizado. O resultado é um arranjo paralelo puro representado no diagrama de blocos da Figura 6.2(a). A expressão para a confiabilidade desse subsistema é:

$$P \text{ [sistema operacional }|A] = P(C) + P(D) - P(C)P(D) \qquad (6.4)$$

No caso de A estar no estado não-operante, os caminhos que utilizam o componente A não estão mais disponíveis, e o sistema é reduzido ao subsistema paralelo-série da Figura 6.2(b), com expressão de confiabilidade dada por:

$$P \text{ [sistema operacional }|\overline{A}] = P(B)P(C) + P(D) - P(B)P(C)P(D) \qquad (6.5)$$

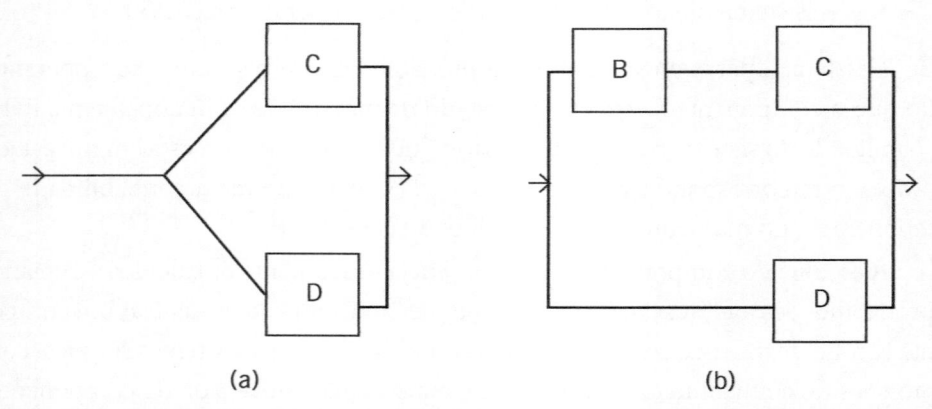

(a)   (b)

Figura 6.2: Diagrama de blocos do sistema quando (a) A está operante e (b) A está não-operante.

Substituindo-se as Equações (6.4) e (6.5) na Equação (6.3) tem-se como resultado a seguinte expressão para a confiabilidade do sistema:

$$Rs = [P(C) + P(D) - P(C)P(D)]P(A)$$
$$+ [P(B)P(C) + P(D) - P(B)P(C)P(D)][1 - P(A)] \qquad (6.6)$$

6.2.2. MÉTODOS DO *TIE SET* E *CUT SET*

O segundo método para determinação da confiabilidade de um sistema complexo é baseado nos conceitos de *tie set* e *cut set*.

Um *tie set* é um conjunto de componentes que estabelece um caminho que assegura a operação do sistema. Um *tie set* pode estar contido em outro; sendo assim, para fins de análise de confiabilidade é necessário determinar os *tie sets* mínimos, que não contêm nenhum outro *tie set* dentro de si. O sistema na Figura 6.1, por exemplo, é constituído dos *tie sets* mínimos {B, C}, {A, C} e {D}. A confiabilidade de um sistema qualquer é dada pela união de todos os seus *tie sets* mínimos.

Tie sets mínimos representam caminhos mínimos de operação do sistema. Para identificá-los, é preciso simular um cenário no qual só os componentes no *tie set* estão operantes no sistema e, no caso de qualquer componente do *tie set* falhar, o sistema falha como um todo. Considere o *tie set* {A, D}, no sistema da Figura 6.1. Simulando um cenário em que somente os componentes no *tie set* estão operantes no sistema, para que o mesmo possa ser considerado um *tie set* mínimo é preciso que a falha de qualquer um de seus componentes resulte na falha do sistema. No caso do *tie set* {A, D} isso não ocorre, pois se A falhar, o sistema continua operante através do componente D. É por essa razão que o *tie set* {A, D} não está listado entre os *tie sets* mínimos.

Um *cut set* é um conjunto de componentes que, uma vez removidos do sistema, interrompe todas as conexões entre os pontos extremos inicial e final do sistema. Um *cut set* mínimo é aquele que não contém nenhum outro *cut set* dentro de si. O sistema na Figura 6.1, por exemplo, possui dois *cut sets* mínimos: {B, A, D} e {C, D}. A não-confiabilidade de um sistema é dada pela probabilidade de que ao menos um *cut set* mínimo ocorra.

Para identificar um *cut set* mínimo, deve-se simular um cenário em que somente os componentes que integram o *cut set* não estão operantes; os demais componentes do sistema são considerados como operantes. Um *cut set* é mínimo quando qualquer componente do *cut set* volta a operar, fazendo o sistema também voltar a operar. É por essa razão que o *cut set* {A, B, C, D} não é mínimo, já que se o componente C voltar a operar, o sistema continua não-operante.

Os métodos de *tie set* e *cut set* para determinação da confiabilidade de sistemas complexos são ilustrados no exemplo a seguir.

EXEMPLO DE FIXAÇÃO 6.2

Considere o sistema complexo na Figura 6.3, proposto por Elsayed (1996). Os *tie sets* mínimos do sistema são:

$$T_1 = AE, T_2 = DC, T_3 = ABC \tag{6.7}$$

A confiabilidade do sistema é dada pela união de todos os *tie sets* mínimos; isto é:

$$R_s = P(AE \cup DC \cup ABC) = P(AE) + P(DC) + P(ABC)$$
$$- P(AEDC) - P(AEBC) - P(DCAB) + P(AEDCB) \tag{6.8}$$

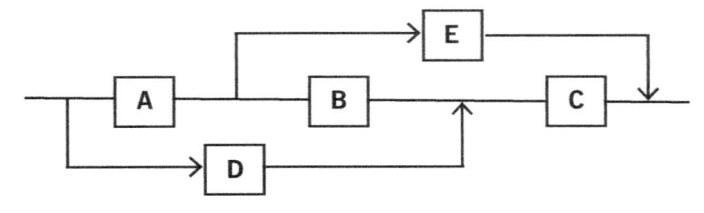

Figura 6.3: Exemplo de sistema complexo.

Considerando componentes idênticos e independentes com confiabilidade R, a Equação (6.8) se reduz a:

$$R_S = 2R^2 + R^3 - 3R^4 + R^5 \tag{6.9}$$

O mesmo resultado pode ser obtido através do método do *cut set*. Os *cut sets* mínimos do sistema na Figura 6.3 são:

$$C_1 = \overline{AD}, \ C_2 = \overline{EC}, \ C_3 = \overline{AC} \ \text{e} \ C_4 = \overline{BED} \tag{6.10}$$

A confiabilidade do sistema é dada pelo complemento da união dos *cut sets* mínimos; isto é:

$$R_S = 1 - P\left(\overline{AD} \cup \overline{EC} \cup \overline{AC} \cup \overline{BED}\right) \tag{6.11}$$

Considerando componentes independentes e idênticos com confiabilidade R, lembrando que $P(\overline{x}) = 1 - P(x)$ e substituindo esses resultados na Equação (6.11), chega-se à expressão para a confiabilidade do sistema:

$$R_S = 2R^2 + R^3 - 3R^4 + R^5 \tag{6.12}$$

idêntica àquela dada na Equação (6.9).

6.2.3. MÉTODO DA TABELA BOOLEANA

O presente método inicia com a construção de uma tabela booleana de verdades para o sistema. Para tanto, enumeram-se todas as combinações de estados (operante/não-operante) que os componentes do sistema podem assumir. Em outras palavras, todos os componentes são considerados como inicialmente funcionando. Em seguida, consideram-se situações em que um componente falha de cada vez, dois componentes falham de cada vez, e assim por diante. A confiabilidade do sistema é dada pela união de todas as combinações que têm como resultado a operação do sistema.

O número total de combinações a serem analisadas em uma tabela booleana de verdades depende do número de componentes no sistema. Por exemplo, em um sistema com cinco componentes, que podem estar em um estado operante ou não-operante, o número de combinações será $2^5 = 32$. Dessas, uma combinação corresponde à situação em que todos os componentes estão operantes $\left\{\binom{5}{0} = 1\right\}$, cinco combinações correspondem a situações em que apenas um componente falha $\left\{\binom{5}{1} = 5\right\}$, e assim por diante.

Apesar de ser um método de baixa complexidade matemática, a utilização prática do método da tabela booleana pode ser bastante trabalhosa para sistemas com um grande número de componentes. Os cálculos podem ser implementados em uma planilha de cálculos, como exemplificado a seguir.

EXEMPLO DE FIXAÇÃO 6.3

Considere novamente o sistema complexo na Figura 6.1 e determine a sua expressão de confiabilidade utilizando o método da tabela booleana.

Solução:

Os estados operante e não-operante de cada componente são representados por 1 e 0 na Tabela 6.1; a mesma representação é adotada para os estados do sistema. A tabela booleana completa para o exemplo contém $2^4 = 16$ combinações de estados para os componentes. Das 16 combinações, 11 correspondem a situações em que o sistema está operante. A confiabilidade do sistema é dada pela probabilidade da união dos eventos correspondentes a essas combinações; na Tabela 6.1, são apresentadas as probabilidades correspondentes às combinações, mediante suposição de componentes com modos de falha independentes.

A confiabilidade do sistema, supondo componentes idênticos com confiabilidade R, é dada por:

$$R_s = R^4 + 4R^3(1-R) + 5R^2(1-R)^2 + R(1-R)^3 \qquad (6.13)$$

A	B	C	D	Sistema	Probabilidade
1	1	1	1	1	P(A)P(B)P(C)P(D)
0	1	1	1	1	[1-P(A)]P(B)P(C)P(D)
1	0	1	1	1	P(A)[1-P(B)]P(C)P(D)
1	1	0	1	1	P(A)P(B)[1-P(C)]P(D)
1	1	1	0	1	P(A)P(B)P(C)[1-P(D)]
0	0	1	1	1	[1-P(A)][1-P(B)]P(C)P(D)
0	1	0	1	1	[1-P(A)]P(B)[1-P(C)]P(D)
0	1	1	0	1	[1-P(A)]P(B)P(C)[1-P(D)]
1	0	0	1	1	P(A)[1-P(B)][1-P(C)]P(D)
1	0	1	0	1	P(A)[1-P(B)]P(C)[1-P(D)]
1	1	0	0	0	P(A)P(B)[1-P(C)][1-P(D)]
1	0	0	0	0	P(A)[1-P(B)][1-P(C)][1-P(D)]
0	1	0	0	0	[1-P(A)]P(B)[1-P(C)][1-P(D)]
0	0	1	0	0	[1-P(A)][1-P(B)]P(C)[1-P(D)]
0	0	0	1	1	[1-P(A)][1-P(B)][1-P(C)]P(D)
0	0	0	0	0	[1-P(A)][1-P(B)][1-P(C)][1-P(D)]

Tabela 6.1: Tabela parcial de verdades booleanas para o exemplo na Figura 6.1.

6.2.4. MÉTODO DA TABELA DE REDUÇÃO

O método da tabela de redução usa como ponto de partida o método da tabela booleana de verdades do sistema, conforme descrito a seguir.

Elabora-se a tabela booleana de verdades para o sistema listando todas as segundas combinações de estado dos componentes do sistema. As linhas da tabela são examinadas em busca de combinações que resultem em sucesso na operação do sistema (ou seja, sistema em estado operante). Tais combinações são listadas na coluna 1 de uma nova tabela, denominada tabela de redução.

Todas as combinações que resultam no estado operacional do sistema são então comparadas entre si aos pares, em busca de combinações que difiram pela inversão de uma das letras que designam o estado dos componentes (por exemplo, combinações ABC e $AB\overline{C}$). Para essas combinações, calcula-se o produto dos termos (no caso do exemplo anterior, $ABC \times AB\overline{C} = AB$), listando os resultados na coluna 2 da tabela.

As combinações resultantes na coluna 2 são então comparadas aos pares conforme descrito anteriormente, gerando combinações que serão escritas na coluna 3 da tabela. O procedimento continua até que nenhuma comparação de combinações apresente inversão de uma das letras. A confiabilidade do sistema será dada pela união de todas as combinações não incluídas nos pares para os quais as combinações são idênticas, exceto por uma única letra invertida. A ordem em que pares de combinações são analisadas em qualquer etapa do método da tabela de redução não altera os resultados obtidos.

EXEMPLO DE FIXAÇÃO 6.4

Considere novamente o sistema complexo na Figura 6.3 e determine a sua expressão de confiabilidade utilizando o método da tabela de redução.

Solução:

Existem 15 combinações que resultam em sucesso na operação do sistema; essas combinações são listadas na coluna 1 da Tabela 6.2. As duas primeiras linhas da tabela, por exemplo, apresentam combinações em que apenas uma letra, correspondendo a um dos componentes do sistema, está invertida; o produto das duas combinações vem indicado na coluna 2 da tabela. A mesma lógica de análise é utilizada na coluna 2, resultando nas combinações indicadas na coluna 3.

As combinações na coluna 3 da Tabela 6.2 não resultam em nenhuma combinação com apenas uma letra invertida, quando comparadas aos pares. Essa coluna é, assim, a última coluna da tabela.

As cinco combinações não incluídas em agrupamentos de combinações diferindo por uma única letra são somadas no cálculo da confiabilidade do sistema:

$$R_S = P(A\overline{B}C\overline{D}E + A\overline{B}CD + ABC + A\overline{C}E + \overline{A}CD) \tag{6.14}$$

Considerando componentes independentes e idênticos, com confiabilidade R, as probabilidades na Equação (6.14) resultam na seguinte expressão:

$$R_S = R^3 (1 - R)^2 + R^3 (1 - R) + R^3 + R^2 (1 - R) + R^2 (1 - R) \tag{6.15}$$

Combinando os termos obtém-se como resultado a Equação (6.12).

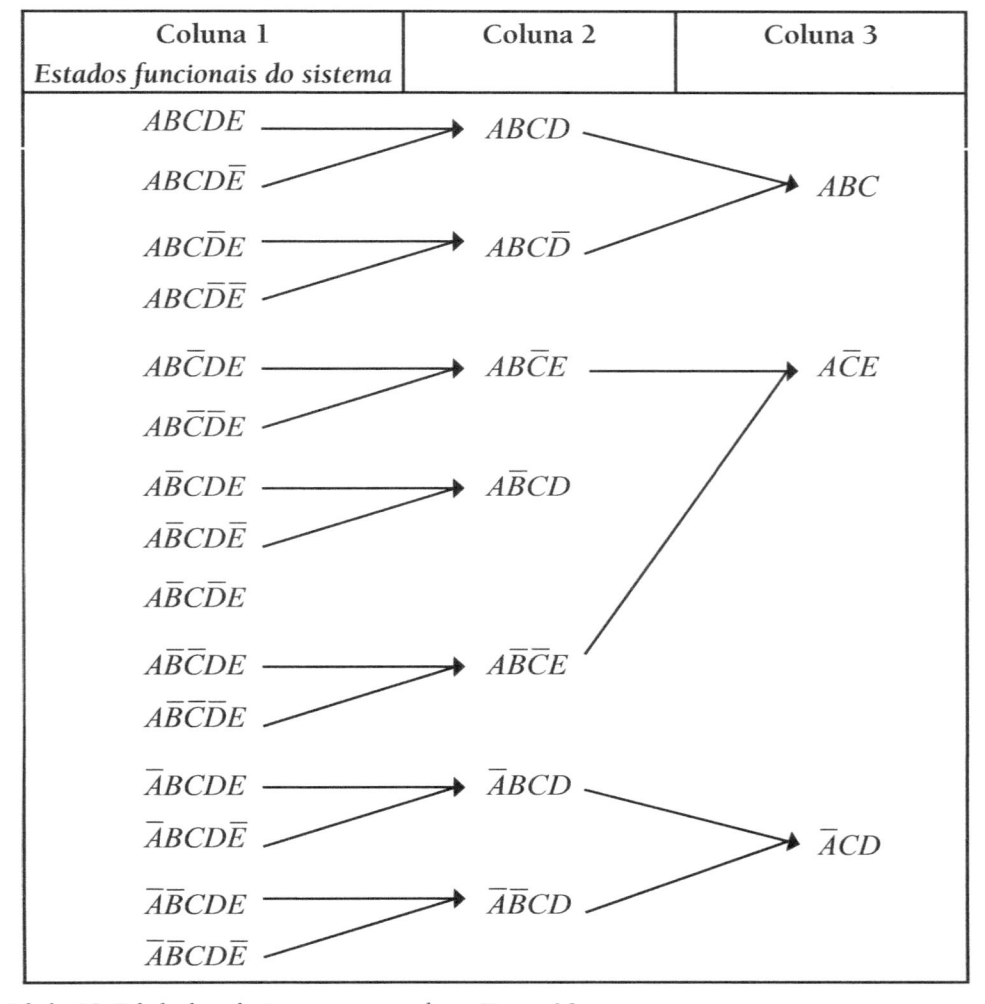

Tabela 6.2: Tabela de redução para o exemplo na Figura 6.3.

QUESTÕES

1) Determine os *tie sets* e *cut sets* mínimos do sistema representado na Figura 6.4.

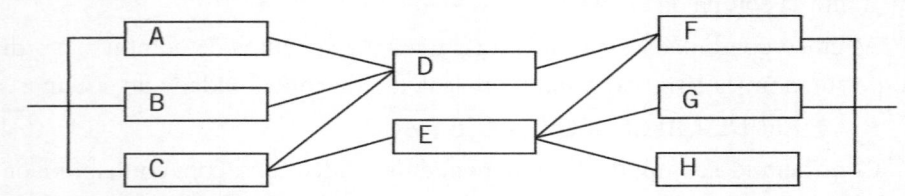

Figura 6.4: Diagrama de blocos do sistema.

2) Determine os *tie sets* e *cut sets* mínimos do sistema representado na Figura 6.5.

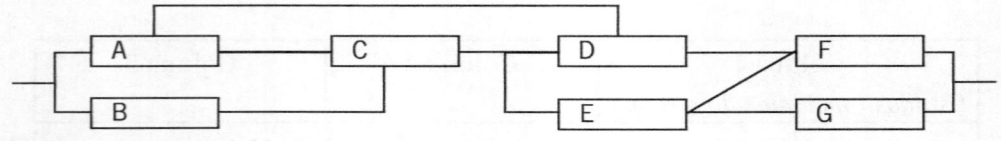

Figura 6.5: Diagrama de blocos do sistema.

3) Encontre a confiabilidade do sistema complexo representado na Figura 6.6 utilizando o método do *tie set*, sabendo que a confiabilidade de cada componente é igual a 0,97.

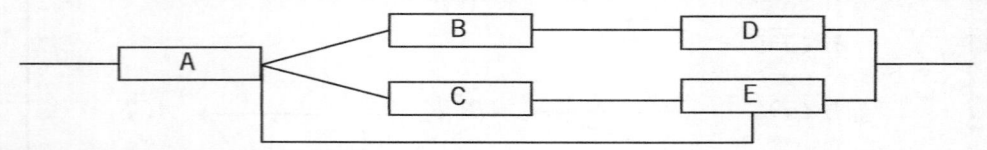

Figura 6.6: Diagrama de blocos do sistema.

4) Calcule o diagrama do exercício anterior utilizando o método do *cut set*.

5) Calcule a confiabilidade do sistema representado no diagrama da Figura 6.7, sabendo que a confiabilidade dos componentes é 0,935. Para resolvê-la utilize o método do *cut set*.

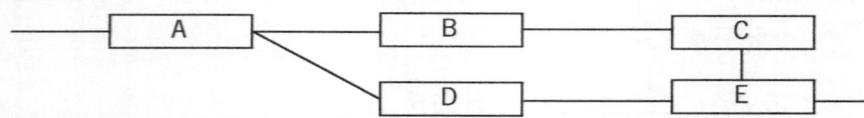

Figura 6.7: Diagrama de blocos do sistema.

6) Suponha que as confiabilidades dos componentes do diagrama na Figura 6.7 sejam: A=B=C = 0,92 e D=E = 0,95. Encontre a confiabilidade do sistema utilizando o método do *tie set*.

7) Através do método da decomposição, encontre a confiabilidade do sistema representado pelo diagrama a seguir. Suponha que todos os componentes tenham uma confiabilidade de 0,89.

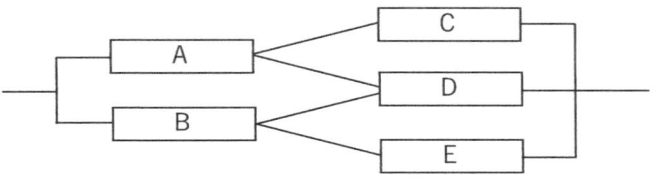

Figura 6.8: Diagrama de blocos do sistema.

8) Um sistema produtivo de uma empresa apresenta a configuração dada na Figura 6.9.

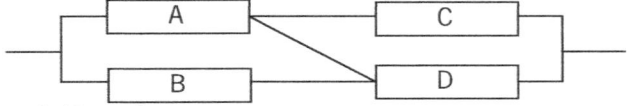

Figura 6.9: Diagrama de blocos do sistema.

A confiabilidade de cada componente é 0,95. Utilizando o método da tabela booleana, encontre a confiabilidade total do sistema.

9) Resolva o exercício anterior através do método da tabela de redução.

10) Um sistema de uma planta produtiva apresenta a configuração na Figura 6.10. Através do método da decomposição, utilizando como componente-chave a célula destacada, calcule a confiabilidade do sistema.

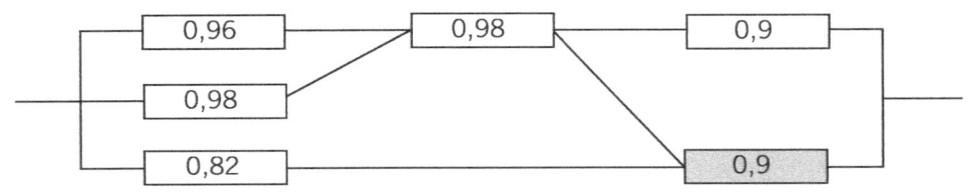

Figura 6.10: Diagrama de blocos do sistema.

11) Um sistema produtivo é composto por três linhas em paralelo como representado na Figura 6.11. Calcule a confiabilidade do sistema sabendo que ele necessita de apenas uma linha operante, para estar operante.

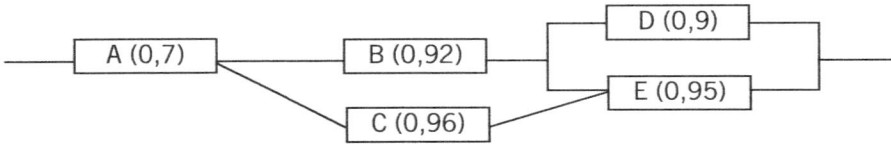

Figura 6.11: Diagrama de blocos do sistema.

12) Calcule a confiabilidade de um sistema constituído por quatro componentes de confiabilidade R distribuídos conforme o esquema na Figura 6.12. Sabendo que $R = 0,85$, utilize a tabela booleana para o cálculo.

Figura 6.12: Diagrama de blocos do sistema.

13) Uma empresa deseja estimar seus gastos em manutenção de uma determinada peça. Sabendo que essa peça é reposta em caso de falha e que o custo de reposição é de $40,00 por peça, estime o gasto dessa empresa a cada 1.000 unidades. O diagrama na Figura 6.13 indica os componentes da peça. Considere que a confiabilidade dos componentes seja igual a 0,80.

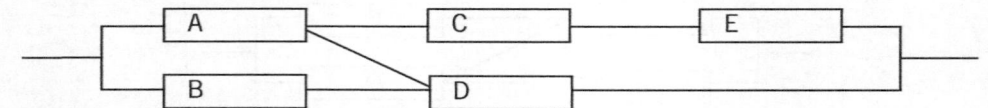

Figura 6.13: Diagrama de blocos do sistema.

14) Uma fábrica deseja obter um gasto com garantia de no máximo $1,00 por peça produzida. Cada peça que necessita de reparo representa uma despesa de $25,00 para a fábrica. Os componentes dessa peça estão representados no esquema na Figura 6.14. Qual deve ser a mínima confiabilidade do componente A para que os gastos com manutenção não ultrapassem o estimado pela empresa?

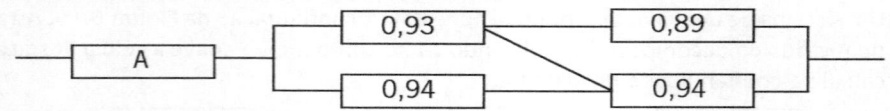

Figura 6.14: Diagrama de blocos do sistema.

15) Considerando o sistema apresentado na Figura 6.15, utilize o método da decomposição para determinar sua confiabilidade. Para tanto, utilize B como componente-chave.

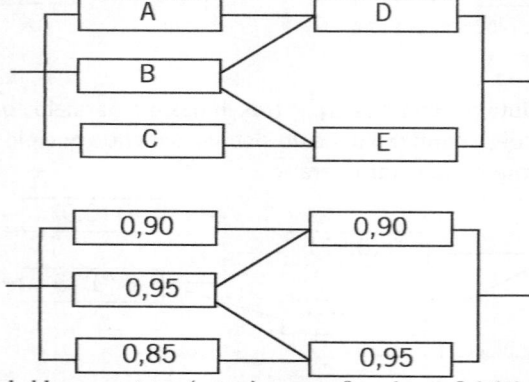

Figura 6.15: Diagrama de blocos genérico (acima) e especificando confiabilidades (abaixo) do sistema.

16) Um sistema complexo tem configuração de acordo com o diagrama de blocos da Figura 6.16. Qual a confiabilidade do sistema, escolhendo-se A como componente-chave?

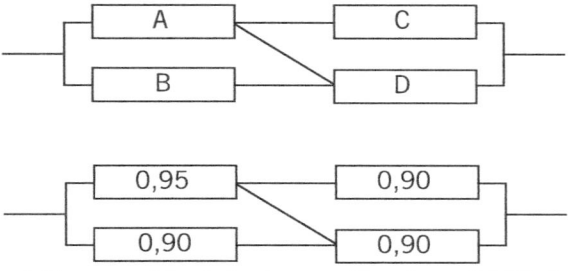

Figura 6.16: Diagrama de blocos genérico (acima) e especificando confiabilidades (abaixo) do sistema.

17) Calcule a confiabilidade do sistema apresentado na Figura 6.17 utilizando o método *tie set*.

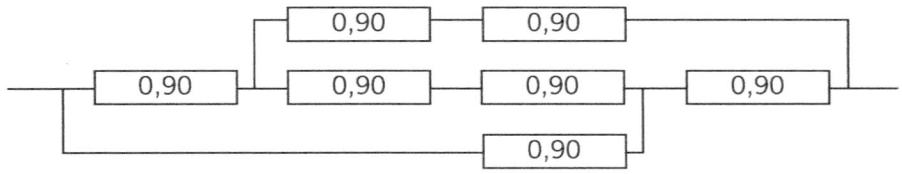

Figura 6.17: Diagrama de blocos do sistema.

18) Utilize o método da tabela booleana para obter a confiabilidade do sistema na Figura 6.18.

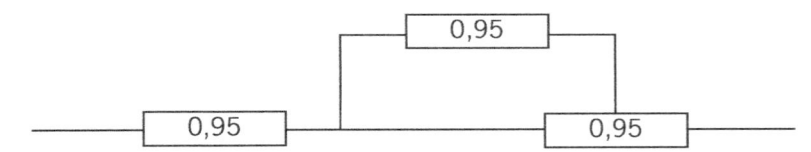

Figura 6.18: Diagrama de blocos do sistema.

Capítulo 7

MEDIDAS DE IMPORTÂNCIA DE COMPONENTES

CONCEITOS APRESENTADOS NESTE CAPÍTULO

A importância de um componente em um sistema é função de sua confiabilidade no momento da análise e de sua posição no sistema. O capítulo apresenta as principais medidas de importância para componentes em sistemas simples e complexos. Quatro medidas são detalhadas: medida de Birnbaum, medida de importância crítica, medida de Vesely-Fussell e medida de potencial de melhoria. Esta última medida está disponível no aplicativo Prosis. Um comparativo entre medidas encerra o capítulo, o qual também é acompanhado de uma lista de exercícios.

7.1. INTRODUÇÃO

Após concluir o projeto de um sistema composto por vários componentes, é desejável identificar deficiências do projeto e componentes cujo funcionamento é determinante do funcionamento do sistema como um todo. Tal identificação pode ser feita através de medidas quantitativas da importância dos componentes, em termos de suas confiabilidades. Através dessas medidas, projetistas podem melhorar o sistema agregando, por exemplo, redundância a componentes críticos. Analogamente, engenheiros de manutenção podem estabelecer uma lista de prioridades para a inspeção preventiva de componentes.

A importância de um componente em um sistema depende de dois fatores: (i) a localização do componente no sistema e (ii) a confiabilidade do componente no tempo t de realização da análise. O cálculo da importância de confiabilidade representa um avanço sobre o cálculo da importância estrutural de um componente, em que somente a sua localização no sistema (e não a confiabilidade do componente no momento da análise) determina a sua importância.

Diferentes medidas de importância de componentes foram propostas desde 1969, a partir do desenvolvimento seminal de Birnbaum (1969). Quatro dessas medidas são apresentadas neste capítulo: (*i*) Birnbaum, (*ii*) importância crítica (tradução aproximada do termo *criticality importance*, que originalmente designou a medida), (*iii*) Vesely-Fussell e (*iv*) potencial de melhoria. A mensuração da importância de um componente a partir desses métodos baseia-se, em geral, na observação das confiabilidades do sistema quando o componente está funcionando e quando ele não está. Essas confiabilidades calculadas para o sistema, em conjunto com as confiabilidades individuais dos componentes no momento da análise, são então manipuladas algebricamente, resultando nas diferentes medidas de importância.

As medidas de importância aqui abordadas são aplicadas a dois sistemas-exemplo, com componentes arranjados em série e em paralelo. A seção final traz um comparativo entre as medidas abordadas, além de uma aplicação das medidas de Birnbaum e de importância crítica em um sistema complexo de cinco componentes.

Os desenvolvimentos aqui apresentados foram baseados em Rausand e Høyland (2003) e Elsayed (1996). Tais obras são exceção na literatura sobre Engenharia da confiabilidade, já que boa parte das referências clássicas não aborda o assunto; por exemplo, Mann *et al.* (1974), Meeker e Escobar (1998) e Nelson (2003). Além das medidas apresentadas neste capítulo, outras podem ser encontradas em Henley e Kumamoto (1992), entre outros. O aplicativo Prosis, descrito no anexo do Capítulo 5, traz entre suas funções o cálculo da importância de componentes baseado na medida de potencial de melhoria.

Nos desenvolvimentos que se seguem considera-se um sistema de n componentes independentes, com confiabilidades no tempo t designadas por $R_i(t)$, $i = 1,...,$ n, e organizadas em um vetor $\mathbf{r}(t)$. A confiabilidade do sistema $R_s(t)$ é função exclusiva de $\mathbf{r}(t)$, sendo designada por:

$$R_S\left[\mathbf{r}(t)\right] = f\left[R_1(t),...,R_n(t)\right] \tag{7.1}$$

Sistemas ou componentes ditos inoperantes estão em estado de pane, incapacitados de operar devido à ocorrência de falha.

7.2. MEDIDA DE IMPORTÂNCIA DE BIRNBAUM

A medida de importância de Birnbaum de um componente i no tempo t, designada por $I^B(i\,|\,t)$, é dada por:

$$I^B(i\,|\,t) = \frac{\partial R_S\left(\mathbf{r}(t)\right)}{\partial R_i(t)}, \text{ para } i = 1,...,n \tag{7.2}$$

ou seja, é obtida por diferenciação parcial da confiabilidade do sistema com relação a confiabilidade do i-ésimo componente.

Existe uma conexão entre a importância estrutural de um componente e sua importância de Birnbaum, dada pela seguinte expressão alternativa:

$$I^B(i \mid t) = R_S(1_i, \mathbf{r}(t)) - R_S(0_i, \mathbf{r}(t)) \tag{7.3}$$

onde $R_S(1_i, \mathbf{r}(t))$ denota a confiabilidade do sistema em um cenário no qual o componente i funciona com certeza no tempo t, e $R_S(0_i, \mathbf{r}(t))$, a confiabilidade do sistema quando sabe-se que o componente i está inoperante com certeza no tempo t. Em ambos os casos, a confiabilidade dos demais componentes do sistema no instante t é conforme dada no vetor $\mathbf{r}(t)$. A Equação (7.3) é mais facilmente implementada em planilhas de cálculo do que a Equação (7.2).

A Equação (7.3) permite definir a medida de importância de Birnbaum em termos probabilísticos: $I^B(i \mid t)$ é igual à probabilidade de o sistema estar, no tempo t, em um estado no qual o componente i é crítico para o sistema. O componente i é considerado como crítico quando o seu estado (operante ou não-operante) em t define o estado do sistema em t. A definição probabilística de $I^B(i \mid t)$ na Equação (7.3) permite calcular a importância de confiabilidade de componentes no caso de sistemas de componentes dependentes entre si.

EXEMPLO DE FIXAÇÃO 7.1

Considere dois componentes independentes que, em um dado tempo t, apresentam confiabilidades $R_1(t) = 0,92$ e $R_1(t) = 0,90$. Determine a importância de confiabilidade de Birnbaum para os componentes supondo (a) um arranjo em série e (b) um arranjo em paralelo dos componentes. Os diagramas de blocos para os arranjos vêm apresentados na Figura 7.1.

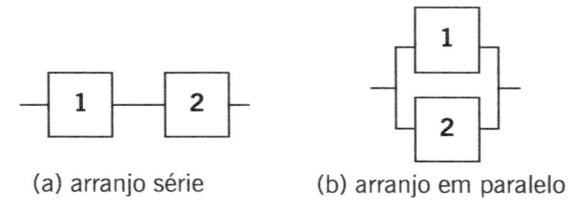

(a) arranjo série   (b) arranjo em paralelo

Figura 7.1: Diagramas de blocos de sistemas em (a) série e (b) paralelo com dois componentes.

(a) A confiabilidade do sistema em série no tempo t é dada por:

$$R_S(R_1, R_2) = R_1 \times R_2 = 0,828 \tag{7.4}$$

A medida de importância de Birnbaum dos componentes pode ser obtida utilizando a Equação (7.2):

$$I^B(1\,|\,t)=\frac{\partial R_S\left(R_1,R_2\right)}{\partial R_1}=R_2=0,90$$

$$(7.5)$$

$$I^B(2\,|\,t)=\frac{\partial R_S\left(R_1,R_2\right)}{\partial R_2}=R_1=0,92$$

$$(7.6)$$

De acordo com a medida de Birnbaum, o componente mais fraco do arranjo em série é o mais importante. Arranjos em série são em geral comparados a correntes, cuja confiabilidade global está condicionada à confiabilidade de seu componente mais fraco (isto é, o elo mais fraco da corrente); daí o componente de menor confiabilidade ser apontado como o mais importante.

(b) A confiabilidade do sistema em paralelo no tempo t é dada por:

$$R_S(R_1,R_2)=R_1+R_2-(R_1\times R_2)=0,992$$

$$(7.7)$$

Utilizando a Equação (7.2), determinam-se as importâncias de Birnbaum:

$$I^B(1\,|\,t)=\frac{\partial R_S\left(R_1,R_2\right)}{\partial R_1}=1-R_2=0,10$$

$$(7.8)$$

$$I^B(2\,|\,t)=\frac{\partial R_S\left(R_1,R_2\right)}{\partial R_2}=1-R_1=0,08$$

$$(7.9)$$

No arranjo em paralelo, o componente 1 é considerado o mais crítico para a confiabilidade do sistema, ou seja, o componente de maior confiabilidade é crítico em um arranjo em paralelo. Esse resultado pode ser explicado a partir da definição probabilística de $I^B(i\,|\,t)$ apresentada anteriormente. Em um arranjo em paralelo, um componente só é considerado crítico quando todos os demais componentes falharam. Como o componente 1 é o último a falhar, a probabilidade de o sistema estar em um estado no qual o componente 1 é crítico é a maior dentre todos os componentes. Como tal probabilidade corresponde a definição de $I^B(i\,|\,t)$, esse resultado encontra-se justificado.

7.3. MEDIDA DE IMPORTÂNCIA CRÍTICA

A medida de importância crítica corresponde à probabilidade condicional de o sistema estar em um estado em que o componente i é crítico e está inoperante em um tempo t, dado que o sistema está inoperante em t. Tal medida é designada por $I^{CR}(i\,|\,t)$ e pode ser interpretada como a probabilidade de o componente i ter causado a falha do sistema, dado que o sistema está inoperante no tempo t.

Como visto na Seção 7.2, a probabilidade de o componente i ser crítico para a operação do sistema em t corresponde à medida de importância de Birnbaum.

Observe que o evento de o componente i ser crítico para o sistema nada informa a respeito do estado de i, mas somente a respeito do estado dos demais componentes do sistema. Por exemplo, no sistema em série na Figura 7.1(a), o componente 1 é crítico para o sistema se, e somente se, o componente 2 estiver funcionando; caso contrário, o estado do componente 1 não é de interesse na análise do sistema. Já no sistema em paralelo na Figura 7.1(b), o componente 1 é crítico para o sistema somente se o componente 2 estiver inoperante. Logo, é correto afirmar que tal evento é independente do estado do componente i em t.

Assim, a probabilidade de o sistema estar em um estado em que i é crítico e simultaneamente inoperante em t é dada por $I^B(i|t) \times [1 - R_i(t)]$. Condicionando na probabilidade de o sistema estar inoperante em um tempo t, chega-se à expressão matemática da medida de importância crítica, dada por:

$$I^{CR}(i|t) = \frac{I^B(i|t)[1 - R_i(t)]}{1 - R_S[\mathbf{r}(t)]} \tag{7.10}$$

EXEMPLO DE FIXAÇÃO 7.2

Considere os componentes do Exemplo 7.1. Determine a sua importância crítica supondo (a) um arranjo em série, e (b) um arranjo em paralelo dos componentes, como ilustrado na Figura 7.1.

(a) Utilizando os resultados das Equações (7.4), (7.5) e (7.6) na Equação (7.10), obtêm-se:

$$I^{CR}(1|t) = \frac{I^B(1|t)[1 - R_1(t)]}{1 - R_S[\mathbf{r}(t)]} = \frac{0,90(1 - 0,92)}{1 - 0,828} = 0,4186 \tag{7.11}$$

$$I^{CR}(2|t) = \frac{I^B(2|t)[1 - R_2(t)]}{1 - R_S[\mathbf{r}(t)]} = \frac{0,92(1 - 0,90)}{1 - 0,828} = 0,5349 \tag{7.12}$$

ou seja, $I^{CR}(1|t) < I^{CR}(2|t)$. O mesmo *ranking* foi obtido a partir da medida de Birnbaum.

(b) Utilizando os desenvolvimentos nas Equações (7.7) a (7.10), chega-se aos seguintes resultados:

$$I^{CR}(1|t) = \frac{0,10(1 - 0,92)}{1 - 0,992} = 1,000 \tag{7.13}$$

$$I^{CR}(2|t) = \frac{0,08(1 - 0,90)}{1 - 0,992} = 1,000 \tag{7.14}$$

ou seja, $I^{CR}(1|t) = I^{CR}(2|t)$. Esse resultado pode ser justificado da seguinte forma: se uma estrutura em paralelo está inoperante, vai voltar a funcionar independente do componente que for reparado. Consequentemente, todos os componentes em uma estrutura em paralelo devem ter a mesma importância; este é precisamente o resultado obtido utilizando a medida de importância crítica. Ao considerar-se o sistema em série, a medida de importância crítica segue a lógica do menor esforço para trazer o sistema de volta à condição de operação. Assim, a sequência de reparos a ser seguida inicia no componente com maior probabilidade de ter causado a falha do sistema.

7.4. MEDIDA DE VESELY-FUSSELL

A medida de importância de Vesely-Fussell, $I^{VF}(i|t)$, é dada pela probabilidade de que ao menos um *cut set* mínimo contendo o componente i esteja inoperante no tempo t, dado que o sistema está inoperante em t. Conforme apresentado no Capítulo 6, *cut set* é um conjunto de componentes que, quando inoperantes, interrompem a operação do sistema. O maior *cut set* em qualquer sistema é aquele que contém todos os seus componentes. Em um *cut set* mínimo o número de componentes é o menor possível, tal que quando qualquer componente do conjunto voltar a funcionar, o sistema como um todo volta a funcionar. Diz-se que um *cut set* está inoperante quando todos os seus componentes estão inoperantes.

A medida de Vesely-Fussell parte do pressuposto que um componente pode contribuir para a falha do sistema sem, entretanto, ser crítico. O componente contribui para a falha do sistema quando um *cut set* mínimo, que contenha o componente, estiver inoperante. Observe que o mesmo componente pode ser membro de diversos *cut sets* mínimos.

A medida de Vesely-Fussell é calculada a partir da expressão:

$$I^{VF}(i|t) = P(D_i(t)|C(t)) = \frac{P(D_i(t) \cap C(t))}{P(C(t))} \tag{7.15}$$

onde $D_i(t)$ denota o evento de ao menos um *cut set* mínimo contendo o componente i estar inoperante no tempo t, e $C(t)$ denota o evento do sistema estar inoperante em t. Como $D_i(t)$ implica $C(t)$, a Equação (7.15) pode ser reescrita como:

$$I^{VF}(i|t) = \frac{P(D_i(t))}{P(C(t))} = \frac{P(D_i(t))}{\bar{R}_s(t)} \tag{7.16}$$

EXEMPLO DE FIXAÇÃO 7.3

Considere os componentes do Exemplo 7.1. Determine a importância de Vesely-Fussell para os componentes supondo (*a*) um arranjo em série, e (*b*) um arranjo em paralelo dos componentes.

(a) Em uma estrutura em série, cada componente compõe um *cut set* mínimo. Assim:

$$P(D_1(t)) = 1 - p_1 = 0,08 \tag{7.17}$$

$$P(D_2(t)) = 1 - p_2 = 0,10 \tag{7.18}$$

A probabilidade associada ao evento $C(t)$ corresponde à não-confiabilidade do sistema, obtida como o complemento da Equação (7.4); isto é:

$$P(C(t)) = 1 - R_S(R_1, R_2) = 1 - 0,828 = 0,172 \tag{7.19}$$

A partir das Equações (7.17) a (7.19), obtêm-se as medidas de Vesely-Fussell:

$$I^{VF}(1|t) = \frac{P(D_1(t))}{P(C(t))} = \frac{0,08}{0,172} = 0,4651 \tag{7.20}$$

$$I^{VF}(2|t) = \frac{P(D_2(t))}{P(C(t))} = \frac{0,10}{0,172} = 0,5813 \tag{7.21}$$

e conclui-se que $I^{VF}(1|t) < I^{VF}(2|t)$, que é o mesmo *ranking* obtido a partir das outras medidas.

(b) Em uma estrutura em paralelo, o próprio sistema é um *cut set* mínimo, ou seja, $D_1(t) = D_2(t) = C(t)$. Assim:

$$I^{VF}(1|t) = I^{VF}(2|t) = 1 \tag{7.22}$$

ou seja, todos os componentes em uma estrutura em paralelo apresentam a mesma importância.

7.5. MEDIDA DE POTENCIAL DE MELHORIA

A medida de potencial de melhoria investiga o impacto da reposição de um componente i, com confiabilidade $R_i(t)$, pelo componente em estado de plena confiabilidade (isto é, $R_i(t) = 1$) sobre a confiabilidade $R_s(t)$ do sistema. Para demonstrar os desenvolvimentos matemáticos, suponha um sistema com confiabilidade $R_s(\mathbf{r}(t))$ em um tempo t. Deseja-se saber o quanto a confiabilidade do sistema aumentaria se o componente i ($i = 1,...,n$) fosse reposto por um componente perfeito, ou seja, um componente para o qual $R_i(t) = 1$. A diferença entre $R_s(1_i, \mathbf{r}(t))$ e $R_s(\mathbf{r}(t))$ é conhecida como potencial de melhoria do componente i, sendo designada por $I^{IP}(i|t)$.

O potencial de melhoria do componente i no tempo t é dado por:

$$I^{IP}(i|t) = R_S(1_i, \mathbf{r}(t)) - R_S(\mathbf{r}(t)) \tag{7.23}$$

Pode-se demonstrar, a partir da função estrutural de um sistema, que $R_S(\mathbf{r}(t))$ é uma função linear de $R_i(t)$, para cada i ($i = 1,..., n$). Assim, pode-se reescrever a Equação (7.3) como:

$$I^B(i \mid t) = \frac{R_S(1_i, \mathbf{r}(t)) - R_S(\mathbf{r}(t))}{1 - R_i(t)} \tag{7.24}$$

Consequentemente, a medida de potencial de melhoria para o componente i pode ser reescrita como:

$$I^{IP}(i \mid t) = I^B(i \mid t) \times (1 - R_i(t)) \tag{7.25}$$

A medida de potencial de melhoria pode também ser expressa em termos da medida de importância crítica, através da expressão:

$$I^{IP}(i \mid t) = I^{CR}(i \mid t) \times (1 - R_S(\mathbf{r}(t))) \tag{7.26}$$

EXEMPLO DE FIXAÇÃO 7.4

Considere os componentes do Exemplo 7.1. Determine o potencial de melhoria para os componentes supondo (a) um arranjo em série e (b) um arranjo em paralelo dos componentes.

(a) Utilizando a Equação (7.25) e os resultados nas Equações (7.5) e (7.6), obtêm-se as medidas de potencial de melhoria para os componentes:

$$I^{IP}(1 \mid t) = I^B(1 \mid t) \times (1 - R_1) = 0,90 \times 0,08 = 0,072 \tag{7.27}$$

$$I^{IP}(2 \mid t) = I^B(2 \mid t) \times (1 - R_2) = 0,92 \times 0,10 = 0,092 \tag{7.28}$$

ou seja, $I^{IP}(1 \mid t) < I^{IP}(2 \mid t)$. Logo, em um arranjo em série, o potencial de melhoria na confiabilidade do sistema é mais alto para o componente com menor confiabilidade.

(b) Novamente utilizando a Equação (7.25), agora com os resultados nas Equações (7.8) e (7.9), obtêm-se as medidas de potencial de melhoria para os componentes:

$$I^{IP}(1 \mid t) = I^B(1 \mid t) \times (1 - R_1) = 0,10 \times 0,08 = 0,008 \tag{7.29}$$

$$I^{IP}(2 \mid t) = I^B(2 \mid t) \times (1 - R_2) = 0,08 \times 0,10 = 0,008 \tag{7.30}$$

ou seja, $I^{IP}(1 \mid t) = I^{IP}(2 \mid t)$. Logo, em um arranjo em paralelo, todos os componentes possuem o mesmo potencial de melhoria sobre a confiabilidade do sistema.

7.6. COMPARATIVO ENTRE MEDIDAS

As quatro medidas de importância de confiabilidade apresentadas nas seções anteriores foram aplicadas em dois sistemas, em série e paralelo. Para fins de comparação, os resultados obtidos são agrupados na Tabela 7.1.

Estrutura	Componente	Birnbaum	Importância crítica	Vesely-Fussell	Potencial de melhoria
Série	1	2º	2º	2º	2º
	2	1º	1º	1º	1º
Paralelo	1	1º	1º	1º	1º
	2	2º	1º	1º	1º

Tabela 7.1: Medidas e *ranking* de importância de confiabilidade.

Na tabela, componentes em cada sistema foram ranqueados em importância de acordo com as quatro medidas calculadas nos Exemplos 7.1 a 7.4. Os *rankings* variam conforme as medidas, o que se justifica tendo em vista as distintas definições teóricas que caracterizam cada medida. A utilização de uma determinada medida na análise de sistemas deve ser guiada pela sua adequação às finalidades do estudo, conforme exposto a seguir.

Em projetos de melhoria de sistemas, em que o objetivo é identificar o componente a ser melhorado com vistas a incrementar a confiabilidade do sistema, as medidas de Birnbaum e de potencial de melhoria são normalmente as mais indicadas. Em análises corretivas, em que o sistema falhou e deseja-se identificar o componente com a maior probabilidade de ser o causador da falha, as medidas de importância crítica e de Vesely-Fussell são as mais indicadas, podendo ser usadas para elaborar uma lista de prioridades de verificação em um programa de manutenção. Resumindo, em estudos de melhoria de sistemas, as medidas de Birnbaum e de potencial de melhoria são as mais indicadas; em estudos de manutenção, as medidas de importância crítica e de Vesely-Fussell são as mais indicadas.

As medidas discutidas neste capítulo apresentam algumas deficiências. A medida de Birnbaum, por exemplo, não leva em conta os custos de melhoria dos componentes individuais. Em algumas situações, é possível obter uma melhor solução em termos econômicos a partir da melhoria de um componente com baixa importância de Birnbaum (o aplicativo Prosis, nesse sentido, oferece um apoio à tomada de decisão baseada no cálculo do potencial de melhoria dos componentes, aliado à informação sobre o seu custo de melhoria de confiabilidade). Uma segunda deficiência é que todas as medidas são calculadas para um tempo fixo de análise. Um estudo dinâmico das medidas de importância pode levar a diferentes *rankings*; os desenvolvimentos teóricos associados às medidas não trazem diretrizes para estudos dessa natureza. O aplicativo Prosis, entretanto, permite analisar de forma dinâmica o *ranking* de importância dos componentes em sistemas, ainda que limitado à medida de potencial de melhoria. Por fim, vale ressaltar que as quatro medidas podem ser usadas em sistemas compostos por componentes reparáveis ou não-reparáveis. Entretanto, a adoção das medidas no caso de componentes reparáveis pode ser bastante complexa.

Considere, finalmente, o sistema complexo apresentado na Figura 7.2. O sistema é considerado complexo por não ser possível determinar a sua confiabilidade por redução direta a sistemas em série e paralelo. Para ilustrar a utilização das medidas de importância de confiabilidade em sistemas complexos, apresentam-se os cálculos das medidas de Birnbaum e de importância crítica para o sistema na Figura 7.2.

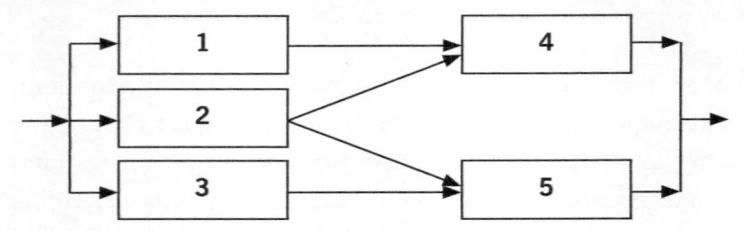

Figura 7.2: Sistema complexo com cinco componentes.

A expressão de confiabilidade do sistema foi obtida através do método da decomposição (apresentado no Capítulo 6), condicionando o funcionamento do sistema no componente 2:

$$R_S\left(\mathbf{r}(t)\right) = R_2\left[R_4 + R_5 - R_4R_5\right] + (1 - R_2)\left[R_1R_4 + R_3R_5 - R_1R_3R_4R_5\right] \qquad (7.31)$$

Os *rankings* de importância dos cinco componentes do sistema, considerando uma confiabilidade $R_i = 0,9$, para $i = 1,\dots, 5$, segundo as medidas de Birnbaum e de importância crítica estão apresentados na Tabela 7.2.

O *ranking* dos componentes é o mesmo segundo as duas medidas. Note que como $R_i = 0,9$ para todo i, somente a posição do componente no sistema define sua importância. Os componentes 4 e 5 surgem como igualmente prioritários, no topo do *ranking* de importância, seguidos do componente 2. O resultado parece razoável, já que não há caminho alternativo para os componentes 4 e 5, como ocorre com os componentes 1 e 3. O componente 2 aparece, na sequência, como mais importante; o resultado se justifica, já que o componente compõe um caminho alternativo para 1 e 3, oferecendo conexão tanto com 4 quanto com 5. Os componentes 1 e 3 são os menos importantes, por apresentarem maior grau de redundância, dada pelo componente 2.

Componente	Birnbaum	Importância crítica
1	3º	3º
2	2º	2º
3	3º	3º
4	1º	1º
5	1º	1º

Tabela 7.2: Medidas e *ranking* de importância de confiabilidade.

QUESTÕES

1) Determine a importância de confiabilidade de Birnbaum para os componentes do sistema na Figura 7.3.

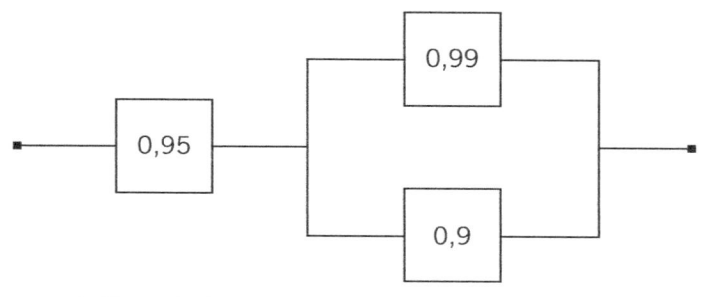

Figura 7.3: Diagrama de blocos de sistema com três componentes.

2) Encontre o potencial de melhoria dos componentes do sistema na Figura 7.3 e analise os resultados.

3) Calcule a importância crítica dos componentes do sistema na Figura 7.3.

4) Considere os componentes do sistema na Figura 7.4. Determine a importância de Vesely-Fussell para os componentes, sabendo que suas confiabilidades no instante t são: $R_1 = 0,9$; $R_2 = 0,92$; $R_3 = 0,8$ e $R_4 = 0,84$.

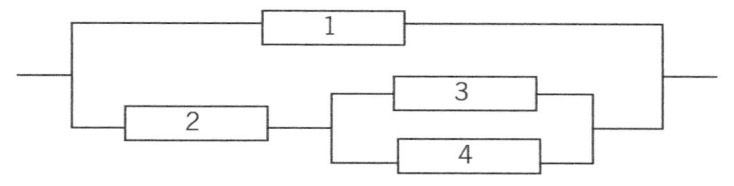

Figura 7.4: Diagrama de blocos de sistema com quatro componentes.

5) Uma empresa deseja incrementar a confiabilidade do seu sistema produtivo. Utilize uma das medidas apresentadas neste capítulo para indicar o componente mais importante. O sistema está representado na Figura 7.5.

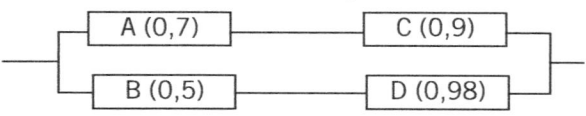

Figura 7.5: Diagrama de blocos de um sistema produtivo.

6) Se a mesma empresa apresentada no exercício 5 deseja identificar o componente com a maior probabilidade de ser o causador da falha do sistema, quais medidas seriam as mais indicadas? Determine esse componente através de uma dessas medidas.

7) Para um dado instante t, calcule a medida de Vesely-Fussell dos componentes do sistema série-paralelo na Figura 7.6 e analise se o componente com maior probabilidade de ser o causador de falhas é o mesmo do sistema paralelo-série do Exercício 6.

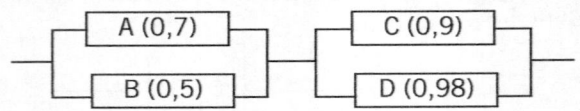

Figura 7.6: Diagrama de blocos de um sistema série-paralelo.

8) Calcule as medidas de Importância de Birnbaum para os componentes do sistema série-paralelo do Exercício 7 e compare os valores com aqueles obtidos para o sistema paralelo-sério do Exercício 5.

9) Um sistema com três componentes apresenta as seguintes confiabilidades para um dado tempo t, conforme o funcionamento ou não de seus componentes:

Componente	Operante	Não-operante
A	0,97	0,9
B	0,98	0,9
C	1	0,56

Determine a medida de importância de Birnbaum para cada componente.

10) Determine o potencial de melhoria dos componentes de um sistema, sabendo que quando eles estão operantes o sistema apresenta as seguintes confiabilidades:

Componente	Confiabilidade
A	0,9342
B	0,9285
C	0,948
D	0,9738
E	0,9345
F	1

Dado adicional: a confiabilidade do sistema é de 0,9149.

11) Determine a importância crítica dos componentes do exercício 10.

12) Seja o sistema representado na Figura 7.7, considere que os componentes A, B, C e D apresentam, num dado instante t, confiabilidades 0,82, 0,88, 0,94 e 0,86, respectivamente. Determine a importância de Birnbaum desses componentes em t.

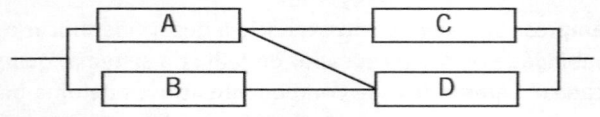

Figura 7.7: Diagrama de blocos de um sistema complexo.

13) Para o sistema complexo na Figura 7.7, determine a importância crítica de cada componente em um instante t.

14) Ainda considerando o sistema complexo na Figura 7.7, calcule o potencial de melhoria de cada componente no instante t.

15) Para o sistema na Figura 7.8, utilize a medida de importância de Birnbaum para verificar se o componente 2 é mais crítico que o componente 5. Considere que, em um dado instante t, a confiabilidade de todos os componentes é igual a 0,9.

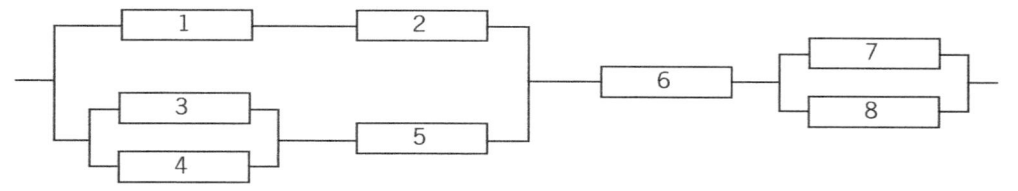

Figura 7.8: Diagrama de blocos do sistema.

16) Utilize o Prosis para confirmar o resultado do Exercício 15. Para isso, considere que todos os componentes tenham uma distribuição de confiabilidade exponencial, com taxa de falha igual a 0,025 e parâmetro de localização igual a 0. Ordene os componentes mais críticos do sistema.

17) Utilize o Prosis para determinar o valor de t mencionado no Exercício 15. Utilize os dados do Exercício 16.

18) Dado o sistema representado na Figura 7.9, determine o componente crítico no instante $t = 300$, sabendo que os componentes apresentam as seguintes distribuições de probabilidade. As prensas seguem uma distribuição de Weibull com $\gamma = 2$ e $\theta = 90$, e primeira falha em $t = 500$. O torno tem seus tempos até falha distribuídos exponencialmente, sendo que a primeira falha ocorre em $t = 250$ e o tempo médio até a falha é de 1.000 horas. As furadeiras seguem uma distribuição normal, com média 450 e desvio-padrão 60. Utilize o Prosis para a resolução do exercício. Verifique se o componente crítico muda com o passar do tempo.

Figura 7.9: Diagrama de blocos do sistema.

19) Na tentativa de se descobrir o componente crítico de um sistema, foram feitos testes de falha com seus três componentes. Os resultados dos testes estão apresentados na Tabela 7.3. Sabendo-se que *A* e *B* estão em paralelo e conectados em série com *C*, determine o componente crítico em $t = 80$ utilizando o Prosis. Utilize o Proconf para determinar as distribuições que melhor se ajustam a cada componente. Considere o parâmetro de localização para o componente C igual a 200.

Componente A	Componente B	Componente C
15,67	31,49	202,1
29,48	40,26	202,6
37,14	42,75	202,7
37,55	44,19	203,4
49,22	47,59	203,5
50,67	48,79	205,5
52,57	48,86	206,3
59,26	51,15	208,8
69,27	53,03	212,0
70,49	54,74	212,4
71,53	55,48	230,9
74,13	60,14	242,7

Tabela 7.3: Dados de tempos até falha.

20) Considere o sistema na Figura 7.10 constituído dos componentes caracterizados na Tabela 7.4. Calcule o componente crítico em $t = 200$ e $t = 300$, utilizando o Prosis.

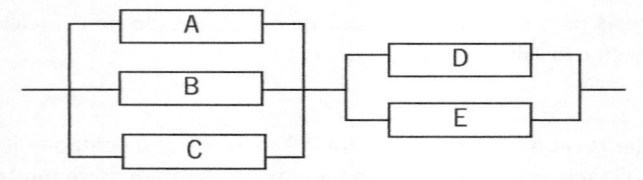

Figura 7.10: Diagrama de blocos do sistema.

Componente	Distribuição	Parâmetros		
		Forma	Escala	Localização
A	Weibull	3	90	150
B	Weibull	2,5	80	135
C	Weibull	2	85	145
D	Normal	0	35	300
E	Normal	0	25	250

Tabela 7.4: Caracterização dos componentes no sistema da Figura 7.1.

TESTES ACELERADOS

CONCEITOS APRESENTADOS NESTE CAPÍTULO

Em ensaios de confiabilidade realizados com produtos muito robustos, não é viável aguardar a falha dos itens em condições normais de utilização. Nesses casos, o melhor curso de ação é acelerar o teste impondo estresse aos itens. Este capítulo apresenta a teoria sobre testes acelerados de confiabilidade. São detalhados os principais tipos de testes, bem como modelos físicos e paramétricos utilizados na modelagem de dados acelerados. Uma lista de exercícios encerra o capítulo, o qual também é constituído de um apêndice, com instruções para utilização do aplicativo Proacel, que acompanha este livro.

8.1. INTRODUÇÃO

Testes acelerados são utilizados com o intuito de encurtar a vida de produtos ou acelerar a degradação de suas características de desempenho. Tais testes têm como objetivo a obtenção de dados de confiabilidade em um menor período de tempo; uma vez modelados e analisados de forma adequada, esses dados poderão fornecer informações sobre a vida e desempenho do produto em condições normais de operação.

Testes acelerados são úteis em situações em que o produto a ser testado apresenta alta confiabilidade, demandando longos períodos de operação até a ocorrência de falhas em testes usuais de confiabilidade. Nesses casos, os testes de vida sob condições normais de operação tendem a ser economicamente inviáveis. Mesmo quando viáveis economicamente, tais testes podem demandar um tempo tão longo para a obtenção de um número razoável de falhas que, em casos particulares (como na indústria de equipamentos de informática), mudanças tecnológicas nos produtos tornam obsoleta a informação obtida.

Em testes acelerados, coletam-se dados de desempenho de unidades em níveis altos (ou acelerados) de estresse e, a partir da análise desses dados, procura-se predizer o desempenho das unidades em condições normais de uso. Para que tal predição seja possível e válida, deve-se conhecer a relação entre o mecanismo causador das falhas e as condições ambientais, representadas por um ou mais fatores de estresse. Pode-se ter interesse em conhecer, por exemplo, a relação entre o tempo médio até falha (MTTF) e as condições ambientais, o que tornaria possível extrapolar o MTTF acelerado para condições normais de uso do produto. Entretanto, em modelagens de confiabilidade o interesse recai, normalmente, em mais de um percentil da distribuição de probabilidade dos tempos até falha. Consequentemente, as inferências feitas a partir de dados acelerados devem considerar a relação entre todos os parâmetros da distribuição de probabilidade e as condições ambientais.

Apesar de serem conceitualmente simples, uma série de problemas surge no projeto e na análise de testes acelerados. Primeiro, normalmente é difícil determinar na prática as relações entre parâmetros distribucionais e condições de estresse. Segundo, mesmo quando tais relações são conhecidas ou podem ser inferidas com alguma confiança, a obtenção de estimativas dos parâmetros das relações a partir de dados de ensaios acelerados, normalmente limitados em termos de tamanho de amostra, costuma ser difícil. Finalmente, muitas das relações conhecidas e comumente utilizadas são válidas apenas para uma faixa limitada de variação dos fatores de estresse; além dessa faixa, novas relações devem ser estabelecidas, o que representa problemas adicionais na estimação dos parâmetros.

Neste capítulo, apresentam-se procedimentos para realizar inferências a partir de dados acelerados mediante a hipótese de que as relações entre os parâmetros da distribuição dos tempos até falha e as condições ambientais são conhecidas e válidas. Essas relações, aqui designadas por modelos, podem ser classificadas em duas categorias principais: modelos estatísticos e modelos físicos (ou físico-experimentais). Todos os modelos envolvem a estimação de parâmetros, podendo ser considerados, assim, como modelos paramétricos. Entretanto, apenas os modelos estatísticos estão diretamente relacionados à estimação de parâmetros de distribuições de probabilidade conhecidas; tais modelos são classificados neste texto como modelos paramétricos.

Um texto clássico sobre testes acelerados de confiabilidade é de autoria de Nelson (2004), sendo recomendado para leitores que desejarem um aprofundamento sobre o assunto. A exposição que se segue foi baseada em Nelson (2004), Mann *et al.* (1974), Meeker e Escobar (1998) e Elsayed (1996).

8.2. DEFINIÇÕES PRELIMINARES

Dados provenientes de testes acelerados podem ser divididos em dois grupos, conforme a característica de interesse no produto em estudo: (*i*) dados de tempos até falha e (ii) dados de desempenho. A designação dos dados no grupo (i) é autoexplicativa; este tipo de dado é abordado nas seções que se seguem. Os dados em (ii) descrevem como o produto degrada com o tempo mediante exposição a um ou mais fatores de estresse. A análise de dados de desempenho é feita utilizando modelos de degradação, não abordados neste texto, mas disponíveis em Nelson (2004) e Bagdonavicius e Nikulin (2001).

Dados de tempos até falha podem ser completos ou censurados. Dados completos trazem o tempo exato até a falha de cada unidade testada. Em muitas situações práticas, não se obtêm conjuntos completos de dados em testes acelerados. Dados incompletos são resultantes, por exemplo, de testes em que critérios de ordem prática ou econômica não permitiram rodar o teste até que todas as unidades falhassem. Um conjunto de dados incompletos de tempos até falha é dito censurado. Dados censurados são aqueles para os quais se conhece um limite no tempo até falha, mas não o seu valor exato. O tipo mais frequente de censura é conhecido como "censura à direita". Em um conjunto de dados censurados à direita, existe uma ou mais unidades para as quais só se conhece um limite inferior para o tempo até falha. A análise de dados censurados foi apresentada no Capítulo 4.

Duas formas de aceleração são mais frequentemente utilizadas em testes acelerados: (i) aumento na taxa de uso das unidades e (ii) aumento no estresse de trabalho, em que estresse é um termo genérico que designa qualquer carga aplicada às unidades.

A aceleração por aumento na taxa de uso resulta em testes em que o tempo de uso das unidades é comprimido (a) utilizando as unidades mais rapidamente ou (b) utilizando as unidades continuamente. Um exemplo de (a) seria uma banda de rodagem de caminhões testada quadruplicando a velocidade média de uso em condições normais. Um exemplo de (b) seria um secador de cabelos que, em condições normais de uso, opera em média meia hora por dia, mas que durante o teste opera 24 horas por dia. Nos testes com aceleração na taxa de uso, pressupõe-se que o número de horas (ciclos, rotações etc.) até a falha no teste será o mesmo observado em condições normais de uso. A suposição pode não ser verdadeira, por exemplo, em unidades em que a alta taxa de uso aumente a sua temperatura e, consequentemente, a ocorrência de falhas. Nesses casos, é necessário resfriar as unidades durante o teste. O contrário também pode ocorrer, isto é, unidades sensíveis a ciclos térmicos (de aquecimento e resfriamento) que se beneficiam com um teste de uso contínuo. Nesses casos, é necessário forçar a ocorrência dos ciclos térmicos na intensidade com que ocorreriam a partir da utilização da unidade em condições normais.

A aceleração por aumento no estresse de trabalho (*overestress*) consiste em utilizar unidades em níveis de estresse mais altos do que o normal. O fator de estresse selecionado para aceleração deve ter o poder de reduzir a vida do produto ou degradar o seu desempenho mais rapidamente. Fatores de estresse mais comumente utilizados em testes acelerados são temperatura, voltagem, carga mecânica, ciclo térmico, umidade e vibração. Testes acelerados por *overestresse* são os mais utilizados na prática.

Na análise de dados oriundos de testes acelerados, $f(t;\theta)$ denota a função de densidade de probabilidade dos tempos até falha de uma unidade exposta a condições ambientais definidas por um vetor de estresse $\mathbf{s}$; θ é o vetor de parâmetros da função de densidade. Duas suposições serão necessárias:

1. A severidade dos níveis de estresse (caracterizados por $\mathbf{s}$) não altera a natureza de distribuição de probabilidade que caracteriza os tempos até falha; os níveis de estresse apresentam influência apenas sobre os valores dos parâmetros em θ.

2. A relação (ou modelo de aceleração) entre $\mathbf{s}$ e θ, designada por $\theta = g(\mathbf{s}; a, b,...)$, é conhecida, exceto por um ou mais dos parâmetros $a, b, c,...$; pressupõe-se, também, que a relação é válida para uma certa faixa de variação dos elementos de $\mathbf{s}$.

Em testes acelerados, analisam-se os dados obtidos com o objetivo de produzir estimativas dos parâmetros $a, b, c,...$ Tais estimativas tomam como base dados obtidos a partir de testes de vida conduzidos mediante altos valores de $\mathbf{s}$, porém, dentro da faixa de variação para qual a relação $\theta = g(\mathbf{s}; a, b,...)$ é válida. As estimativas obtidas dos parâmetros $a, b, c,...$ são usadas, por sua vez, para fazer inferências sobre θ em condições normais de operação. A eficiência desse procedimento depende da escolha adequada do modelo de aceleração e da aderência do teste acelerado às suposições anteriores.

Neste capítulo, apresentam-se (i) modelos não-lineares de aceleração, definidos a partir do conhecimento do mecanismo físico de ocorrência de falhas nas unidades experimentais, e designados por *modelos físicos de aceleração*, e (ii) modelos lineares de aceleração, designados por *modelos paramétricos de aceleração* (é importante salientar que a suposição de linearidade deve ser validada na prática).

8.3. PROJETOS EXPERIMENTAIS PARA TESTES ACELERADOS

Os projetos experimentais para testes acelerados definem a forma de aplicação dos fatores de estresse às unidades em teste. Os projetos mais comuns, brevemente apresentados na sequência, são: (*a*) estresse constante, (*b*) estresse do tipo escada (ou *step-estresse*), (*c*) estresse progressivo e (*c*) estresse cíclico.

Os projetos de testes acelerados com estresse constante são os que melhor simulam a utilização real das unidades, já que a maioria dos produtos é utilizada sob condições relativamente constantes de estresse. Nesse projeto, as n unidades disponíveis para teste são divididas nos k níveis de estresse a serem aplicados; unidades alocadas em um dado nível de estresse são testadas somente naquele nível, sob estresse constante. Os diferentes níveis podem ser testados simultaneamente, já que cada unidade experimental é exposta a apenas um nível. A Figura 8.1 traz um esquema ilustrativo desse tipo de projeto.

Figura 8.1: Esquema do teste acelerado com estresse constante.

Esse tipo de projeto apresenta duas vantagens. A primeira, de caráter prático, é que normalmente é mais fácil testar unidades mantendo um nível constante de estresse. A segunda, de caráter estatístico, é que existem diversos planos de teste consolidados na literatura que trabalham mediante suposição de teste com estresse constante. A desvantagem desse projeto é que ele pode demandar um grande número de unidades experimentais, em particular para evitar censura excessiva em níveis baixos de aceleração do mecanismo de falha.

Em um projeto com estresse do tipo escada, as unidades são submetidas a níveis sucessivamente mais altos de estresse. A unidade é primeiramente exposta a um nível constante e predeterminado de estresse por um dado período de tempo; caso não ocorra a falha, a mesma unidade é exposta a um nível mais alto de estresse. O nível de estresse é incrementado passo a passo até que a unidade venha a falhar. Normalmente, todas as unidades são expostas a um mesmo padrão de estresse e tempos de teste. A Figura 8.2 traz um esquema ilustrativo desse tipo de projeto, com quatro níveis de estresse.

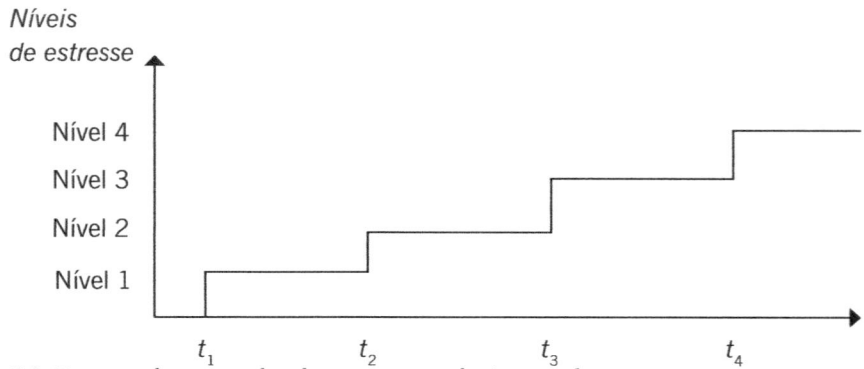

Figura 8.2: Esquema do teste acelerado com estresse do tipo escada.

A maior vantagem desse projeto é a obtenção mais rápida de falhas, o que leva a testes de menor duração. A maior desvantagem é que os dados obtidos a partir desse projeto são normalmente utilizados para modelar produtos que, em condições operacionais normais, são expostos a níveis constantes de estresse. Os modelos matemáticos utilizados devem, assim, considerar o efeito acumulativo da exposição a estresses sucessivos. Diversos modelos foram propostos na literatura, mas poucos foram testados em aplicações reais; tais modelos enquadram-se numa categoria designada por modelos de exposição acumulada; ver Bogdanoff e Kozin (1985) para mais detalhes. Sendo assim, projetos com estresse constante são normalmente preferidos relativamente a projetos com estresse em escada.

Em projetos de testes acelerados com estresse progressivo, as unidades são submetidas a níveis de estresse continuamente crescentes. O padrão de aumento no estresse pode ser linear ou não linear, podendo também variar de unidade para unidade. A Figura 8.3 traz um esquema de teste com estresse progressivo aplicado de forma não linear. Um exemplo de projeto com níveis progressivos de estresse é o *Prot*, utilizado em testes de fadiga em metais (ver Kramarenko e Balakovskii, 1970). Os projetos com estresse progressivo apresentam as mesmas vantagens e desvantagens dos projetos com estresse em escada.

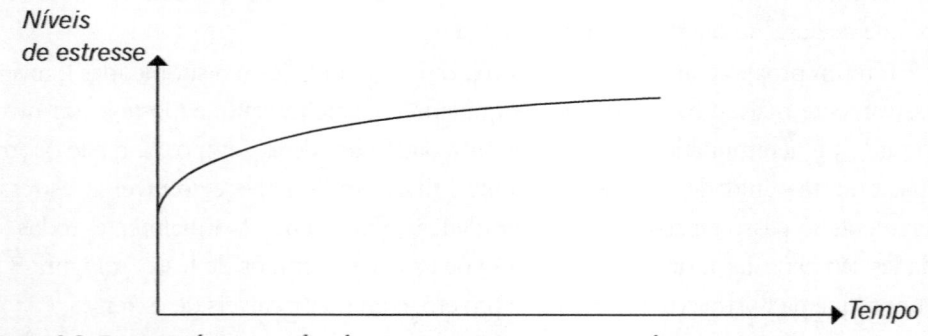

Figura 8.3: Esquema do teste acelerado com estresse progressivo não linear.

Os projetos com aplicação de estresse cíclico são recomendados para produtos que, em sua utilização normal, sofrem tal padrão de incidência de estresse. Esse é o caso, por exemplo, de diversos componentes eletrônicos que operam em regime de corrente alternada. Em um projeto com estresse cíclico, as unidades são submetidas repetidamente a um mesmo padrão de estresse, em níveis mais altos que o operacional. Esses projetos apresentam a vantagem de replicar, em condições aceleradas, o estresse operacional usual das unidades. A desvantagem é de natureza estatística, já que a maioria dos modelos propostos para testes com estresse cíclicos carece de validação empírica.

O projeto experimental do teste acelerado define a forma de aplicação dos fatores de estresse, como visto anteriormente. Os planos de teste definem a alocação das unidades experimentais nos diferentes níveis de estresse. Nos planos tradicionais, recomenda-se a alocação de um mesmo número de unidades em cada nível de estresse. No caso de aceleração moderada do fator de estresse, o que é recomendado, já que reduz o grau de extrapolação demandado a partir do modelo de aceleração, o teste pode resultar em poucas falhas, comprometendo a modelagem posterior dos dados. Alguns planos alternativos para testes acelerados alocam o maior número das unidades experimentais em níveis baixos de estresse, em que a probabilidade de falha é menor. O objetivo é observar aproximadamente o mesmo número de falhas em cada nível de estresse testado.

Um roteiro prático detalhado sobre o projeto experimental de testes acelerados é apresentado por Meeker e Hahn (1985), como parte da série *ASQC Basic References in Quality Control*, sendo fortemente recomendado no planejamento dessa modalidade de teste de confiabilidade.

8.4. MODELOS FÍSICOS

Os modelos físicos descrevem o efeito da aceleração de um fator de estresse sobre a taxa de falha das unidades em teste, tomando como base o efeito do estresse sobre propriedades químicas e físicas das unidades. Os modelos físicos permitem determinar o valor da aceleração nos tempos até falha de unidades resultantes da exposição a um determinado nível de estresse mais alto do que o de projeto. Coletando-se dados em condições aceleradas e conhecendo-se o seu fator de aceleração relativamente às condições normais de operação das unidades, pode-se modelar plenamente a confiabilidade das unidades utilizando-se distribuições de probabilidade adequadas.

As relações entre tempos até falha em condições normais e aceleradas expressas pelos modelos físicos mais conhecidos são do tipo não linear (ou seja, o aumento no nível de estresse resulta em redução não linear nos tempos até falha). Relações lineares não exigem modelos específicos, podendo ser descritas por equações de regressão linear simples. Os modelos físicos apresentados nesta seção não pressupõem dados de falha seguindo distribuições específicas de probabilidade, podendo ser utilizados em conjunto com modelos paramétricos diversos (por exemplo, Weibull, exponencial etc.).

Seja o o subscrito que designa condições operacionais normais e s o subscrito que designa condições aceleradas (isto é, sob estresse em um nível predeterminado). O fator de aceleração que informa o efeito do nível de estresse s sobre a vida do produto é designado por A_F (tal que $A_F > 1$). Os valores de A_F serão diferentes conforme o nível de estresse aplicado no teste. Para simplificar a apresentação, s designa um nível qualquer de estresse, não sendo os níveis diferenciados entre si na notação.

Quatro modelos físicos de aceleração são detalhados na sequência: de Arrhenius, de Eyring, da lei da potência inversa e o modelo combinado. Os três primeiros são apresentados para testes acelerados com um único fator de estresse; o último modela testes com múltiplos eestressees. Uma série de modelos adicionais são exibidos na tabela do final da seção.

8.4.1. MODELO DE ACELERAÇÃO DE ARRHENIUS

O modelo de Arrhenius é utilizado para relacionar o tempo médio até falha de unidades com a sua temperatura de operação. As aplicações mais usuais são reportadas na indústria de componentes elétricos e eletrônicos, pilhas e baterias, lubrificantes e plásticos. O modelo de aceleração de Arrhenius baseia-se na lei de Arrhenius para velocidade (ou taxa) de reações químicas, dada por:

$$r = Ae^{-(E_a/kT)} \tag{8.1}$$

onde r é a velocidade da reação, A é uma constante não-térmica característica da reação e das condições em que ela ocorre, E_a é a energia de ativação da reação, k é a constante de Boltzmann ($8,623 \times 10^{-5}$ eV/K), e T é a temperatura da reação em graus Kelvin. A energia de ativação E_a é um fator que descreve o efeito de aceleração da temperatura sobre a velocidade da reação. Valores pequenos de E_a, por exemplo, implicam reações pouco afetadas pela temperatura.

Suponha os tempos até falha de um componente como sendo proporcionais ao inverso da taxa de reação (do processo causador da falha). Essa relação é descrita pelo modelo de aceleração de Arrhenius:

$$L = Ae^{+(E_a/kT)} \tag{8.2}$$

onde L denota algum percentil de interesse da distribuição dos tempos até falha, normalmente o 50º percentil. A constante A na Equação (8.2) depende da geometria e do tamanho da unidade, de suas condições de fabricação e de teste, entre outros aspectos. Unidades com mais de um modo de falha apresentam valores diferentes de A e E_a para cada modo.

A relação entre L_o e L_s é dada por:

$$\frac{L_o}{L_s} = \frac{e^{+(E_a/kT_o)}}{e^{+(E_a/kT_s)}} \Leftrightarrow L_o = L_s \exp\frac{E_a}{k}\left(\frac{1}{T_o} - \frac{1}{T_s}\right) \tag{8.3}$$

A partir da Equação (8.3), define-se o fator de aceleração térmica A_T como sendo:

$$A_T = \frac{L_o}{L_s} = \exp\frac{E_a}{k}\left(\frac{1}{T_o} - \frac{1}{T_s}\right) \tag{8.4}$$

A Equação (8.2) pode ser linearizada aplicando uma transformação logarítmica:

$$\ln L = \ln A + (E_a/k)\left(\frac{1}{T}\right) \tag{8.5}$$

Observe que a Equação (8.5) possui o formato $Y = a + bX$. Estimativas de a ($= \ln A$) e b ($= E_a / k$) podem ser obtidas aplicando uma rotina de regressão linear simples a dados de tempos até falha obtidos em dois ou mais níveis de estresse. A Equação (8.5) também é a base para construção do papel de Arrhenius que, de forma análoga aos tradicionais papéis de probabilidade, permite uma verificação gráfica simples da validade da suposição do modelo de Arrhenius em conjuntos de dados experimentais.

EXEMPLO 8.1

Um teste acelerado é conduzido com componentes eletrônicos a 150°C, resultando em um MTTF de 3.000 horas. O valor de E_a para o componente nesse nível de estresse é de 0,187 eV/K. Qual é a vida esperada do componente em temperatura normal de operação (40° C)?

Solução:

Mediante aplicação direta da Equação (8.3), obtém-se:

$$L_o = 3.000\exp\left[\frac{0,187}{8,623\times10^{-5}}\left(\frac{1}{(40+273)}-\frac{1}{(150+273)}\right)\right] = 18.180,48\,\text{h} \qquad (8.6)$$

O fator de aceleração térmica do teste é [Equação (8.4)]:

$$A_T = \exp\left[\frac{0,187}{8,623\times10^{-5}}\left(\frac{1}{(40+273)}-\frac{1}{(150+273)}\right)\right] = 6,06 \qquad (8.7)$$

8.4.2. MODELO DE ACELERAÇÃO DE EYRING

O modelo de Eyring é uma alternativa ao modelo de Arrhenius na modelagem de dados de falha acelerados pela temperatura. Tal modelo teve sua origem na mecânica quântica, sendo concebido para descrever a taxa de reação em processos de degradação química. O modelo de Eyring é um pouco mais genérico que o de Arrhenius, podendo também oferecer bom ajuste em situações experimentais em que o fator de aceleração não é a temperatura (tipicamente é voltagem). Na prática, entretanto, esses dois modelos descrevem essencialmente a mesma variedade de situações experimentais. O modelo de Eyring para aceleração por temperatura é:

$$L = \frac{1}{T}\exp\left[\frac{\beta}{T}-\alpha\right] \qquad (8.8)$$

onde α e β são constantes estimadas a partir dos dados acelerados; as definições para os demais elementos da equação são idênticas as da Equação (8.1).

Estimativas de α e β na Equação (8.8) podem ser facilmente obtidas, analisando dados acelerados em dois ou mais níveis de aceleração através de rotinas de regressão linear simples, após linearização da Equação (8.8). Um procedimento de estimação mais complexo pode utilizar estimadores de máxima verossimilhança para α e β.

O fator de aceleração do modelo de Eyring que relaciona tempos até falha em condições normais e aceleradas é dado por:

$$A_F = \frac{L_o}{L_s} = \left(\frac{T_s}{T_o}\right) \exp\left[\beta\left(\frac{1}{T_o} - \frac{1}{T_s}\right)\right] \tag{8.9}$$

8.4.3. MODELO DE ACELERAÇÃO DA LEI DA POTÊNCIA INVERSA

O número de aplicações reportadas do modelo da lei da potência inversa (ou modelo da potência inversa) em testes acelerados só encontra paralelo no modelo de Arrhenius. O modelo da potência inversa descreve o tempo até falha de um produto como função de um único fator de estresse, que pode ser voltagem (mais usual), temperatura ou carga mecânica, entre outros.

Suponha um fator de estresse V positivo. A relação da potência inversa entre o tempo até falha das unidades em teste e o fator de estresse é dada por:

$$L_s = \frac{C}{V_s^n} \tag{8.10}$$

L_s denota, mais uma vez, um percentil de interesse da distribuição dos tempos até falha obtidos mediante um nível de estresse V_s. C e n são constantes que dependem das características do produto e do método de teste utilizado, podendo ser estimadas a partir dos dados experimentais.

A Equação (8.10) pode ser linearizada aplicando uma transformação logarítmica, similar ao que foi apresentado na Equação (8.5). Tal linearização permite a estimação das constantes C e n através de regressão linear simples, ainda que estimadores de máxima verossimilhança estejam disponíveis na literatura para essas constantes.

Nos testes em que a voltagem é o fator de estresse, o modelo da potência inversa é normalmente utilizado em conjunto com a distribuição lognormal. No caso de aceleração por carga mecânica, reporta-se uma utilização mais frequente da distribuição de Weibull em conjunto com o modelo da potência inversa.

8.4.4. MODELO COMBINADO DE ACELERAÇÃO

O modelo combinado é utilizado em testes acelerados em que dois fatores de estresse são aplicados simultaneamente às unidades. Por se tratar de uma combinação dos modelos de Arrhenius e da lei da potência inversa, o modelo combinado é normalmente utilizado em testes nos quais um dos fatores de estresse é a temperatura; o segundo fator de estresse aplicado é geralmente a voltagem. Aplicações do modelo combinado reportadas na literatura restringem-se quase que exclusivamente a componentes elétricos e eletrônicos. O modelo é dado por:

$$L_s = \frac{C}{V_s^n} \exp\left[\frac{E_a}{kT}\right]$$ (8.11)

com todos os elementos já definidos nas Equações (8.1) e (8.10).

A relação entre L_o e L_s é dada por:

$$\frac{L_o}{L_s} = \left(\frac{V_o}{V_s}\right)^{-n} \exp\left[\frac{E_a}{k}\left(\frac{1}{T_o} - \frac{1}{T_s}\right)\right]$$ (8.12)

O fator de aceleração do modelo combinado pode ser facilmente derivado dessa equação.

Como nos demais modelos, a Equação (8.11) pode ser linearizada para facilitar a estimação dos coeficientes n, E_a e k a partir de dados experimentais. Tal estimação, entretanto, demanda a utilização de rotinas de regressão linear múltipla, pois o modelo resultante da linearização da Equação (8.11) apresenta duas variáveis independentes (V e T).

EXEMPLO 8.2

Transistores utilizados em radares são testados acelerando temperatura (a dois níveis) e voltagem (a quatro níveis), resultando nos MTTFs na Tabela 8.1. Considerando uma energia de ativação constante de $E_a = 0,3$ eV/K (para quaisquer níveis de estresse), estime o MTTF em condições operacionais normais (35°C e 28V).

Temperatura (°C)	Voltagem (V)			
	60	120	180	240
50	2000	1700	1400	1200
60	1700	1400	1200	1000

Tabela 8.1: Dados do exemplo.

Solução:

A constante n pode ser estimada utilizando as informações de dois níveis de aceleração (preferencialmente os mais próximos das condições operacionais normais) na Equação (8.12):

$$\frac{2.000}{1.400} = \left(\frac{60}{120}\right)^{-n} \exp\left[\frac{0,3}{8,623\times10^{-5}}\left(\frac{1}{323} - \frac{1}{333}\right)\right]$$ (8.13)

Resolvendo essa equação, obtém-se $n = 0,04792$. Utilizando-se novamente a Equação (8.12) e extrapolando a partir do menor nível de aceleração para os dois fatores de estresse, obtém-se o seguinte MTTF em condições normais de operação:

$$L_o = 1.700 \left(\frac{28}{60} \right)^{-0,04792} \exp \left[\frac{0,3}{8,623 \times 10^{-5}} \left(\frac{1}{308} - \frac{1}{333} \right) \right] = 4.117,2 \text{ horas} \qquad (8.14)$$

O que implica um fator de aceleração de aproximadamente 2,8.

8.4.5. OUTROS MODELOS FÍSICOS

Os modelos apresentados anteriormente, ainda que validados através de diversas aplicações práticas reportadas na literatura, são restritos a um número limitado de fatores de estresse, com ênfase especial em falhas provocadas por aceleração na temperatura de operação das unidades. Outros modelos físicos propostos na literatura são listados na Tabela 8.2, classificados conforme seus fatores de estresse. Uma descrição detalhada desses modelos pode ser encontrada nas referências apresentadas na tabela e em Nelson (2004; Cap. 2).

É importante salientar que nem todos os modelos na Tabela 8.2 foram validados empiricamente. Sendo assim, quando da utilização desses modelos, é recomendado planejar testes acelerados em que o número de níveis de aceleração permita a verificação do ajuste dos modelos aos dados.

Modelo	Fatores de estresse
Eletromigração (Black, 1969)	Corrente elétrica, temperatura
Dependência na Umidade (Peck, 1986)	Temperatura, umidade, voltagem
Fadiga térmica (Engelmaier, 1993)	Tensão, compressão, temperatura (cíclica)

Tabela 8.2: Outros modelos físicos e respectivos fatores de estresse

8.5. MODELOS PARAMÉTRICOS

Os modelos paramétricos são utilizados quando a relação entre os estresses (temperatura, umidade, voltagem etc.) aplicados a uma unidade e o seu tempo até falha não pode ser descrito com base em princípios físicos ou químicos. Nessa situação, supõe-se uma relação linear entre os tempos até falha nos diferentes níveis de estresse; ou seja, o aumento no nível de estresse resulta em um decréscimo linear nos tempos até falha das unidades. Tal suposição pode ser testada projetando testes acelerados em que três ou mais níveis de estresse são aplicados às unidades. Caso a relação linear não se verifique, pode-se testar o ajuste dos dados coletados a modelos físicos não lineares de aceleração, como aqueles apresentados na Seção 8.4 (considerando o fator de estresse utilizado nos testes) ou propor um modelo empírico de aceleração.

Novamente, seja o o subscrito que designa condições operacionais normais e s o subscrito que designa condições aceleradas. O fator de aceleração que informa o efeito do nível de estresse s sobre a vida do produto é designado por A_F (tal que $A_F >$ 1). As relações entre as condições operacionais normais e de estresse são descritas a seguir, para as funções que caracterizam os modelos paramétricos.

A relação entre o tempo até falha em condições normais e de estresse é dada por:

$$t_0 = A_F \times t_s \tag{8.15}$$

A relação entre as funções de distribuição $F(t)$ em cada condição é dada por:

$$F_o(t) = F_s\left(\frac{t}{A_F}\right) \tag{8.16}$$

As funções de densidade de probabilidade $f(t)$ se relacionam da seguinte forma:

$$f_o(t) = \left(\frac{1}{A_F}\right) f_s\left(\frac{t}{A_F}\right) \tag{8.17}$$

Finalmente, a relação entre as funções de risco $h(t)$ em cada condição é:

$$h_o(t) = \left(\frac{1}{A_F}\right) h_s\left(\frac{t}{A_F}\right) \tag{8.18}$$

Aqui, abordam-se quatro modelos paramétricos de aceleração, comumente utilizados na prática: exponencial, Weibull, gama e lognormal.

8.5.1. MODELO DE ACELERAÇÃO DA DISTRIBUIÇÃO EXPONENCIAL

Considere tempos até falha em uma condição acelerada de estresse s exponencialmente distribuídos, com parâmetro λ_s. A função de distribuição na condição de estresse s é dada por:

$$F_s(t) = 1 - e^{-\lambda_s t} \tag{8.19}$$

Aplicando a Equação (8.16), obtém-se a função de distribuição em condições normais de operação:

$$F_o(t) = F_s\left(\frac{t}{A_F}\right) = 1 - e^{-\frac{\lambda_s t}{A_F}} \tag{8.20}$$

A taxa de falha a um nível s de estresse pode ser estimada considerando conjuntos completos ou censurados de dados, utilizando os estimadores de máxima verossimilhança de λ:

$$\Lambda_s = n \Big/ \sum_{i=1}^{n} t_i \text{ , no caso de dados completos e} \tag{8.21}$$

$$\Lambda_s = r \Big/ \left(\sum_{i=1}^{r} t_i + \sum_{i=1}^{n-r} t_i^+ \right) \text{, no caso de dados censurados} \tag{8.22}$$

Nessas equações, t_i designa o tempo até a i-ésima falha, t_i^+ é o i-ésimo tempo censurado, n é o total de unidades submetidas a teste em uma condição s de estresse, e r é o número de unidades que falharam no nível de estresse s.

EXEMPLO 8.3

Considere um teste de confiabilidade realizado em condições extremas de temperatura e umidade. Quinze unidades de um componente são testadas, com as seguintes falhas observadas (em minutos): 101, 132, 199, 250, 330, 390, 455, 1.033, 1.390, 1.556. Cinco unidades foram censuradas em 1.600 minutos. Sabe-se que, pelas características do teste realizado, os tempos até falha dos componentes foram acelerados 80 vezes. Estime o MTTF do componente em condições normais de operação.

Solução:

Utilizando a Equação (8.22), obtém-se:

$$\hat{\lambda}_s = r \bigg/ \left(\sum_{i=1}^{r} t_i + \sum_{i=1}^{n-r} t_i^+ \right) = 10/(5.836 + 6.400) = 8,17 \times 10^{-4} \text{ falhas/min} \tag{8.23}$$

A taxa de falha nas condições operacionais normais é dada por:

$$\hat{\lambda}_o = \hat{\lambda}_s / A_F = 8,17 \times 10^{-4} / 80 = 1,022 \times 10^{-5} \text{ falhas/min} \tag{8.24}$$

O MTTF da distribuição exponencial é dado pelo recíproco de λ; isto é:

$$MTTF = 1/\hat{\lambda}_o = 97.888 \text{ min} \tag{8.25}$$

É importante ressaltar que neste exemplo o fator de aceleração do teste para o nível de estresse utilizado era conhecido *a priori*, permitindo a realização do teste em um único nível. Não fosse esse o caso, seriam necessários dados em pelo menos mais um nível de estresse, além da especificação das condições de teste em cada nível.

8.5.2. MODELO DE ACELERAÇÃO DA DISTRIBUIÇÃO DE WEIBULL

Considere tempos até falha obtidos mediante estresse s, seguindo uma distribuição de Weibull, com função de distribuição dada por:

$$F_s(t) = 1 - e^{-\left(\frac{t}{\theta_s}\right)^{\gamma_s}} \tag{8.26}$$

onde θ_s é o parâmetro de escala e γ_s é o parâmetro de forma da distribuição na condição acelerada. Mediante suposição de aceleração linear, o parâmetro γ da distribuição deve ser aproximadamente igual em todos os níveis de estresse; isto é, $\gamma_s = \gamma_o$. Caso isso não se verifique no teste, a suposição de linearidade na aceleração não é verdadeira ou o modelo de Weibull não é apropriado para os dados em questão. O parâmetro de escala, entretanto, varia linearmente com o fator de aceleração, através da relação:

$$\theta_o = A_F \theta_s \tag{8.27}$$

Utilizando as relações nas Equações (8.16) e (8.17), obtém-se a função de distribuição e de densidade da Weibull em condições normais de operação, apresentadas a seguir (onde $\gamma_s = \gamma_o = \gamma$):

$$F_o(t) = F_s\left(\frac{t}{A_F}\right) = 1 - \exp\left[-\left(\frac{t}{A_F \theta_s}\right)^\gamma\right] = 1 - \exp\left[-\left(\frac{t}{\theta_o}\right)^\gamma\right] \tag{8.28}$$

$$f_o(t) = \frac{\gamma}{A_F \theta_s}\left(\frac{t}{A_F \theta_s}\right)^{\gamma-1} \exp\left[-\left(\frac{t}{A_F \theta_s}\right)\right]^\gamma \tag{8.29}$$

O MTTF em condições normais de operação é obtido através da expressão:

$$MTTF_o = \theta_o \Gamma\left(1 + \frac{1}{\gamma}\right) \tag{8.30}$$

onde $\Gamma(\cdot)$ designa a função gama, uma integral indefinida tabelada.

O modelo de Weibull é um dos mais utilizados na prática, já que oferece uma representação simples de situações em que a taxa de falha das unidades cresce, decresce ou mantém-se constante com o tempo. É a distribuição mais usada para modelar propriedades de produtos tais como tensão (elétrica ou mecânica), alongamento e resistência em testes acelerados. O modelo de Weibull é também utilizado para descrever a vida de componentes eletrônicos e rolamentos em testes acelerados.

A estimação dos parâmetros do modelo de Weibull para amostras completas ou censuradas costuma demandar a utilização de pacotes computacionais, já que não existe um formulário de baixa complexidade para os estimadores de máxima verossimilhança, que são normalmente utilizados na estimação. O processo de estimação dos parâmetros é iterativo, e pode ser implementado em planilhas de cálculos. Pacotes computacionais dedicados à análise de dados de testes acelerados, como, por exemplo, o Proacel, que acompanha este livro, permitem verificar gráfica e analiticamente a suposição de aceleração linear, bem como estimar os melhores valores de θ_s e θ_o, tal que $\gamma_s = \gamma_o$.

8.5.3. MODELO DE ACELERAÇÃO DA DISTRIBUIÇÃO GAMA

Considere tempos até falha obtidos mediante estresse s, seguindo uma distribuição gama, com função de densidade dada por:

$$f_s(t) = \frac{t^{\gamma_s-1}}{\theta_s^{\gamma_s} \Gamma(\gamma_s)} e^{-\left(\frac{t}{\theta_s}\right)} \tag{8.31}$$

onde $\lambda_s = 1/\theta_s$ é o parâmetro de escala e γ_s é o parâmetro de forma da distribuição mediante estresse s. Assim como no modelo de Weibull, o parâmetro γ da distribuição deve ser aproximadamente igual em todos os níveis de estresse se a suposição de aceleração linear for válida. A relação entre as condições normais e de estresse para o parâmetro θ_s é dada por:

$$\theta_o = A_F \theta_s \tag{8.32}$$

A distribuição gama não apresenta expressões matemáticas facilmente tratáveis para a sua função de distribuição, função de risco e MTTF. Esse fato gera dificuldades na obtenção de estimadores de máxima verossimilhança para seus parâmetros que sejam operacionalizáveis na prática. Assim, a modelagem de dados obtidos em testes acelerados utilizando o modelo gama demanda, invariavelmente, a utilização de pacotes computacionais, tais como a Proacel.

Os formatos assumidos pela densidade da distribuição gama são bastante similares aos da Weibull, sendo difícil diferenciar as distribuições a partir de suas funções de densidade. Analogamente à Weibull, a distribuição gama pode ser usada para representar situações em que a taxa de falhas decresce, cresce ou se mantém constante no tempo. Ao contrário de $f(t)$, o formato de $h(t)$ da gama e da Weibull diferenciam-se bastante, em particular para valores altos de t. Para qualquer γ, $\lim_{t \to \infty} h(t) = \lambda$, indicando que tempos até falha que seguem uma distribuição gama apresentam uma cauda exponencial.

8.5.4. MODELO DE ACELERAÇÃO DA DISTRIBUIÇÃO LOGNORMAL

O modelo lognormal é utilizado na análise de testes acelerados em que as unidades experimentais são componentes eletrônicos expostos a fatores de estresse como temperatura, voltagem ou uma combinação de ambos. Para tempos até falha obtidos mediante estresse s seguindo uma distribuição lognormal, a função de densidade é dada por:

$$f_s(t) = \frac{1}{\sigma_s t \sqrt{2\pi}} \exp\left[\frac{-1}{2}\left(\frac{\ln t - \mu_s}{\sigma_s}\right)^2\right] \tag{8.33}$$

onde μ_s e σ_s são os parâmetros da distribuição mediante estresse s. Mediante suposição de aceleração linear, o parâmetro σ da lognormal deve ser aproximadamente igual em todos os níveis de estresse; isto é, $\sigma_s = \sigma_o = \sigma$. O parâmetro σ da lognormal é equivalente ao parâmetro de forma da distribuição de Weibull.

A relação entre os parâmetros μ_s e μ_o é dada por:

$$\mu_o = \mu_s + \ln A_F \tag{8.34}$$

Não existem formas fechadas para as funções de distribuição e de risco da lognormal; tais expressões são escritas em termos das funções de densidade e de distribuição da variável normal padronizada, demandando tabelas para serem operacionalizadas. A expressão para o MTTF, entretanto, é simples, sendo dada por:

$$MTTF_o = \exp\left[\mu_o + \sigma_o^2\big/2\right] \tag{8.35}$$

EXEMPLO 8.4

Considere os seguintes dados obtidos em um teste acelerado com secadores de cabelo (em horas): 1.630, 1.711, 1.760, 1.763, 1.852, 1.867, 1.915, 1.964, 1.971, 2.089, 2.092, 2.099, 2.145, 2.176, 2.189. Suponha que o fator de aceleração entre as condições normais e aceleradas de operação é 15. Qual é o MTTF do componente em condições normais de operação, supondo tempos até falha seguindo uma distribuição lognormal?

Solução:

Os parâmetros da distribuição lognormal podem ser obtidos através de seus estimadores de máxima verossimilhança:

$$\hat{\mu}_s = \frac{1}{n}\sum_{i=1}^{15}\ln t_i = \frac{1}{15}\times 113,6 = 7,57 \tag{8.36}$$

$$\hat{\sigma}_s^2 = \frac{1}{n}\left[\sum_{i=1}^{15}(\ln t_i)^2 - \frac{1}{n}\left(\sum_{i=1}^{15}\ln t_i\right)^2\right] = 0,008276 \tag{8.37}$$

O parâmetro σ_o é dado pela Equação (8.37). O parâmetro μ_o é obtido aplicando a Equação (8.34):

$$\mu_o = \mu_s + \ln A_F = 7,57 + \ln 15 = 10,278. \tag{8.38}$$

O MTTF em condições normais de operação é obtido aplicando a Equação (8.35):

$$MTTF_o = \exp\left[\mu_o + \sigma_o^2\big/2\right] = e^{10,2822} = 29.207,7 \text{ horas} \tag{8.39}$$

QUESTÕES

1) Uma cola mecânica foi desenvolvida para trabalhar por 10 anos a 60° C. Com o tempo, essa cola se degrada e acaba descolando. A taxa da reação química pode ser aumentada se a cola for testada a temperaturas mais altas. Usando $E_a = 1,2$ eV e a relação de Arrhenius, calcule o fator de aceleração de um teste a 120° C.

2) Um teste acelerado é realizado com *chips* eletrônicos a 300° C, obtendo um MTTF de 1.500 horas. Supondo E_a = 0,09 eV/K, estime qual é a vida de um *chip* trabalhando a 45° C.

3) Encontre o fator de aceleração do exercício anterior.

4) Um componente eletrônico necessita trabalhar 40.000 horas. Em um teste acelerado a 400° C obteve-se um MTTF de 1.750 horas. Supondo E_a = 0,15 eV/K, determine a temperatura que esse componente deve operar para atingir seu tempo esperado de trabalho.

5) Um teste acelerado é realizado com 20 circuitos integrados sendo submetidos a 150° C. Suponha que o tempo de falha segue uma distribuição exponencial com MTTF = 6.000 horas. A temperatura normal de trabalho é de 30° C, e o fator de aceleração é 40. Qual é a taxa de falha, o MTTF e a confiabilidade de um circuito operando em condições normais para $t = 10.000$ horas (um ano)?

6) Uma amostra de 20 circuitos eletrônicos é submetida a um teste acelerado a 200° C. Os tempos até falha obtidos estão listados a seguir. Use um modelo de Eyring para estimar o tempo de falha (L_o) a 50° C. Qual é o fator de aceleração?

170,948	1694,95	3883,49	6665,03	9745,02
1228,88	2216,11	4194,72	7662,57	9946,49
1238,56	2323,34	6124,78	7688,87	10187,6
1297,36	3250,87	6561,35	9306,41	10619,1

As questões 7, 8, 10, 14, 16, 18 e 20 podem ser resolvidas com o auxílio do Proacel.

7) Componentes eletrônicos são testados acelerando temperatura e voltagem. Os tempos de falha obtidos estão representados em horas na tabela a seguir. Considerando E_a = 0,11 eV/K, estime o tempo médio até falha para um componente a 45° C e 5 V.

Temperatura (°C)	Voltagem (V)		
	15	20	25
90	2000	1500	1000
100	1500	1000	500

8) Em teste acelerado com transistores, são encontrados os seguintes tempos até falha para determinados níveis de voltagem e temperatura:

Temperatura (°C)	Voltagem (V)		
	35	55	75
115	600	420	280
150	500	390	250

Encontre o MTTF para esses transistores em suas condições normais de trabalho (4 V e 40° C), supondo $E_a = 0,085$ eV/K.

9) Um teste acelerado é realizado com peças eletrônicas a 500° C, obtendo um MTTF de 207 horas. Supondo $E_a = 0,182$ eV/K, estime qual é a vida de uma peça trabalhando a 49° C e o fator de aceleração do teste.

10) Em um teste acelerado realizado com diodos resulta nos seguintes MTTFs:

Temperatura (K)	Voltagem (V)			
	100	150	200	250
350	3500	3000	2500	2000
400	1700	1500	1300	1000

Considere $E_a = 0,5$ eV/K para estimar o MTTF a 300 K e 50 V.

11) Em um teste acelerado, os dados de falha obedeciam à equação:

$$F_s(t) = 1 - e^{-0,5t}$$

Calcule o MTTF em condições normais sabendo que o fator de aceleração é igual a 3.

12) Para um teste acelerado, as falhas ocorriam segundo a equação:

$$F_s(t) = 1 - e^{-2,7t}$$

Calcule o MTTF em condições normais sabendo que o fator de aceleração é igual a 5.

13) Um teste acelerado apresentou taxas de falha seguindo uma distribuição Weibull. Com base na função de densidade dada a seguir, calcule o fator de aceleração.

$$f_0(t) = 6,99 \times 10^{-5} t^2 e^{-2,33 \times 10^{-5} t^3}$$

14) Em um teste acelerado, 15 componentes foram submetidos a uma elevada taxa de estresse. O tempo até a falha do componente foi acelerado 25 vezes, sendo exibido na tabela a seguir. Suponha que os dados estão distribuídos exponencialmente para calcular o MTTF dos componentes.

1,2674	5,8496	11,3264	14,3389	20,1258
3,0951	6,8986	11,4102	15,8596	21,5288
4,3347	9,9961	12,4221	17,1754	32,2155

15) Considerando os dados do exercício anterior, calcule a função de distribuição na condição de estresse e a função de distribuição em condições normais de operação.

16) Trinta componentes foram submetidos a um teste acelerado que apresentava um fator de aceleração igual a 12. Esse teste foi censurado após 70 horas e apresentou os seguintes tempos de falha:

3,5686	13,5959	23,4809	31,6339	43,58	57,8164
4,7619	18,8778	24,3913	32,0879	48,1597	59,3039
12,6593	21,6306	25,1606	39,9409	50,1913	69,7169

Encontre a taxa de falha em condições normais de operação.

17) Após um teste acelerado obteve-se uma probabilidade de falha regida pela seguinte equação:

$$F_s(t) = 1 - e^{-\left(\frac{t}{58}\right)^5}$$

Sabendo que o fator de aceleração é igual a 4, calcule a confiabilidade quando $t = 2000$.

18) Em um teste acelerado feito com 30 eixos mecânicos se obteve os seguintes tempos até falha:

20,99	38,27	43,64	53,11	62,22	68,23
23,11	39,33	46,95	53,56	65,84	88,19
32,01	39,83	48,33	56,53	66,07	88,70
32,78	40,24	49,97	59,45	66,60	90,34
36,57	43,44	50,66	61,68	67,24	100,57

Sabendo que esses valores seguem uma distribuição de Weibull e o fator de aceleração é igual a 80, encontre a função de distribuição em condições normais de operação.

19) Dada a função de densidade

$$f_s(t) = \frac{0,5115}{t} e^{-0,5\left(\frac{\ln t - 4,2}{0,78}\right)^2}$$

calcule o MTTF para um fator de aceleração igual a 3.

20) Vinte *chips* eletrônicos foram submetidos a um teste acelerado cujo fator de aceleração é igual a 15. Obtenha o MTTF para condições normais de funcionamento, sabendo que os dados de tempo de falha seguem uma distribuição lognormal.

7,5	26,8	47,0	58,0	108,6
14,1	28,7	48,2	64,8	118,3
16,4	43,3	52,8	65,7	118,7
26,0	46,5	56,0	67,5	139,4

21) Supondo que o teste realizado no Exercício 11 do Capítulo 4 tem um fator de aceleração de 7, encontre o MTTF para as condições normais.

22) Para a amostra acelerada a seguir, determine os coeficientes da distribuição lognormal para condições normais. O fator de aceleração é igual a 4,5.

2,7926	67,7069	101,7499	203,0158	253,6224
39,9739	67,8579	123,5773	203,6807	415,227
61,4562	85,5809	165,1157	243,6579	507,6343

23) Após um teste acelerado, com fator de aceleração igual a 2,75, chegou-se aos seguintes tempos de falha:

1,8932	3,8973	4,9083	7,3983	14,0748
2,9194	4,5249	6,6164	7,5192	15,8985

Calcule o valor da função de densidade de uma distribuição lognormal em $t = 8$ em condições normais.

24) Encontre a função de densidade de um modelo de aceleração da distribuição gama, sabendo que a taxa de falha é igual a 0,025 e o parâmetro de forma da distribuição mediante o estresse é 12. Qual será o valor da função de risco para valores altos de t?

25) Um teste acelerado com fator de aceleração igual a 8 encontrou os seguintes dados, seguindo uma distribuição exponencial:

0,74	14,84	23,84	31,65	45,86	65,10
2,22	16,24	24,97	32,91	47,52	78,10
6,41	18,11	26,10	32,93	49,39	97,94
8,52	21,43	26,95	35,28	54,56	101,14
9,90	23,31	27,21	36,40	64,96	139,16

Utilize o Proconf para encontrar o MTTF em condições normais.

26) Em um teste acelerado realizado com amortecedores, chegou-se aos seguintes tempos até a falha:

7,3	16,8	21,5	27,4	35,9	35,9+
7,4	17,5	22,7	28,4	35,9+	35,9+
11,8	19,6	23,7	28,4	35,9+	35,9+
14,2	21,1	24,0	33,9	35,9+	35,9+
16,0	21,3	25,8	34,7	35,9+	35,9+

Sabendo que o fator de aceleração foi igual a 100, determine o $F_o(t)$, considerando que os dados sigam uma distribuição Weibull.

Considere "+" como indicativo de dado censurado.

27) Considerando os dados do exercício anterior, indique, com o auxílio do Proconf, o $f_s(t)$ para uma distribuição Gama.

28) O resultado de um teste acelerado realizado com 18 peças mecânicas apresentou uma distribuição lognormal e está representado na tabela a seguir. Utilize o Proconf para calcular o tempo médio até a falha dessas peças em condições normais de operação. Considere $A_F = 4$

29,2	50,5	56,7	82,2	95,2	108,3
41,2	52,8	65,7	83,5	103,5	123,2
47,0	56,1	73,6	87,7	106,7	138,0

APÊNDICE C – UTILIZAÇÃO DO PROACEL A PARTIR DE UM EXEMPLO

O tutorial utilizará dados de um teste acelerado constantes no arquivo arr.acl, disponível na pasta de instalação do Proacel (basta clicar nos comandos *arquivo* e *abrir*, e selecionar o primeiro arquivo na lista). Os dados devem ser modelados utilizando o modelo de Arrhenius, mas outros modelos podem ter seu ajuste testado. Nosso objetivo é:

- Verificar o formato de entrada dos dados no *software*.
- Analisar os gráficos resultantes e escolher o modelo de aceleração que melhor caracteriza os tempos até falha.
- Obter inferências para diferentes níveis de aceleração.

O Proacel possui duas janelas de funções:

1. Dados
2. Análise

A janela **Dados** é a primeira a aparecer quando o programa é aberto. Ela contém três planilhas: (*i*) Informações Básicas, (*ii*) Modelo, e (*iii*) Dados de falha. Em (*i*) o usuário fornece informações sobre a análise em curso. No exemplo, o Título do Projeto é *Accelife-data*, e como comentário tem-se "*Test for Arrhenius Model*". Em (*ii*) são apresentados todos os modelos de aceleração implementados no aplicativo. Os primeiros dois grupos de modelos (físico-estatísticos e estatísticos) são apresentados no Capítulo 8. Ao clicar no modelo selecionado, o seu formato (equação e parâmetros) é apresentado à direita da tela. Em (*iii*) os dados de tempo até falha deverão ser informados, bem como os níveis de solicitação (correspondente ao valor utilizado da variável de stress quando da obtenção dos dados inseridos na coluna). No exemplo, três níveis de aceleração foram testados. No nível mais baixo (Temperatura = 50°C), seis dados de tempos até falha foram obtidos, o último dos quais foi censurado. Como o exemplo utiliza o modelo de aceleração de Arrhenius, deve-se solicitar a conversão das temperaturas para °K. Também deve ser informada a temperatura em condições normais de operação (correspondente a operação sem aceleração).

A janela *Análise* contém três planilhas: (*i*) Modelo, (*ii*) Inferências, e (*iii*) Gráficos. A planilha (*i*) repete a informação apresentada anteriormente na planilha (*ii*) da janela de entrada de dados; porém, nessa planilha também é informado a estatística de ajuste dos dados ao modelo selecionado (no caso do exemplo, o ajuste foi de R-SQ = 0,9981). A estatística utilizada é o coeficiente de determinação, com valores variando entre 0,0 e 1,0, onde 1,0 designa a situação de ajuste perfeito do modelo aos dados. Em (*ii*), são apresentadas as estimativas de tempo médio até falha em cada nível de estresse (bem como os tempos observados na amostra) e de aceleração (fator de aceleração FA estimado a partir do modelo selecionado). A planilha (*iii*) traz o gráfico do modelo ajustado aos dados. Diferentes modelos de aceleração podem ser testados nos dados acelerados. O coeficiente de determinação permite verificar a eficiência do modelo na descrição da aceleração dos dados.

Capítulo 9

MODELOS DE GARANTIA

CONCEITOS APRESENTADOS NESTE CAPÍTULO

A modelagem de garantia é essencial para um bom posicionamento de produtos em seus mercados consumidores. Este capítulo apresenta os principais modelos de garantia para produtos não-reparáveis e reparáveis. Modelos de garantia para tamanho fixo de lote mediante políticas de mínimo reparo e de reparo integral também são apresentados. Uma lista de exercícios é proposta ao final do capítulo.

9.1. INTRODUÇÃO

Garantia é geralmente definida como um contrato ou acordo que estabelece que o produtor de um produto ou serviço deve oferecer reparo, reposição ou oferecer o serviço necessário quando o produto falha ou o serviço não atende às demandas do usuário, antes de um momento pré-especificado no tempo correspondente à duração da garantia (Blischke e Murthy, 1994; Murthy e Blischke, 2005). Apesar de garantias normalmente especificarem utilizações medidas em tempos de calendário, alguns produtos têm suas garantias expressas em "missões"; por exemplo, um automóvel cuja garantia é definida em quilometragem de uso. Uma segunda definição para garantia omite o fator tempo; ou seja, o produtor é responsável pelo produto ou serviço durante toda a sua vida útil.

Estudos para definição de políticas ótimas de garantia em produtos vêm crescendo em importância nos últimos anos, com o aumento da concorrência entre empresas em diferentes mercados. Produtos similares quanto à função, preço e qualidade são selecionados pelo consumidor, na hora da compra, com base na garantia que oferecem. Assim, muitos produtores estão sendo forçados a oferecer garantias antes inexistentes ou a estender prazos de garantia como forma de assegurar a venda futura de seus produtos. A indústria automobilística talvez seja o melhor exemplo desse fenômeno na atualidade.

Três tipos de garantia são normalmente utilizados na determinação de políticas de garantia para produtos industriais: (*a*) garantia integral do produto mediante falha por tempo limitado (garantia integral limitada), (*b*) garantia integral do produto mediante falha por tempo ilimitado (garantia integral ilimitada), e (*c*) garantia *pro rata*. Políticas de garantia também podem ser definidas utilizando combinações desses três tipos de garantia.

A garantia integral limitada implica reposição do item que falha antes do término da garantia por um item novo ou restaurado, a um custo zero para o consumidor. O item reposto ou reparado é então coberto pela mesma garantia durante o período remanescente de duração da garantia original. Assim, o consumidor receberá tantas reposições ou consertos quantos forem necessários no período original de duração da garantia. A garantia integral limitada é o tipo mais usado de garantia na indústria; esse é o tipo de garantia utilizado em eletrodomésticos e automóveis, entre outros.

O segundo tipo de garantia, a garantia integral ilimitada, garante reposições de itens defeituosos dentro do prazo de garantia, da mesma forma como descrito no caso da garantia integral ilimitada. Entretanto, itens repostos passam a ser cobertos por um período de garantia idêntico ao período original. Assim, se um item com prazo de garantia de dois anos falha ao término do primeiro ano, o item reposto é oferecido ao cliente com um prazo de garantia de dois anos, independente do ano de uso já realizado pelo cliente. Como esse tipo de garantia é potencialmente desinteressante para o fabricante, somente produtos com alta incidência de falhas precoces costumam trazê-la. Além disso, a duração da garantia integral ilimitada costuma ser menor, se comparada à da garantia integral limitada.

As garantias integrais limitadas e ilimitadas podem resultar em custos altos de garantia para o produtor. Além disso, garantias de longa duração reduzem o número menor de compras de reposição ao longo do ciclo de vida do produto. Sendo assim, políticas que utilizam garantias integrais costumam trazer mais benefícios para o consumidor do que para o produtor. Nesse contexto, um problema-chave no estabelecimento dessas políticas é a determinação de um preço e duração adequados para a garantia.

O terceiro tipo de garantia é denominado *pro rata*. Nela, o produto que falha antes do prazo de duração da garantia é reposto a um custo (para o consumidor) que depende da sua idade no momento da falha; o item reposto passa a ser coberto por uma garantia idêntica à original. Suponha um produto com garantia de duração *g*.

A falha no item ocorre em um tempo t, acumulado desde o momento da compra, tal que $t < g$. Na garantia *pro rata*, o consumidor paga a proporção t/g do custo do item de reposição, sendo o restante do custo coberto pelo produtor. Esse tipo de garantia é adequado para itens com boa confiabilidade, mas alto valor agregado ou alto custo de reparo ou reposição. Ao contrário das garantias integrais discutidas anteriormente, a garantia *pro rata* é claramente mais vantajosa para o produtor do que para o consumidor.

Conforme já foi visto, as garantias do tipo (a) e (b) são vantajosas para o consumidor, ao passo que a garantia do tipo (c) é benéfica para o produtor. Assim, uma mistura entre esses tipos de garantia pode ser um arranjo de consenso, que beneficia a ambas as partes. Por exemplo, uma política composta por um período inicial de garantia integral, seguido de um período com garantia do tipo *pro rata,* pode resultar em uma estratégia justa tanto para o produtor como para o consumidor. Tal política mista será analisada mais adiante neste capítulo.

A escolha da política de garantia para produtos industriais é função do tipo de reparo ou reposição a que os produtos possam ser submetidos. Para tanto, produtos podem ser classificados em não-reparáveis ou reparáveis. Produtos não-reparáveis são aqueles para os quais o custo do conserto é similar ao custo da reposição (ou seja, é mais interessante para o fabricante simplesmente repor o produto por um item novo, como no caso de diversos eletrodomésticos) ou onde o acesso ao produto para a execução do conserto é problemático ou mesmo inviável. Produtos reparáveis são aqueles para os quais o custo do conserto (e, consequentemente, a logística envolvida no conserto) é significativamente inferior ao custo da reposição por uma unidade nova, como é o caso, por exemplo, de automóveis.

Os modelos de garantia apresentados na sequência dividem-se em dois grupos: para produtos não reparáveis e reparáveis. O objetivo dos modelos é a determinação da duração da garantia e seu custo para um determinado produto. A exposição neste capítulo segue a lógica de apresentação proposta por Elsayed (1996; Cap. 8), de onde grande parte dos desenvolvimentos matemáticos foi obtida. As obras de Kalbfleisch e Prentice (2002), Murthy e Blischke (2005), Ross (2006) e Santos (2008) também foram utilizadas como material de referência, particularmente no desenvolvimento dos exemplos. D.N.P. Murthy é a principal referência na área de modelagem de garantia de produtos, com diversos livros-texto e artigos devotados ao tema. Uma consulta à obra desse autor é fortemente recomendada em pesquisas sobre o tema.

9.2. PRODUTOS NÃO-REPARÁVEIS

Nesta seção, são apresentadas e comparadas duas políticas de garantia. A primeira política, de *compensação integral*, ocorre quando o produto é vendido com uma garantia integral, nos moldes descritos na Seção 9.1. Se uma falha ocorre dentro de g_0 unidades de tempo, correspondente ao prazo da garantia, o item é reposto sem custo para o consumidor, e uma nova garantia é emitida. A segunda política, de *garantia mista*, combina as garantias do tipo integral e *pro-rata*. Nela, um produto que falha antes do tempo g_1 é reposto (ou consertado) sem custo para o consumidor; entretanto, falhas ocorridas no intervalo entre g_1 e o final da garantia, em g_2, não geram reposições integrais sem custo para o consumidor, sendo submetidas a uma compensação do tipo *pro rata* linear.

O custo para o produtor de uma falha mediante a política de compensação integral pode ser descrito por uma variável indicadora $I_\alpha(T_j)$, sendo dado por:

$$I_\alpha(T_j) = \begin{cases} c_0, & 0 \le T_j \le g_0 \\ 0, & \text{caso contrário} \end{cases} \tag{9.1}$$

onde T_j designa o tempo transcorrido entre a j-ésima falha e sua antecessora imediata (isto é, $j-1$), c_0 é o custo unitário de uma reposição ou conserto e g_0 é a duração da garantia com compensação integral. Nessa política, o analista deverá determinar o valor ótimo de g_0, correspondente à duração da garantia, que minimiza o custo total da política.

A política de garantia mista acarreta em um custo de falha para o produtor, designado por $I_\beta(T_j)$, dado pela seguinte função indicadora:

$$I_\beta(T_j) = \begin{cases} c_0, & 0 \le T_j \le g_1 \\ c_0(g_2 - T_j)/(g_2 - g_1), & g_1 \le T_j \le g_2 \\ 0, & \text{caso contrário} \end{cases} \tag{9.2}$$

onde g_1 corresponde à duração da garantia com compensação integral, e $(g_2 - g_1)$ delimita o intervalo de tempo em que o produto está sujeito a uma garantia do tipo *pro rata*, ambas na política de garantia mista. Nesse caso, o analista deve determinar o valor ótimo de g_1 e g_2.

Ao otimizar os valores dos parâmetros das políticas, independente da política adotada, deseja-se minimizar as despesas totais com garantias acumuladas (C) por produto vendido, dadas por:

$$C = \sum_{j=1}^{K} I(T_j) \tag{9.3}$$

onde K corresponde ao número total de falhas até a ocorrência da primeira falha cujo tempo excede a duração da garantia. A otimização utilizará o valor esperado de C, derivado para cada política a seguir.

O valor esperado do custo total da garantia mediante uma política de garantia mista envolve duas variáveis aleatórias: o custo $I_\beta(T_j)$ na Equação (9.2) e o número total de falhas K, através da seguinte expressão:

$$E[C_\beta] = E\left\{ E\left[\sum_{j=1}^{K} I_\beta(T_j) \right] \right\} \tag{9.4}$$

que pode ser reescrita como:

$$E[C_\beta] = E[K]E\left[I_\beta(T_j) \right] \tag{9.5}$$

A variável K, que designa o número de falhas até a ocorrência da primeira falha que excede o período da garantia, pode ser descrita por uma distribuição geométrica, com função de massa de probabilidade dada por:

$$P[K = k] = R(g_2)F(g_2)^k, \quad k = 0,1,2,... \tag{9.6}$$

com valor esperado dado por:

$$E[K] = \sum_{k=0}^{\infty} kR(g_2)F(g_2)^k = F(g_2)/R(g_2) \tag{9.7}$$

A quantidade $E\left[I_\beta(T_j) \right]$ é dada por:

$$E\left[I_\beta(T_j) \right] = c_0 \int_0^{g_1} f(t)dt + \frac{c_0}{g_2 - g_1} \int_{g_1}^{g_2} (g_2 - t)f(t)dt = \frac{c_0}{g_2 - g_1} \int_{g_1}^{g_2} F(t)dt \tag{9.8}$$

onde $f(x)$ é a função de densidade da distribuição dos tempos até falha.

De posse dos resultados nas Equações (9.7) e (9.8) é possível obter a expressão para o custo esperado da garantia de um produto submetido a uma política de garantia mista; isto é:

$$E\left[C_\beta \right] = \frac{c_0 F(g_2)}{(g_2 - g_1)R(g_2)} \int_{g_1}^{g_2} F(t)dt \tag{9.9}$$

Seguindo um desenvolvimento similar, pode-se obter uma expressão para o custo esperado da garantia de um produto submetido a uma política de compensação integral. Partindo-se do valor esperado de $I_\alpha(T_j)$ na Equação (9.1):

$$E\left[I_\alpha(T_j) \right] = c_0 F(g_0) \tag{9.10}$$

obtém-se o resultado desejado substituindo as Equações (9.10) e (9.7) na Equação (9.5):

$$E[C_\alpha] = \frac{c_0 F(g_0)^2}{R(g_0)} \tag{9.11}$$

Finalmente, cabe observar que a expressão para o custo esperado da garantia no caso de uma política *pro rata* linear, sem período de compensação integral, é um caso especial da política de garantia mista. O custo esperado da garantia mediante política *pro-rata* linear é dado por:

$$E\left[C_\chi \right] = \frac{c_0 F(g_2)}{g_2 R(g_2)} \int_0^{g_2} (g_2 - t)f(t)dt \tag{9.12}$$

onde χ é o símbolo que designa a política *pro rata* linear e g_2 é a duração total da garantia.

EXEMPLO 9.1

Uma lâmpada utilizada em equipamentos de projeção multimídia exibe uma taxa constante de falhas, com um tempo médio até falha de 15 meses (considerando uma utilização média diária de 2 horas de uso). O custo da reposição (integral) da lâmpada é de \$120. Deseja-se comparar três políticas de garantia para o produto relativamente ao seu custo esperado; são elas:

i.   garantia mista, com $g_1 = 3$ meses e $g_2 = 6$ meses;

ii. compensação integral, com $g_0 = 6$ meses; e

iii. *pro rata* linear, com $g_2 = 6$ meses.

Deseja-se também determinar o valor de g_0 para uma política de compensação integral que faz com que seu custo esperado seja equivalente àquele de uma política de garantia mista com $g_2 = 6$ meses.

Solução:

Considerando uma taxa de falhas constante, tem-se:

$$F(t_i) = 1 - e^{-t_i/15} \quad e \quad R(t_i) = e^{-t_i/15} \text{ para } t_i \geq 0$$

i.   Utilizando a Equação (9.9), obtém-se o seguinte custo esperado unitário:

$$E[C_\beta] = \frac{120F(6)}{(6-3)R(6)} \int_3^6 1 - e^{-t/15} dt = \frac{120F(6)}{(6-3)R(6)} 0{,}7738 = \$15{,}22$$

ii. Através da Equação (9.11), obtém-se o seguinte custo esperado unitário:

$$E[C_\alpha] = \frac{120F(6)^2}{R(6)} = \frac{120(0{,}33)^2}{0{,}67} = \$19{,}46$$

Como era de se esperar, uma política de compensação integral oferece um maior custo ao fabricante.

iii. Usando a Equação (9.12), obtém-se o resultado a seguir:

$$E[C_\chi] = \frac{120F(6)}{6R(6)} \int_0^6 (6-t) \frac{1}{15} e^{\frac{-1}{15}t} dt = \frac{120(0{,}32)}{6(0{,}68)} 1{,}055 = \$10{,}38$$

A política *pro rata* linear pura é a que oferece o menor custo de garantia ao fabricante.

Para determinar o valor de g_0 da política de compensação integral que faz com que seu custo esperado seja igual ao de uma política de garantia mista com $g_2 = 6$ meses, deve-se igualar $E[C_\beta]$ a $E[C_\alpha]$; o valor de g_0 que satisfizer a igualdade resultante é o valor desejado da análise. $E[C_\beta] = E[C_\alpha]$ corresponde a:

$$\frac{F(g_0)^2}{R(g_0)} = \frac{F(g_2)}{R(g_2)} \frac{1}{(g_2 - g_1)} \int_{g_1}^{g_2} F(t)dt$$

Substituindo as informações do problema, tem-se:

$$\left(1 - e^{\frac{-g_0}{15}}\right)^2 = 0,1214 e^{\frac{-g_0}{15}}$$

o valor de g_0 que satisfaz a equação é aproximadamente 5,3 meses. Observe que, considerando a melhor política de garantia sob o ponto de vista do fabricante (isto é, a política *pro rata* linear pura), o custo esperado da garantia corresponde a 9% do custo do produto (R\$120,00). Parece claro que o produto, em seu nível de desempenho atual, não comporta uma garantia de 6 meses, como oferecida pelo fabricante.

9.3. PRODUTOS REPARÁVEIS

Muitos produtos, em particular aqueles de maior valor agregado, podem ser consertados quando da ocorrência de falhas. A garantia para produtos reparáveis normalmente apresenta uma duração fixa, tipicamente definida como um tempo de calendário, ainda que outras medidas de utilização possam também ser especificadas na garantia. Durante o período de garantia, o produtor compromete-se a pagar pelos custos de consertos relacionados a todas as falhas que venham a ocorrer.

Nesta seção, desenvolve-se inicialmente um modelo geral de garantia que permite estimar o custo médio por produto de uma garantia com duração g para uma distribuição qualquer de tempos até falha, considerando o custo do reparo como função do número de reparos executados. Na sequência, são apresentados modelos para duas políticas distintas de reparo.

Considere um produto que, quando da ocorrência de falha, volta a operar mediante reparo. Considere tempos até falha seguindo uma distribuição qualquer e tempos até a conclusão de reparos como desprezíveis (ou seja, o tempo médio até o reparo é significativamente menor do que o tempo médio até falha).

O custo médio da garantia por produto, designado por C_g, é dado por:

$$C_g = \sum_{n=1}^{\infty} C_n P[N(g) = n] \tag{9.13}$$

onde g é a duração da garantia, $N(g)$ é o número de falhas em $(0, g]$, $P[N(g)=n]$ é a probabilidade de ocorrência de n falhas durante o período de garantia, e C_n é o custo da garantia quando ocorrem exatamente n falhas em $(0, g]$, ou seja, $C_n = \sum_{i=1}^{n} c_i$, onde c_i designa o custo médio do i-ésimo reparo.

Sabe-se que:

$$P[N(t) = n] = F^{(n)}(t) - F^{(n+1)}(t) \tag{9.14}$$

onde $F^{(k)}(t)$ designa a função de distribuição de T_k, uma variável aleatória que denota o tempo até a k-ésima falha, e $F^{(0)}(t) = 1$. Combinando as Equações (9.13) e (9.14), obtém-se:

$$C_g = \sum_{n=0}^{\infty} C_n F^{(n)}(g) \tag{9.15}$$

O custo total da garantia para o produto será, então, dado por PC_g, onde P é o número total de produtos vendidos.

O número esperado de falhas durante o período de garantia, isto é, $\Lambda(g) = E[N(g)]$, é dado por:

$$\Lambda(g) = \sum_{n=0}^{\infty} nP[N(g) = n] \tag{9.16}$$

Utilizando o resultado na Equação (9.14), pode-se reescrever a Equação (9.16) como:

$$\Lambda(g) = \sum_{n=1}^{\infty} F^{(n)}(g) \tag{9.17}$$

que é a definição usual da função de renovação (de um processo de ocorrência de falhas, no caso; Ross, 2006). Se o custo do reparo for o mesmo, independente do número de unidades que falharam (isto é, $C_n = C$), então o custo de reparo do produto durante a garantia será dado por:

$$C_g = C\Lambda(g)$$

Existem duas políticas "puras" que podem ser adotadas no caso de produtos reparáveis. Na primeira política, denominada "mínimo reparo", o produto é restaurado a uma condição operacional condizente com a sua idade. Na segunda política, de "reparo integral", o produto é restaurado à condição de novo. Essas políticas são apresentadas na sequência, sendo identificadas pelos subscritos a e b, respectivamente, nas equações que as caracterizam. Também pode ser adotada uma terceira política, uma mistura das duas políticas puras anteriores, não sendo, entretanto, discutida neste texto, mas podendo ser encontrada em Murthy e Blischke (2005) e em Elsayed (1996).

9.3.1. MODELOS DE GARANTIA PARA TAMANHO FIXO DE LOTE MEDIANTE POLÍTICA DE MÍNIMO REPARO

Na política de mínimo reparo, quando um produto falha, ele é restaurado de forma a apresentar a mesma taxa de falha do momento em que a falha ocorreu. Esse é o caso, por exemplo, de produtos complexos, com um grande número de partes componentes. Quando uma dessas partes falha, o seu reparo não chega a afetar a taxa de falha do produto, que é dominada pelo desgaste ou envelhecimento dos demais componentes.

O modelo de garantia para a política de mínimo reparo pode ser descrito por um processo de contagem $\{N_1(t), t \geq 0\}$, e a probabilidade de se ter exatamente uma falha no intervalo $[t, t + dt]$ é $\lambda(t)dt$, onde $\lambda(t)$ é a função de intensidade de ocorrência de falhas no processo. Pode-se demonstrar que, neste caso, o processo em questão é um processo de Poisson não-homogêneo, já que a intensidade de ocorrência de falhas é função do tempo. Disso decorrem dois resultados, apresentados por Ross (2006):

$$\Lambda_1(g) = \int_0^g \lambda(t)dt = -\ln F(g) \tag{9.18}$$

e

$$P[N_1(g) = n] = \frac{[\Lambda_1(g)]^n e^{-\Lambda_1(g)}}{n!} \tag{9.19}$$

onde $F(g)$ é a distribuição que descreve os tempos até falha do produto. Quando $\lambda(t) = \lambda$, o processo de contagem $\{N_1(t), t \geq 0\}$ transforma-se em um processo de Poisson homogêneo.

Através da utilização das Equações (9.17) e (9.18), demonstra-se que

$$F_1^{(1)}(g) = F(g) \text{, e } F_1^{(n)}(g) = 1 - \sum_{i=0}^{n-1} \frac{[\Lambda_1(g)]^i e^{-\Lambda_1(g)}}{i!} \text{ , } n > 1 \tag{9.20}$$

9.3.2. MODELOS DE GARANTIA PARA TAMANHO FIXO DE LOTE MEDIANTE POLÍTICA DE REPARO INTEGRAL

Neste caso, pressupõe-se que a falha no item causa sua pane completa, sendo necessária uma ação integral de manutenção, que devolve o produto a uma condição similar àquela apresentada quando o produto era novo. Por consequência, a taxa de falha do produto após o reparo será significativamente menor do que a sua taxa de falha quando do momento da falha.

A política de reparo integral é caracterizada por um processo de renovação simples $\{N_2(t), t \geq 0\}$. Os seguintes resultados se seguem:

$$F_2^{(1)}(g) = F(g) \text{ e} \tag{9.21}$$

$$F_2^{(n)}(g) = \int_0^g F_2^{(n-1)}(g-t)f(t)dt \text{ , } n > 1 \tag{9.22}$$

O número esperado de renovações durante o período de garantia g é obtido a partir da função padrão de renovação:

$$\Lambda_2(g) = F(g) + \int_0^g \Lambda_2(g-t)f(t)dt \tag{9.23}$$

A operacionalização das Equações (9.22) e (9.23) pode ser bastante complexa nos casos em que os tempos até falha sigam distribuições de probabilidade com mais de um parâmetro. Nesses casos, não é possível obter formas fechadas para $F_2^{(n)}(g)$ e

$\Lambda_2(g)$, e a determinação de seus valores envolve a utilização de métodos numéricos de integração.

No Exemplo 9.2, apresentam-se os cálculos associados à política de mínimo reparo, no contexto de tempos até falha seguindo uma distribuição de Erlang. O Exemplo 9.3, proposto por Elsayed (1996), traz um exemplo de cálculo considerando uma política de reparo integral.

EXEMPLO 9.2

Suponha um produto com tempos até falha seguindo uma distribuição de Erlang com r estágios de falha, e função de distribuição dada por:

$$F(t) = 1 - e^{-\lambda t} \sum_{i=0}^{r-1} \frac{(\lambda t)^i}{i!}$$

O parâmetro $\lambda = 0,5$ falhas por ano e o custo de reparo $C_n = 2n$ (ou seja, o custo do reparo aumenta em duas unidades a cada falha ocorrida). Deseja-se determinar o custo total da garantia para um lote de 500 unidades do produto, quando $r = 2$, para uma política de mínimo reparo, considerando uma garantia de um ano.

Solução:

Para $r = 2$, a função de distribuição dos tempos até falha é reescrita como:

$$F(t) = 1 - e^{\lambda t}(1 + \lambda t)$$

Utilizando a Equação (9.18):

$$\Lambda_1(g) = \int_0^g \lambda(t)dt = -\ln F(g) = \lambda g - \ln(1 + \lambda g)$$

Quando $g = 1$ ano, essa expressão assume o valor:

$$\Lambda_1(1,0) = 0,5 - \ln(1,5) = 0,09453$$

Utilizando a Equação (9.20), chega-se ao seguinte resultado:

$$F_1^{(1)}(1,0) = 1 - e^{-0,09453} = 0,0902$$

$$F_1^{(2)}(1,0) = 1 - \left[e^{-0,09453} + \frac{[0,5 - \ln(1,5)]^1 \, e^{-0,09453}}{1} \right] = 0,004192$$

$$F_1^{(3)}(1,0) = 1 - \left[e^{-0,09453} + 0,09453 e^{-0,09453} + \frac{(0,09453)^2}{2!} e^{-0,09453} \right] = 0,000126$$

Os cálculos foram truncados em $F_1^{(3)}(1,0)$ já que ordens maiores de n apresentavam valores próximos a zero. O custo da garantia por produto comercializado pode ser obtido através da Equação (9.15):

$$C_{1,0} = \sum_{n=0}^{\infty} C_n F^{(n)}(g) = \sum_{n=0}^{3} 2n F_1^{(n)}(1,0) = \$0,1979$$

O custo total da garantia para um período de um ano, considerando um lote de 500 unidades do produto, será de $98,96.

EXEMPLO 9.3

Suponha novamente um produto com tempos até falha seguindo uma distribuição de Erlang com r estágios de falha. O parâmetro $\lambda = 2$ falhas por ano e o custo de reparo $C_n = n$. Deseja-se determinar o custo total da garantia para um lote de 1000 unidades do produto, quando $r = 2$ e $g = 0,5$ anos, para uma política de reparo integral.

Nesse caso, a derivação de $F_2^{(n)}(t)$ e $\Lambda_2(t)$ é mais complexa do que no caso anterior; os resultados, obtidos em Barlow e Proschan (1965), são:

$$F_2^{(1)}(t) = F(t)$$

$$F_2^{(n)}(t) = 1 - e^{-\lambda t} \sum_{i=0}^{nr-1} \frac{(\lambda t)^i}{i!}$$

$$\Lambda_2(t) = \frac{\lambda t}{r} + \frac{1}{r} \sum_{j=1}^{r-1} \frac{\theta^j}{1-\theta^j} \left[1 - \exp[-\lambda t(1-\theta^j)]\right]$$

onde $\theta = \exp(2\pi i/r)$ é a r-ésima raiz da unidade. Quando $r = 2$, $g = 0,5$ e $\lambda = 2$ falhas por ano, essas expressões são reescritas como:

$$F(t) = 1 - e^{-\lambda t}(1 + \lambda t) \text{ e}$$

$$\Lambda_2(t) = \left[2\lambda t - 1 + e^{-2\lambda t}\right]/4$$

Assim:

$$F_2^{(1)}(0,5) = 0,2642$$

$$F_2^{(2)}(0,5) = 1 - e^{-1} \left[\frac{1}{0!} + \frac{1}{1!} + \frac{1}{2!} + \frac{1}{3!}\right] = 0,0189$$

$$F_2^{(3)}(0,5) = 1 - e^{-1} \left[\frac{1}{0!} + \frac{1}{1!} + \frac{1}{2!} + \frac{1}{3!} + \frac{1}{4!} + \frac{1}{5!}\right] = 0,000622$$

Considera-se $F_1^{(n)}(0,5) = 0$ quando $n \geq 4$, o que resulta em um custo da garantia por produto comercializado dado por [Equação (9.15)]:

$$C_{0,5} = \sum_{n=0}^{4} n F_2^{(n)}(0,5) = \$0,304$$

O custo total da garantia para o lote de 1.000 unidades do produto será de $304,00. O número esperado de falhas durante o período de garantia será de $\Lambda_2(0,5) = 0,284$.

QUESTÕES

1) Uma empresa deseja saber o custo esperado de garantia por seis meses para um produto submetido a uma política de compensação integral. Sabe-se que a confiabilidade do produto após seis meses de uso é igual a 80% e o custo de reposição é $250,00 por unidade.

2) Uma cafeteira tem seus tempos até a falha distribuídos exponencialmente, sendo o MTTF = 50 meses. Calcule o custo de garantia para uma política mista com $w_1 = 1$ ano e $w_2 = 2$ anos, sabendo que o custo de reposição é de $50,00.

3) Um fabricante tem uma política de garantia *pro-rata* linear, com $w_2 = 18$ meses. Sabe-se que o produto tem uma taxa de falha constante igual a 0,025 falha por mês, e seu custo de reposição é igual a $340,00. Determine o gasto com garantia desse fabricante por lote de 1.000 unidades.

4) Calcule o tempo de uma garantia de compensação integral que custe o mesmo que a política de *pro rata* linear para o produto do exercício anterior.

5) Para determinar seus gastos com garantia, uma empresa fez um teste no sentido de estimar a confiabilidade de seu produto. Os resultados apontaram pra uma distribuição Weilbull de tempos até a falha, com $\mu = 1$ e $\theta = 62$. O custo para repor o produto é $38,00, e sua política de garantia é de compensação integral. Estime esse gasto para uma garantia de 60 dias.

6) Se essa mesma empresa resolvesse adotar uma política de garantia mista, com $w_1 = 45$ dias e $w_2 = 75$ dias. Haveria economia? De quanto?

7) Uma empresa de lâmpadas, após uma série de testes, determinou que seus produtos têm uma vida média de 75 meses. Para esses produtos, é dada uma garantia mista, com $w_1 = 12$ meses e $w_2 = 24$ meses. Sabendo que o custo de reposição é de $4,00, calcule o gasto com garantia para um lote de 1.000 lâmpadas.

8) Para o exercício anterior, calcule qual o tempo de uma garantia de compensação integral terá os mesmos custos para a empresa?

9) Um produto possui uma garantia para tamanho fixo de lote mediante uma política de mínimo reparo. A taxa de falha é constante e igual a 0,05. Calcule o número de falhas esperado para o período de 45 meses.

10) Calcule o custo de garantia para um lote de 500 unidades do produto do exercício anterior.

11) Suponha um produto com tempos até a falha distribuídos exponencialmente, com um MTTF = 20 semanas. Calcule o custo de garantia por unidade para uma política de mínimo reparo, sendo a duração da garantia de 30 semanas.

12) Um fabricante deseja estimar o custo com garantia para seu produto. Considere que cada vez que um reparo é realizado, o MTTF decai. Testes demonstraram que a função de distribuição de falhas é exponencial. O tempo de garantia é de um ano. A tabela a seguir indica os custos por reparo e suas respectivas taxas de falha após reparo.

	λ	Custo
1	0,4	34
2	0,7	31
3	0,9	31
4	1,1	28
5	1,3	28

13) Um fabricante deseja estimar o custo de garantia para um lote de 1.000 produtos. Os tempos até a falha apresentam uma distribuição exponencial, sendo que o tempo médio até a falha se altera após o produto ser reparado. As taxas de falha para as primeiras cinco falhas são: 0,3; 0,6; 0,9; 1,1; 1,2 falhas por ano. O custo de reparo é 12, 11, 10, 10 e 9 respectivamente. Determine o gasto total com garantia.

10

DISPONIBILIDADE
DE EQUIPAMENTOS

CONCEITOS APRESENTADOS NESTE CAPÍTULO

A disponibilidade de equipamentos é um dos principais indicadores de confiabilidade utilizados em programas de manutenção. Este capítulo inicia com uma revisão sobre conceitos básicos associados a processos estocásticos, para então apresentar a derivação de medidas de disponibilidade em componentes individuais e em sistemas. Uma lista de exercícios é proposta ao final do capítulo.

10.1. INTRODUÇÃO

Muitos dos desenvolvimentos teóricos em confiabilidade pressupõem que os componentes de interesse são descartados após a primeira falha. Tal pressuposto permite que a modelagem estatística das características dos componentes seja mantida em um nível baixo de complexidade matemática. Na prática, entretanto, poucos equipamentos e sistemas são projetados para operar sem sofrer manutenções de alguma natureza. Lâmpadas elétricas e disquetes de computador, por exemplo, são descartados após a primeira falha, já que realizar uma manutenção sobre esses itens seria economicamente desinteressante; o mesmo dificilmente ocorrerá com equipamentos como automóveis e aviões.

Equipamentos (e sistemas) reparáveis são aqueles sobre os quais ações de manutenção podem ser aplicadas durante um intervalo de tempo. As ações de manutenção podem ser divididas em duas classes: ações *corretivas* e ações *preventivas*. A manutenção corretiva ocorre após a falha do equipamento; o objetivo é trazê-lo de volta ao estado operante no menor tempo possível. A manutenção preventiva ocorre antes da falha do equipamento, sendo constituída de ações como lubrificação e reposição de partes e componentes, e pequenos ajustes; seu objetivo é aumentar a confiabilidade do equipamento, retardando a ocorrência de falhas. A eficiência das ações de manutenção corretiva é medida através da *disponibilidade* do equipamento. A disponibilidade é dada pela probabilidade de o equipamento estar operante quando necessitado. Em contrapartida, a eficiência das ações de manutenção preventiva é avaliada pelo incremento resultante na confiabilidade do equipamento.

O foco principal deste capítulo são equipamentos reparáveis submetidos a ações de manutenção corretiva. Em particular, o interesse recai na determinação de medidas de disponibilidade para esses equipamentos, além de algumas informações derivadas do cálculo da disponibilidade. De posse dessas informações, será possível determinar, por exemplo, a frequência de utilização da equipe responsável pelos reparos e seu número ideal de integrantes, bem como o número de peças de reposição a serem mantidas em estoque, de forma a minimizar o custo total do sistema de manutenção.

Existem duas abordagens bem difundidas para a determinação da disponibilidade em equipamentos. A primeira, baseada nos processos estocásticos que compõem a teoria da renovação, é a mais genérica, modelando equipamentos em que a intensidade de ocorrência de falhas e a intensidade com que reparos são feitos apresentam ou não dependência entre si. Uma das principais referências dessa abordagem é Ross (2006). A segunda abordagem, baseada em equações diferenciais, é mais restrita, limitando-se a situações em que a intensidade de ocorrência de falhas e reparos é independente. Essa abordagem pode ser encontrada em Pham (2003). Neste texto, será enfocada a primeira abordagem, baseada nos processos de renovação. Em particular, para manter o problema num nível matematicamente tratável, serão abordados modelos de renovação markovianos, com tempos até falha e tempos até reparo independentes e exponencialmente distribuídos. A exposição aqui apresentada foi baseada em Ross (2006), Leemis (1995), Lewis (1996) e Elsayed (1996).

O capítulo está dividido em cinco seções. Na seção que se segue são apresentados alguns conceitos básicos sobre processos estocásticos de renovação. Na Seção 10.3, a determinação da disponibilidade em componentes individuais é detalhada. Na Seção 10.4, apresenta-se a determinação de disponibilidade em sistemas. Na Seção 10.5, apresenta-se uma aplicação do cálculo de disponibilidade no contexto de um problema de manutenção preventiva.

10.2. CONCEITOS BÁSICOS SOBRE PROCESSOS ESTOCÁSTICOS

Esta introdução aos processos estocásticos é iniciada com uma distinção entre equipamentos reparáveis e não-reparáveis quanto à incidência de falhas. A partir dessa distinção, a visualização da natureza dos processos estocásticos é facilitada.

Os tempos até falha de equipamentos não-reparáveis são descritos pela distribuição de probabilidade de uma única variável aleatória. Esses equipamentos apresentam, assim, uma única falha no tempo. O momento no tempo em que a falha ocorre depende da função de risco do equipamento, $h(t)$, que modela a ocorrência temporal das falhas. Se $h(t)$ é decrescente, existe uma maior chance de falha prematura do equipamento; caso contrário, a falha ocorre mais tarde. Esses dois cenários estão apresentados na Figura 10.1 (a falha é representada por * no eixo do tempo).

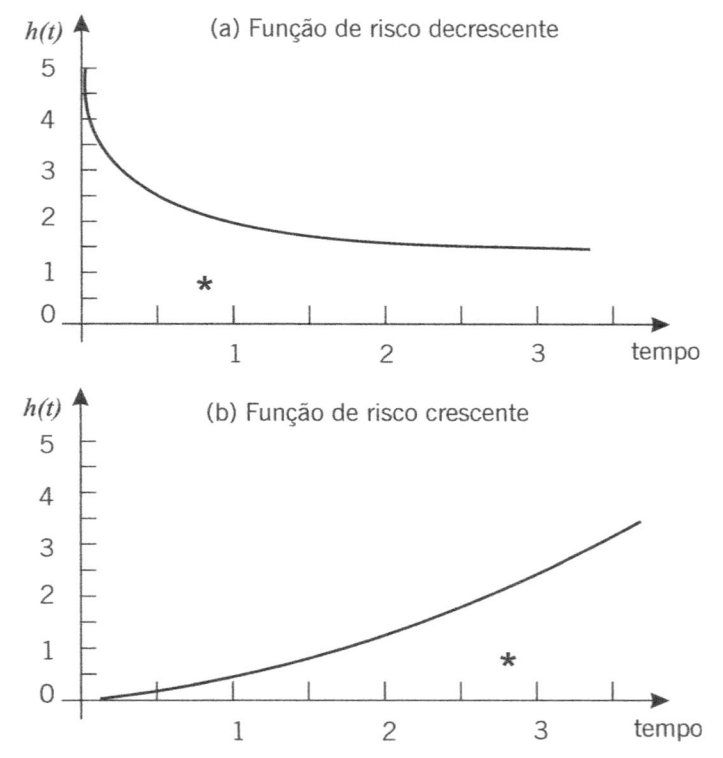

Figura 10.1: Exemplos de funções de risco em equipamentos não-reparáveis.

Em equipamentos reparáveis, falhas ocorrem em diversos pontos no tempo. A ocorrência das falhas é descrita por uma função de intensidade, $\lambda(t)$, análoga à função de risco $h(t)$. Valores altos de $\lambda(t)$ indicam uma maior probabilidade de falhas. Se $\lambda(t)$ é decrescente, diz-se que o equipamento apresenta melhoria; caso contrário, diz-se que o equipamento apresenta deterioração (de seu estado funcional). Esses dois cenários, similares aos da Figura 10.1, estão apresentados na Figura 10.2. Observe a incidência de múltiplas falhas, ditadas por $\lambda(t)$, no eixo do tempo.

A Figura 10.1 traz dois exemplos de realização da variável aleatória tempo até falha em um equipamento não-reparável. Cada realização consiste na ocorrência de exatamente uma falha. Em contrapartida, a Figura 10.2 traz dois exemplos de realização de uma sequência de variáveis aleatórias em um equipamento reparável; essas variáveis são o tempo até a primeira falha, tempo até a segunda-falha, e assim por diante. Os tempos até falha em equipamentos reparáveis são descritos por processos probabilísticos caracterizados por uma sequência de variáveis aleatórias. Tais processos são denominados *processos estocásticos*.

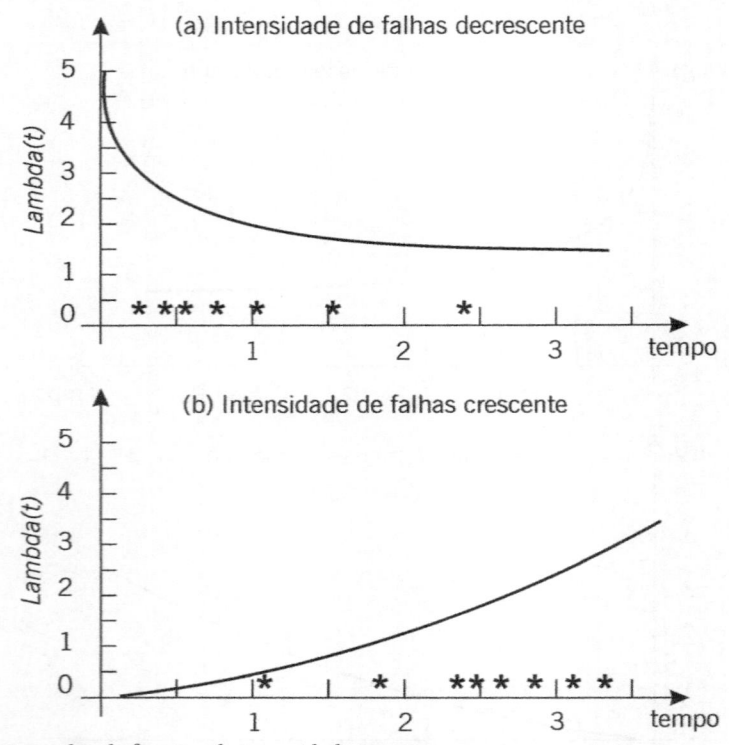

Figura 10.2: Exemplos de funções de intensidade em equipamentos reparáveis.

Os processos estocásticos discutidos aqui pertencem à categoria dos processos de renovação. Nesses processos, as falhas no equipamento reparável ocorrem nos tempos T_1, T_2,..., e os tempos até reparo R_1, R_2,..., do equipamento podem ser tratados de duas maneiras distintas. Se os tempos até reparo forem considerados desprezíveis, o processo de renovação resultante é dito *simples*. Em algumas situações práticas, os tempos até reparo de equipamentos podem ser considerados desprezíveis se, por exemplo, forem muito menores do que o tempo médio entre as falhas observadas nos equipamentos. Em outras situações, os tempos até reparo devem ser considerados para uma modelagem realista do desempenho do equipamento. Nesses casos, o processo de renovação resultante é dito *alternante*. O estudo de ambos os processos de renovação apresenta interesse prático, como explicado a seguir.

As principais informações obtidas a partir da modelagem de processos simples de renovação são: (i) o número de falhas, $N(t)$, ocorridas entre o início da operação do equipamento e um tempo t qualquer, e (ii) o comportamento dos tempos X_1, X_2,..., até falha [o tempo X_i é definido como o tempo transcorrido entre o final do reparo do equipamento após a falha $(i-1)$ e a ocorrência da falha i]. Com a informação em (i) é possível, por exemplo, planejar o número de ações de manutenção corretiva necessárias no equipamento e provisionar os materiais e mão-de-obra necessários para tanto. Com a informação em (ii), pode-se visualizar o impacto do tempo de uso na velocidade da degradação do equipamento. Se os tempos entre falhas tendem a decrescer com o tempo, por exemplo, tem-se evidência da deterioração do equipamento e talvez ações de manutenção preventiva devam ser associadas às de manutenção corretiva.

As principais informações obtidas da modelagem de processos alternantes de renovação são: (i) a medida de disponibilidade do equipamento, definida na introdução, e (ii) o tempo médio dos reparos. A informação em (i) é essencial em estudos de confiabilidade na indústria, pois informa o desempenho do equipamento e do próprio processo produtivo do qual o equipamento é parte. A informação em (ii), em conjunto com o número esperado de renovações em um dado período, permite, por exemplo, dimensionar a equipe de manutenção.

Nos processos de renovação, uma renovação ocorre sempre que o equipamento voltar a funcionar (isto é, quando o reparo estiver completo). A função contadora $N(t)$ informa o número de renovações no período $(0, t]$. Se os tempos até reparo forem considerados desprezíveis, o tempo até a k-ésima renovação é igual ao tempo até a k-ésima falha, sendo dado por $T_k = X_1 + X_2 + ... + X_k$, ou seja, a soma dos tempos entre falhas até a falha k. A função $N(t)$ pode, então, ser definida, para $t > 0$, como:

$$N(t) = \max \{k \mid T_k \leq t\} \tag{10.1}$$

Normalmente, o interesse recai sobre o valor esperado de $N(t)$, $E[N(t)]$, que informa o número esperado de renovações no intervalo $(0, t]$. Aqui, $E[N(t)] = \Lambda(t)$, sendo importante observar que a derivada de $\Lambda(t)$ corresponde a $\lambda(t)$, isto é, à taxa de ocorrência de falhas no processo (ver Figura 10.2). $\Lambda(t)$ corresponde à função de renovação do processo. Com essas informações apresentadas, pode-se definir, formalmente, os processos de renovação.

Um processo de renovação é caracterizado pelas seguintes condições: (c_1) $N(0) = 0$, (c_2) o processo apresenta incrementos independentes, e (c_3) os tempos até falha $(X_1, X_2,...)$ e os tempos até reparo $(R_1, R_2,...)$ são variáveis aleatórias não-negativas independentes e identicamente distribuídas. A condição (c_2), em particular, estabelece que o número de renovações em intervalos de tempo mutuamente exclusivos deve ser independente. As variáveis de interesse associadas aos processos de renovação, apresentadas nos parágrafos anteriores, são resumidas a seguir:

- O tempo até a k-ésima renovação, T_k, corresponde à soma dos tempos até falha e respectivos tempos até reparo; ou seja:

$$T_k = (X_1 + R_1) + (X_2 + R_2) + ... + (X_k + R_k) \qquad (10.2)$$

- O número de renovações no intervalo $(0, t]$, $N(t)$, é dado conforme apresentado na Equação (10.1).

- A função de renovação, $\Lambda(t)$, é dada por:

$$\Lambda(t) = E[N(t)] \qquad (10.3)$$

- A função de intensidade, $\lambda(t)$, que corresponde à densidade de probabilidade de renovação, é dada por:

$$\lambda(t) = \frac{\partial}{\partial t} \Lambda(t)$$

Observe que a função de renovação $\Lambda(t)$ é dada pelo valor esperado do número de renovações até a k-ésima falha. Esse número, por sua vez, é função da soma de tempos até falha (X) e tempos até reparo (R) do equipamento. Considerando que as variáveis aleatórias X e R podem assumir qualquer distribuição de probabilidade, a determinação da distribuição que caracteriza sua soma pode não ser uma tarefa trivial. A especificação da função de renovação, em aplicações em que X e R assumem distribuições simples como a exponencial, envolve a utilização de transformadas de Laplace. À medida que o número de parâmetros das distribuições de X e R aumenta, a derivação analítica da função de renovação torna-se inviável, e o número esperado de renovações no equipamento pode ser aproximado utilizando integração numérica ou técnicas de simulação.

A função de renovação $\Lambda(t)$ escrita no domínio de Laplace é dada por

$$\Lambda^*(s) = \frac{w^*(s)g^*(s)}{s[1-w^*(s)g^*(s)]} \qquad (10.4)$$

onde $w^*(s)$ designa a função de densidade de probabilidade $w(t)$ das variáveis X no domínio de Laplace e $g^*(s)$ designa a função de densidade de probabilidade $g(t)$ das variáveis R no domínio de Laplace. A função de densidade de renovação é dada por:

$$\lambda(s) = \frac{w^*(s)g^*(s)}{1-w^*(s)g^*(s)} \qquad (10.5)$$

A derivação completa das expressões (4) e (5) pode ser encontrada em Cox (1962). Uma tabela contendo transformadas de Laplace frequentemente usadas precede dois exemplos.

$f(t)$	$f^*(s) = L[f(t)]$	$f(t)$	$f^*(s) = L[f(t)]$
1	$1/s$	$e^{-at}t^n$	$n!/(s-\alpha)^{n+1}$
T	$1/s^2$	$e^{-at}t^{n-1}/(n-1)!$	$1/(s-\alpha)^n$
t^2	$2!/s^3$	$(e^{-at}-e^{-bt})/(a-b)$	$[(s+a)(s+b)]^{-1}$
t^n	$n!/s^{n+1}$, $n = 0,1,2,\ldots$	$\cos\omega t$	$s/(s^2+\omega^2)$
e^{-at}	$1/(s+\alpha)$	$\text{sen}\,\omega t$	$\omega/(s^2+\omega^2)$

Tabela 10.1: Algumas transformadas de Laplace.

EXEMPLO 10.1

Um sensor eletrônico exibe uma intensidade de falhas constante. O tempo até reparo do equipamento pode ser considerado desprezível se comparado ao seu tempo médio entre falhas (ou seja $R = 0$). Assim, o tempo entre renovações segue uma distribuição exponencial com densidade de probabilidade dada por $f(t) = \lambda e^{-\lambda t}$.

Deseja-se determinar o número esperado de renovações no intervalo $(0, t]$.

Solução:

Consultando a Tabela 10.1, determina-se a transformada de Laplace da função de densidade da distribuição exponencial:

$f^* (s) = \lambda/(s + \lambda)$

Substituindo este resultado na Equação (10.4), obtém-se:

$$\Lambda^*(s) = \frac{\lambda/(s+\lambda)}{s\left[1-\lambda/(s+\lambda)\right]} = \lambda\frac{1}{s^2}$$

A inversa dessa transformação, obtida da Tabela 10.1, é dada por:

$\Lambda(t) = \lambda t$ \hfill (10.6)

ou seja, o número esperado de renovações no intervalo $(0, t]$ é dado pelo comprimento do intervalo multiplicado pela intensidade de ocorrência de renovações.

EXEMPLO 10.2

Considere o mesmo equipamento do exemplo anterior, com intensidade constante de ocorrência de renovações dada por 8×10^{-4} renovações/hora. Deseja-se determinar qual o número esperado de renovações no equipamento em um ano de operação.

Solução:

Observe que, no exemplo anterior, o número esperado de renovações é igual ao número esperado de falhas no período analisado. Considerando que um ano de operação corresponde a aproximadamente 10.000 horas, a Equação (10.6) pode ser utilizada na determinação do número esperado de falhas:

$$\Lambda(10000) = 8 \times 10^{-4} (10000) = 8$$

10.3. MEDIDA DA DISPONIBILIDADE EM COMPONENTES INDIVIDUAIS

O conceito de disponibilidade de um equipamento pressupõe períodos de operação e reparo não-desprezíveis. Em situações em que o tempo até reparo for considerado desprezível, a disponibilidade do equipamento, para uma dada missão de duração t, será de 100%. Assim, o estudo da disponibilidade de equipamentos pressupõe um processo de ocorrência de falhas e reparos durante sua operação. Uma realização desse processo em um equipamento qualquer vem apresentada na Figura 10.3. A partir daquela figura, pode-se constatar que a disponibilidade do equipamento deve expressar a razão entre os tempos X e R.

O estado de um equipamento reparável no tempo t indica o seu *status* operacional: operante ou inoperante (e, assim, sofrendo reparo). A variável binária $X(t)$ descreve o estado do sistema; quando $X(t) = 0$, o equipamento está inoperante no tempo t e quando $X(t) = 1$, o equipamento está operante em t. Durante a vida de um equipamento, espera-se que os valores de $X(t)$ alternem-se entre 0 e 1. O equipamento estará disponível sempre que $X(t) = 1$. Assim, uma medida de desempenho do equipamento é dada pela fração do tempo em que este encontra-se no estado 1.

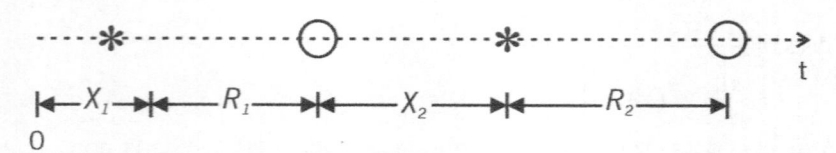

Figura 10.3: Realização do processo de falhas e reparos.

A disponibilidade pode ser definida como a probabilidade de o equipamento estar funcionando no tempo t. A disponibilidade pode ser medida de quatro maneiras distintas (Leemis, 1995):

- Disponibilidade pontual:

$$A(t) = P[X(t) = 1] = E[X(t)], \ t > 0 \tag{10.7}$$

- Disponibilidade assintótica ou limítrofe:

$$A = \lim_{t \to \infty} A(t) \tag{10.8}$$

- Disponibilidade média no intervalo $(0, c]$:

$$A_c = \frac{1}{c} E\left[\int_0^c X(t)dt\right] = \frac{1}{c}\int_0^c E[X(t)]dt = \frac{1}{c}\int_0^c A(t)dt, \ c > 0 \tag{10.9}$$

- Disponibilidade média assintótica no intervalo $(0, c]$:

$$A_\infty = \lim_{c \to \infty} A_c \tag{10.10}$$

A disponibilidade pontual corresponde à definição de disponibilidade apresentada no parágrafo anterior. Se o equipamento não for reparável, sua disponibilidade $A(t)$ será idêntica à sua confiabilidade $R(t)$. Uma expressão para $A(t)$ em termos da função de densidade de renovação $\lambda(t)$ é dada mais adiante. A disponibilidade assintótica pode ser interpretada como a disponibilidade de longo prazo; por exemplo, se um equipamento apresentar $A = 0,9$, pode-se concluir que, no longo prazo, ele estará operante 90% do tempo. A disponibilidade média em $(0, p]$ corresponde à fração média de tempo em que o equipamento está operando nas primeiras p unidades de tempo após o início de sua operação. Finalmente, é fácil visualizar que a disponibilidade média assintótica no intervalo $(0, p]$ é idêntica à disponibilidade assintótica do equipamento.

Uma expressão para a disponibilidade pontual $A(t)$ que utiliza a densidade $\lambda(t)$ de renovação pode ser derivada da seguinte maneira. Considere um equipamento que está operante no tempo t. O equipamento pode estar operante sem falhas desde o tempo $t=0$ com probabilidade $R(t)$, correspondente à sua confiabilidade; nesse caso, nenhuma renovação ocorreu em $(0, t]$. Caso o equipamento tenha apresentado falhas, a última falha ocorreu num tempo $x < t$, e o equipamento vem operando sem falhas desde então, com probabilidade $\int_0^t R(t-x)\lambda(x)dx$. Assim, a disponibilidade do equipamento em t é dada pela soma das probabilidades dos eventos descritos anteriormente; isto é:

$$A(t) = R(t) + \int_0^t R(t-x)\lambda(x)\,dx \tag{10.11}$$

A transformada de Laplace da Equação (10.11) é dada por:

$$A^*(s) = R^*(s)\left[1 + \lambda^*(s)\right] \tag{10.12}$$

A expressão para $\lambda^*(s)$ em termos das densidades transformadas $w^*(s)$ e $g^*(s)$ apresentada em (10.5) pode ser substituída na Equação (10.12):

$$A^*(s) = R^*(s)\left[1 + \frac{w^*(s)g^*(s)}{1 - w^*(s)g^*(s)}\right] \qquad (10.13)$$

Sabe-se que $R(t) = 1 - W(t)$, onde $W(t)$ é a função acumulada de probabilidade dos tempos até falha $X_1, X_2, \ldots$. A transformada de Laplace de $R(t)$, após algumas substituições, resulta em:

$$R^*(s) = \frac{1 - w^*(s)}{s} \qquad (10.14)$$

Substituindo a Equação (10.14) em (10.13), obtém-se a expressão para a disponibilidade do equipamento no domínio de Laplace:

$$A^*(s) = \frac{1 - w^*(s)}{s[1 - w^*(s)g^*(s)]} \qquad (10.15)$$

A disponibilidade assintótica do equipamento, conforme a Equação (10.8), será:

$$A = \lim_{t \to \infty} A(t) = \lim_{s \to 0} s A^*(s) \qquad (10.16)$$

Em muitas aplicações práticas, o valor de $A(t)$ converge rapidamente para A à medida que t aumenta. É possível demonstrar que, nos casos em que a disponibilidade assintótica existe, a seguinte aproximação é valida:

$$A = A_\infty \approx \frac{MTTF}{MTTF + MTTR} \qquad (10.17)$$

onde $MTTF$ designa o tempo médio até falha do equipamento (isto é, $MTTF = E[X]$) e $MTTR$, o tempo médio até o reparo do equipamento (isto é, $MTTR = E[R]$). Assim, sempre que a determinação de $A(t)$ tornar-se matematicamente complexa, a Equação (10.17) pode ser utilizada como uma estimativa aproximada de seu valor. É importante salientar, entretanto, que a aproximação é exata somente nos casos em que a taxa de ocorrência de falhas e reparos é constante.

A expressão para a disponibilidade $A(t)$ requer a inversão do resultado na Equação (10.14), o que pode não ser possível. Nos exemplos a seguir, tal inversão é possível devido à baixa complexidade das funções de densidade de X e R.

EXEMPLO 10.3

Um equipamento apresenta tempos até falha e tempos até reparo exponencialmente distribuídos, com funções de densidade dadas por:

$$w(t) = \lambda e^{-\lambda t} \text{ e} \tag{10.18}$$

$$g(t) = \mu e^{-\mu t} \tag{10.19}$$

Deseja-se determinar (*i*) a disponibilidade $A(t)$ do equipamento e (*ii*) sua disponibilidade assintótica A.

Solução:

(i) Combinando as informações na Tabela 10.1 e na Equação (10.15), obtém-se a disponibilidade do equipamento, expressa no domínio de Laplace:

$$A^*(s) = \frac{1 - \left(\lambda/(\lambda+s)\right)}{s\left[1 - \left(\lambda/(\lambda+s)\right)\left(\mu/(\mu+s)\right)\right]} = \frac{\mu}{(\lambda+\mu)}\frac{1}{s} + \frac{\lambda}{(\lambda+\mu)}\frac{1}{s+(\lambda+\mu)}$$

Utilizando a Tabela 10.1, obtém-se a inversa da expressão anterior:

$$A(t) = \frac{\mu}{(\lambda+\mu)} + \frac{\lambda}{(\lambda+\mu)}e^{-(\lambda+\mu)t} \tag{10.20}$$

(ii) A disponibilidade assintótica vem dada na Equação (10.16):

$$A = \lim_{t\to\infty} A(t) = \lim_{t\to\infty}\left(\frac{\mu}{(\lambda+\mu)} + \frac{\lambda}{(\lambda+\mu)}e^{-(\lambda+\mu)t}\right) = \frac{\mu}{(\lambda+\mu)} = \frac{1/\lambda}{1/\lambda + 1/\mu}.$$

O valor esperado das variáveis representadas pelas distribuições nas Equações (10.18) e (10.19) é dado por $E(X) = 1/\lambda$ e $E(R) = 1/\mu$. Observe que $MTTF = E(X)$ e $MTTR = E(R)$. Assim, a expressão para a disponibilidade assintótica derivada anteriormente confirma a informação na Equação (10.17).

EXEMPLO 10.4

Suponha que os parâmetros nas funções de densidade apresentadas nas Equações (10.18) e (10.19) no Exemplo 10.3 sejam dados por $\lambda = 5 \times 10^{-4}$ falhas/hora e $\mu = 3 \times 10^{-2}$ reparos/hora. Determine (*i*) o número esperado de renovações a serem observadas no equipamento em um período de dois anos; e (*ii*) a disponibilidade do equipamento no final do segundo ano de operação. Compare a disponibilidade em (*ii*) com a disponibilidade assintótica do equipamento.

Solução:

(i) O número esperado de renovações (falhas + reparos), no domínio de Laplace, é dado pela Equação (10.4); ou seja:

$$\Lambda^*(s) = \frac{w^*(s)g^*(s)}{s[1-w^*(s)g^*(s)]} = \frac{\left(\lambda/(\lambda+s)\right)\left(\mu/(\mu+s)\right)}{s\left[1-\left(\lambda/(\lambda+s)\right)\left(\mu/(\mu+s)\right)\right]}$$

$$= \frac{\lambda\mu}{\lambda+\mu}\frac{1}{s^2} - \frac{\lambda\mu}{(\lambda+\mu)^2}\frac{1}{s} + \frac{\lambda\mu}{(\lambda+\mu)^2}\frac{1}{s+(\lambda+\mu)}$$

Utilizando a Tabela 10.1, obtém-se a inversa dessa expressão,

$$\Lambda(t) = \frac{\lambda\mu}{\lambda+\mu}t - \frac{\lambda\mu}{(\lambda+\mu)^2} + \frac{\lambda\mu}{(\lambda+\mu)^2}e^{-(\lambda+\mu)t} \qquad (10.21)$$

a qual, após substituir os valores de λ, μ e t, resulta no número esperado de renovações em dois anos (2×10^4 horas); isto é:

$$\Lambda(2\times10^4) = \frac{5\times10^{-4}(3\times10^{-2})}{5\times10^{-4}+3\times10^{-2}}2\times10^4 - \frac{5\times10^{-4}(3\times10^{-2})}{(5\times10^{-4}+3\times10^{-2})^2} +$$

$$+ \frac{5\times10^{-4}(3\times10^{-2})}{(5\times10^{-4}+3\times10^{-2})^2}e^{-(5\times10^{-4}+3\times10^{-2})2\times10^4} = 9,82$$

(ii) Aplicando a expressão para $A(t)$ desenvolvida no exemplo anterior para um tempo $t = 2 \times 10^4$ horas (dois anos), obtém-se:

$$A(2\times10^4) = \frac{3\times10^{-2}}{(5\times10^{-4}+3\times10^{-2})} + \frac{5\times10^{-4}}{(5\times10^{-4}+3\times10^{-2})}$$

$$e^{-(5\times10^{-4}+3\times10^{-2})(2\times10^4)} = 0,9836$$

A disponibilidade assintótica do equipamento pode ser determinada utilizando a Equação (10.17):

$$A = A_\infty = \frac{MTTF}{MTTF + MTTR} =$$

$$\frac{1/\lambda}{1/\lambda + 1/\mu} = \frac{1/5\times10^{-4}}{1/5\times10^{-4} + 1/3\times10^{-2}} = 0,9836$$

ou seja, o valor da disponibilidade do equipamento em $t = 2 \times 10^4$ equivale à disponibilidade assintótica do equipamento (isto é, a disponibilidade quando $t \to \infty$). O gráfico na Figura 10.4 apresenta a convergência de $A(t)$ para A como função do tempo utilizando os dados do exemplo.

EXEMPLO 10.5

Nos últimos seis meses, ocorreram dez falhas em uma máquina perfiladeira. Os dias em que ocorreram as falhas, os tempos até falha e o tempo (em dias) para reparo do equipamento vêm apresentados a seguir. Suponha tempos até falha e tempos até reparo exponencialmente distribuídos. Pede-se: (*i*) estimativas do MTTF e MTTR do equipamento; (*ii*) a disponibilidade do equipamento num período de seis meses; (*iii*) o número esperado de renovações durante um período de seis meses; (*iv*) a disponibilidade assintótica do equipamento.

Falha	Tempo de ocorrência	Tempo até falha	Tempo até reparo
1	6	5,8	0,2
2	39	32,8	0,6
3	42	3,1	0,4
4	56	13,2	1,9
5	65	7,4	0,3
6	68	2,6	0,9
7	92	23,1	0,1
8	124	31,9	3,7
9	150	22,1	3,3
10	170	16,9	0,1

Tabela Exemplo 10.5

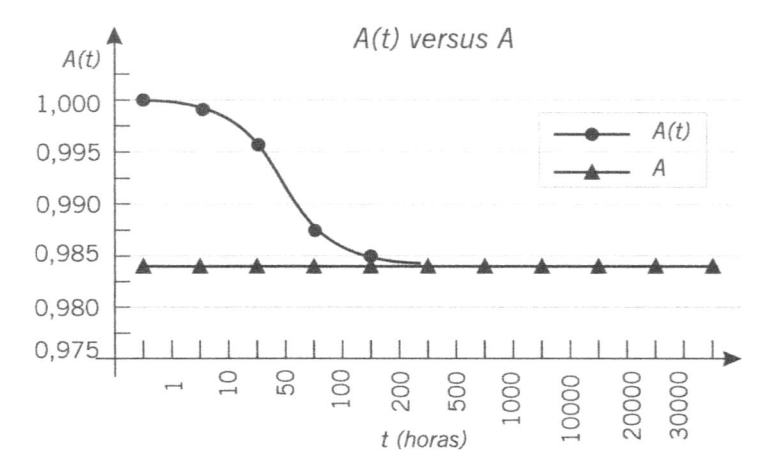

Figura 10.4: Comparativo entre a função de disponibilidade $A(t)$ e a disponibilidade assintótica A, usando os dados do Exemplo 10.4.

Solução:

(i) O MTTF do equipamento é dada pela média dos tempos até falha (o parâmetro da distribuição exponencial que caracteriza os tempos até falha é designado por λ):

$$MTTF = \frac{1}{\lambda} = \frac{1}{10}(5,8 + 32,8 + \ldots + 22,1 + 16,9) = 15,9 \text{ dias}$$

Analogamente, a MTTR do equipamento corresponde à média dos tempos até reparo (o parâmetro da distribuição exponencial que caracteriza os tempos até reparo é designado por μ):

$$MTTR = \frac{1}{\mu} = \frac{1}{10}(0,2 + 0,6 + \ldots + 3,3 + 0,1) = 1,2 \text{ dia}$$

(ii) A disponibilidade do equipamento em $t = 6$ meses (182 dias) é obtida substituindo as informações do problema na Equação (10.20):

$$A(182 \text{ dias}) = \frac{\frac{1}{1,2}}{(\frac{1}{15,9} + \frac{1}{1,2})} + \frac{\frac{1}{15,9}}{(\frac{1}{15,9} + \frac{1}{1,2})} e^{-(\frac{1}{15,9} + \frac{1}{1,2})182} = 0,9325$$

(iii) O número esperado de renovações (reparos concluídos) no período de seis meses é obtido substituindo os dados do problema na Equação (10.21):

$$\Lambda(182 \text{ dias}) = \frac{\frac{1}{15,9} \times \frac{1}{1,2}}{\frac{1}{15,9} + \frac{1}{1,2}} 182 - \frac{\frac{1}{15,9} \times \frac{1}{1,2}}{(\frac{1}{15,9} + \frac{1}{1,2})^2} + \frac{\frac{1}{15,9} \times \frac{1}{1,2}}{(\frac{1}{15,9} + \frac{1}{1,2})^2}$$
$$e^{-(\frac{1}{15,9} + \frac{1}{1,2})182} = 10,62$$

(iv) A disponibilidade assintótica do equipamento é dada pela Equação (10.17):

$$A = \frac{MTTF}{MTTF + MTTR} = \frac{15,9}{15,9 + 1,2} = 0,9324$$

resultando similar à disponibilidade calculada no item (ii).

10.4. MEDIDA DA DISPONIBILIDADE EM SISTEMAS

Na seção anterior, discutiu-se o cálculo da disponibilidade em sistemas de um único componente ou com componentes investigados de forma agregada. Para melhor avaliar os benefícios da utilização de redundância ou de diferentes estratégias de reparo, sistemas devem ser investigados considerando seus componentes individualmente. Nesta seção, apresenta-se a determinação da disponibilidade de sistemas de componentes arranjados em série e paralelo. Como a disponibilidade, assim como a confiabilidade, é uma probabilidade, a disponibilidade de sistemas pode ser determinada utilizando as expressões de confiabilidade de sistemas em série e paralelo, pressupondo taxas de falha e reparo independentes para os componentes. Quando esse não for o caso, pode-se utilizar cadeias de Markov para modelar as dependências entre componentes. Nesta seção, aborda-se a determinação da disponibilidade de sistemas de componentes independentes.

Para sistemas em série, o cálculo da disponibilidade segue a lei do produto de probabilidades. Já que a disponibilidade é definida como a probabilidade de o sistema estar disponível ou operante, tem-se:

$$A(t) = \prod_{i=1}^{n} A_i(t) \tag{10.22}$$

onde $\prod$ designa o operador de produtório, $A_i(t)$ é a disponibilidade pontual do i-ésimo componente de um sistema com n componentes.

Para sistemas em paralelo, a disponibilidade do sistema é dada pela expressão:

$$A(t) = 1 - \prod_{i=1}^{n} [1 - A_i(t)] \tag{10.23}$$

Analisando-se as Equações (10.22) e (10.23), constata-se que as relações entre confiabilidades de componentes em um sistema em série e paralelo são válidas no cálculo da disponibilidade pontual desses sistemas. O mesmo se aplica para sistemas com configurações mais complexas, mediante a suposição de componentes mutuamente independentes.

A Equação (10.20) apresenta a expressão para cálculo da disponibilidade pontual de um componente com taxas constantes de falhas e reparos. Se o interesse da análise recai sobre a disponibilidade assintótica, subtrai-se o segundo termo da Equação (10.20), obtendo-se o seguinte resultado:

$$A_i(\infty) = \frac{\mu_i}{\mu_i + \lambda_i} \tag{10.24}$$

onde μ_i e λ_i são as taxas de reparos e falhas do i-ésimo componente, respectivamente.

Combinando as Equações (10.22) e (10.24), obtém-se a expressão para cálculo da disponibilidade assintótica de um sistema em série:

$$A(\infty) = \prod_{i=1}^{n} \frac{\mu_i}{\mu_i + \lambda_i} \tag{10.25}$$

Para simplificar essa expressão, pode-se supor uma taxa de reparos alta se comparada à taxa de falhas; isto é, $\mu_i \gg \lambda_i$. Tal suposição costuma ser válida na prática, pois corresponde a um cenário em que a MTTR é pequena se comparada à MTTF. Mediante tal suposição, a Equação (10.24) pode ser reescrita com:

$$A_i(\infty) \simeq 1 - \frac{\lambda_i}{\mu_i} \tag{10.26}$$

Consequentemente, a Equação (10.25) poderia ser reescrita como:

$$A(\infty) \simeq \prod_{i=1}^{n}\left(1 - \frac{\lambda_i}{\mu_i}\right) \simeq 1 - \sum_{i=1}^{n} \frac{\lambda_i}{\mu_i} \tag{10.27}$$

Fica claro, a partir da Equação (10.27), que a disponibilidade de um sistema em série apresenta rápida deterioração à medida que componentes são acrescentados ao sistema.

De forma análoga, pode-se determinar a expressão para a disponibilidade de um sistema em paralelo combinando as Equações (10.23) e (10.24). O resultado apresentado a seguir pressupõe um sistema em paralelo com n componentes idênticos (isto é, $\lambda_i = \lambda$ e $\mu_i = \mu$):

$$A(\infty) = 1 - \left(\frac{\lambda}{\lambda + \mu}\right)^n \tag{10.28}$$

Novamente considerando situações em que $\mu \gg \lambda$, simplifica-se a Equação (10.28) utilizando-se a seguinte aproximação:

$$A(\infty) \simeq 1 - \left(\frac{\lambda}{\mu}\right)^n \tag{10.29}$$

EXEMPLO 10.6

Considere dois componentes, $i = 1$ e 2, idênticos, apresentando uma razão entre as taxas de reparos e falhas dada por $\frac{\mu}{\lambda} = 100$. Deseja-se determinar as disponibilidades assintóticas para (i) cada componente individual; (ii) um arranjo em série contendo os dois componentes; e (iii) um arranjo em paralelo contendo os dois componentes.

Solução:

(i) Por serem idênticos, os dois componentes apresentam a mesma disponibilidade assintótica. Como $\mu = 100\lambda$, essa disponibilidade é dada pela Equação (10.24):

$$A_i(\infty) = \frac{\mu}{(\mu + \lambda)} = \frac{100\lambda}{(100\lambda + \lambda)} = 0{,}99 \text{, para } i = 1 \text{ e } 2$$

(ii) Para um arranjo em série dos dois componentes, obtém-se a disponibilidade assintótica através da Equação (10.25):

$$A(\infty) = \left(\frac{\mu}{\mu + \lambda}\right)^2 = (0,99)^2 = 0,98$$

(ii) Para um arranjo em paralelo dos dois componentes, obtém-se a disponibilidade assintótica através da Equação (10.28):

$$A(\infty) = 1 - \left(\frac{\lambda}{\lambda + \mu}\right)^2 = 1 - \left(\frac{1}{1 + 100}\right)^2 = 0,9999$$

Como esperado, a disponibilidade de um sistema em paralelo é maior do que aquela de um sistema em série, considerando um mesmo número de componentes idênticos.

10.5. APLICAÇÃO DO CONCEITO DE DISPONIBILIDADE EM UM PROBLEMA DE MANUTENÇÃO PREVENTIVA

A principal função de um programa de manutenção e inspeção preventiva é controlar o estado e garantir a disponibilidade em um equipamento ou sistema. Nesse contexto, uma questão-chave é identificar a frequência ótima de realização de manutenções preventivas, trocas e inspeções (MPTIs). Para equacionar esse problema, diversos modelos analíticos de otimização foram propostos. O problema de MPTI é claramente um problema de otimização, já que o aumento na frequência das incursões de manutenção preventiva sobre o sistema aumenta o custo total de manutenção, mas diminui o custo devido à parada do sistema (e vice-versa). Os modelos analíticos existentes procuram equacionar *trade-offs* dessa natureza. Nesta seção, apresenta-se o problema da determinação da melhor política de MPTI considerando uma manutenção com intervalos constantes de reposição, um dos modelos mais simples e mais utilizados na prática. Essa política de MPTI será designada por PRIC (política de reposição com intervalo constante).

Em uma PRIC, dois tipos de ações são executados: (i) reposição preventiva de componentes em intervalos fixos de tempo, independente de sua idade; e (ii) reposição corretiva mediante falha de componentes. O objetivo é determinar os parâmetros da política de MPTI que minimiza o custo médio total de reposição por unidade de tempo, através da seguinte função objetivo:

$c(t_p)$ = Custo médio total no intervalo $(0, t_p]$ / Duração média do intervalo   (10.30)

onde $c(t_p)$ é o custo médio total por unidade de tempo, dado como função de t_p, o tempo até a realização da reposição preventiva. O custo médio total no intervalo

$(0, t_p]$ é a soma dos custos médios de reposições corretivas e o custo da reposição preventiva. Durante o intervalo, uma reposição preventiva é realizada, a um custo c_p, e $\Lambda(t_p)$ reposições corretivas são realizadas, a um custo de c_f cada. $\Lambda(t_p)$ pode ser obtido utilizando a Equação (10.3). A duração média do intervalo é t_p. Com essas informações, reescreve-se a Equação (10.30) como:

$$c(t_p) = \left[c_p + c_f \Lambda(t_p) \right] / t_p \qquad (10.31)$$

EXEMPLO 10.7

O seguinte exemplo foi proposto por Elsayed (1996). Um componente de trens de pouso de aviões comerciais apresenta falhas segundo uma distribuição normal com média de 1.000.000 ciclos e desvio-padrão de 100.000 ciclos. O custo de cada reposição preventiva é \$50, e o custo de cada reposição corretiva é \$100. Considere reposições preventivas possíveis de serem realizadas em intervalos de 100.000 ciclos e determine o intervalo ótimo da reposição preventiva.

Solução:

O exemplo demanda a determinação da função $\Lambda(t_p)$ para tempos até falha normalmente distribuídos, o que pode ser feito através de métodos numéricos ou utilizando aproximações. Pode-se demonstrar, através de uma aproximação da função de renovação para tempos discretos (o que se aplica ao exemplo, pois os intervalos de realização das manutenções são discretos), que a função $\Lambda(t_p)$, avaliada nos intervalos $t_p = 100.000, 200.000,..., 1.000.000$, fornece os resultados na tabela:

t_p	$\Lambda(t_p)$	$c(t_p)$	t_p	$\Lambda(t_p)$	$c(t_p)$	t_p	$\Lambda(t_p)$	$c(t_p)$
100000	0	0,000500	500000	0	0,000100	900000	0,15875	0,000073
200000	0	0,000250	600000	0	0,000083	1000000	0,50005	0,000100
300000	0	0,000166	700000	0,0014	0,000072			
400000	0	0,000125	800000	0,00275	0,000063*			

Tabela Exemplo 10.7

O componente apresenta um número insignificante de falhas esperadas até 600.000 ciclos. A tabela também apresenta os custos associados a cada valor de t_p, obtidos a partir da Equação (10.31). O intervalo ótimo de realização da manutenção preventiva é de 800.000 ciclos.

QUESTÕES

1) Um torno mecânico tem um taxa de falha constate igual a 0,05 falha por dia. O seu tempo até reparo pode ser considerado desprezível. Sabendo que o torno trabalha 300 dias por ano, determine o número de renovações em um ano.

2) Os tempos entre renovações de um brunidor são distribuídos exponencialmente, sendo o tempo médio igual a 40 dias. Considere $R = 0$ para determinar o número de falhas por mês dessa máquina.

3) Sabendo que o MTTF de um torno é igual a 45 dias, e o seu MTTR é igual a 1,5 dia, determine sua disponibilidade.

4) Considere o torno do exercício anterior. Determine sua disponibilidade média no intervalo (0,27] e sua disponibilidade média assintótica nesse mesmo intervalo.

5) A tabela a seguir lista dados de 15 falhas (em dias) de um equipamento. Determine a disponibilidade deste equipamento.

Falha	Tempo até falha	Tempo até reparo
1	7,1	0,3
2	4,8	0,5
3	16,8	1,2
4	22,4	0,8
5	17,3	0,9
6	6,5	1,5
7	15,2	0,2
8	12,2	0,6
9	3,0	0,3
10	18,2	0,8
11	29,9	2,4
12	13,4	1,1
13	10,2	0,6
14	5,7	3,8
15	2,9	0,4

6) Supondo que as duas distribuições do exercício anterior sejam exponenciais, determine o número esperado de falhas em um mês.

7) Um equipamento apresenta tempo até falha e tempo até reparo distribuídos exponencialmente, e dados, respectivamente, por:

$w(t) = 0,025e^{-0,025t}$

$g(t) = 0,8e^{-0,8t}$

Calcule o número esperado de falhas e a disponibilidade do equipamento no instante $t = 90$ dias e a sua disponibilidade assintótica.

8) Para o equipamento do exercício anterior, determine a disponibilidade média e qual o número de falhas esperado nesse mesmo intervalo.

9) Três equipamentos idênticos estão arranjados em série e apresentam o tempo médio até a falha 20 vezes maior que o tempo médio até reparo. Calcule a disponibilidade assintótica do sistema.

10) Se os equipamentos do exercício anterior estivessem em paralelo, qual seria a disponibilidade assintótica?

11) Determine a disponibilidade de um sistema composto por oito máquinas iguais. As máquinas apresentam $\mu = 0,8$ e $\lambda = 45$ e estão distribuídas em um sistema série-paralelo com $n = 2$ e $m = 4$.

12) Três equipamentos em série apresentam tempo até falha e tempo até reparo seguindo uma distribuição exponencial. Seus MTTF e MTTR (em dias) são dados na tabela a seguir:

Equipamento	MTTF	MTTR
1	60	1
2	45	2,5
3	80	4

Calcule a disponibilidade assintótica desse sistema.

13) Considere que os equipamentos do exercício anterior estejam em paralelo. Determine a disponibilidade para essa disposição.

14) As falhas de um equipamento seguem uma distribuição exponencial, com um MTTF igual a 120 dias. Considerando que a manutenção preventiva custa $75,00 e as reposições corretivas custam $112,00, calcule o custo médio total em um intervalo de 30 dias.

15) Considere um equipamento com taxa de falha constante igual a 0,4 falha por dia. Sabendo que a manutenção preventiva tem um custo de $12,00 e o custo médio total num intervalo de 1.500 dias é $5,00. Calcule o custo médio da manutenção corretiva.

Capítulo 11

FMEA E FTA

CONCEITOS APRESENTADOS NESTE CAPÍTULO

Este capítulo apresenta as técnicas de FMEA e FTA. Após uma breve introdução, a FMEA de projeto e a FMEA de processo são apresentadas. O material referente a FMEA baseia-se na QS-9000 (2005) e é enriquecido com comentários e observações oriundas da experiência prática dos autores no uso dessas técnicas. Em seguida, é feita a apresentação da FTA, indicando seus passos e formulário de cálculo. O capítulo é finalizado discutindo-se o uso conjunto dessas técnicas e estabelecendo procedimentos para a implantação de programas de FMEA e FTA.

11.1. INTRODUÇÃO

A garantia da qualidade exige excelência em projeto e excelência em processos. A excelência em projeto implica potencial para a qualidade. A excelência em processo transforma esse potencial em qualidade real. Como será visto neste capítulo, FMEA e FTA são técnicas que auxiliam na busca por excelência em projeto e processo.

A FMEA (*Failure Mode and Effects Analysis* ou Análise dos Modos e Efeitos de Falha) é uma técnica de confiabilidade que tem como objetivos: (i) reconhecer e avaliar as falhas potenciais que podem surgir em um produto ou processo, (ii) identificar ações que possam eliminar ou reduzir a chance de ocorrência dessas falhas, e (iii) documentar o estudo, criando um referencial técnico que possa auxiliar em revisões e desenvolvimentos futuros do projeto ou processo.

A FTA (*Failure Tree Analysis* ou Análise de Árvores de Falha) é uma técnica de confiabilidade que tem como objetivos: (i) partindo de um evento de topo, indesejável, identificar todas as combinações de causas que podem originá-lo; (ii) estudar a probabilidade de ocorrência dessas causas, e em função disso, do evento de topo; (iii) priorizar ações que visam bloquear essas causas.

É importante entender que os engenheiros sempre analisaram os seus produtos e processos usando um raciocínio similar àquele da FMEA e FTA. Contudo, essas formas de raciocínio consolidaram-se como técnica a partir da década de 1960, quando ocorreram as primeiras aplicações na indústria aeronáutica. Atualmente, o comprometimento das empresas dos diversos segmentos com a melhoria contínua de seus produtos e processos torna fundamental a aplicação regular de técnicas como FMEA e FTA.

Essas técnicas revelam os pontos fracos do sistema e, assim, fornecem subsídios para as atividades de melhoria contínua. FMEA e FTA têm a vantagem de sistematizarem o diagnóstico de produtos e processos. Essas técnicas auxiliam a detectar e eliminar possíveis ocorrências de falha e fornecem uma hierarquia de prioridades para as ações.

A aplicação da FMEA e FTA ocorre em equipes multifuncionais. A responsabilidade pela condução de um estudo de FMEA e FTA deve ser delegada a um indivíduo, mas o estudo em si deve ser feito por uma equipe. Em geral, a equipe deve conter engenheiros com conhecimento de projeto, desenvolvimento de fornecedores, manufatura, qualidade, confiabilidade, vendas e assistência técnica.

Um fator importante para o sucesso dos programas de FMEA e FTA é a localização temporal dos estudos. Sempre que possível, os estudos devem ser feitos *antes do evento*, e não *após a ocorrência da falha*. Os estudos de FMEA e FTA têm muito maior valor agregado quando são executados antes que um modo potencial de falha tenha sido inadvertidamente incorporado ao projeto ou processo. A aplicação de FMEA ou FTA nas fases iniciais do projeto permite que eventuais mudanças sejam implementadas com maior facilidade, bloqueando crises futuras. Além disso, os estudos de FMEA e FTA reduzem a possibilidade de implementar alterações que venham a criar problemas no futuro.

Idealmente, os estudos de FMEA e FTA têm uma natureza cíclica, acompanhando as atividades de melhoria contínua de produtos e processos. O mundo atual é caracterizado por inovações que acontecem com frequência crescente. Novas especificações, novos materiais, novas tecnologias surgem dia a dia. Num ambiente como esse, em que mudança e evolução passam a ser regras, técnicas como FMEA e FTA tornam-se ainda mais importantes.

11.2. FMEA DE PROJETO

A FMEA de projeto é uma técnica analítica utilizada pela equipe ou engenheiro de projeto como um meio para assegurar que os modos potenciais de falha e seus respectivos efeitos e causas serão considerados e suficientemente discutidos.

Em estudos de FMEA de projeto, o produto final, seus subsistemas e componentes são detalhadamente analisados. De certa forma, o estudo de FMEA é um resumo dos pensamentos da equipe de projeto, e inclui a análise dos itens que podem dar errado, baseado na experiência dos engenheiros

Trata-se de um enfoque sistemático, que formaliza e documenta o raciocínio da equipe ao longo das etapas do projeto. A FMEA de projeto auxilia a reduzir os riscos de falha, uma vez que ajuda na avaliação objetiva dos requerimentos de projeto, ampliando a probabilidade de que todos os modos potenciais de falha e seus respectivos efeitos serão analisados.

Entre as vantagens do uso da FMEA reportadas na literatura, encontram-se:

- Ajuda na avaliação objetiva das alternativas de projeto.
- Aumenta o conhecimento de todos os engenheiros em relação aos aspectos importantes da qualidade/confiabilidade do produto.
- Prioriza os aspectos relativos à qualidade/confiabilidade do produto, estabelecendo uma ordem para as ações de melhoria.
- Promove alterações no projeto que facilitam a manufatura e montagem.
- Fornece um formato aberto de análise, que permite rastrear as recomendações e ações associadas com a redução de risco.
- Fornece um referencial que auxilia na avaliação e implementação de futuras alterações ou desenvolvimentos em cima do projeto base.

O usuário final é o principal cliente da FMEA de projeto, uma vez que ele poderá tirar vantagem de um produto mais confiável, livre de falhas previsíveis. No entanto, em uma FMEA de projeto, o cliente não é apenas o usuário final. Também são clientes os projetistas dos subsistemas que interagem com aquele que está sendo analisado e os engenheiros responsáveis pela manufatura, montagem ou assistência técnica do item em estudo.

Quando implantado em forma completa, o programa de FMEA exige uma FMEA de projeto para cada novo componente, alteração de componente, alteração de função para o componente ou alteração de condição de uso do componente.

No início do estudo de FMEA, o engenheiro responsável deve envolver ativamente na análise representantes de todas as áreas afetadas. Em geral, isso irá envolver engenheiros de materiais, manufatura, montagem, qualidade e assistência técnica. Além disso, é recomendado o envolvimento dos projetistas responsáveis pelo desenho de outros itens que interagem com aquele em estudo. Por exemplo, no estudo de um motor que vai sobre um chassi, o projetista do chassi deve estar presente.

Além de ser uma atividade formal, muitas vezes exigida em contratos, a FMEA deve ser um catalisador para estimular o intercâmbio de ideias entre os setores envolvidos no projeto. A FMEA de projeto é um documento que deve ser iniciado logo após o esboço do produto, e então ser continuamente atualizado, à medida que alterações ou informações adicionais sejam incorporadas. Fundamentalmente, a FMEA só é completada quando se encerra o ciclo de vida do produto.

A FMEA de projeto considera que a manufatura e a montagem irão atender aos requisitos do projeto. Modos de falha que podem ser agregados durante a manufatura e a montagem não devem ser incluídos na FMEA de projeto. A identificação, o efeito e o controle dos modos de falha associados com a manufatura e a montagem são cobertos pela *FMEA de processo*.

No entanto, a FMEA de projeto não deve basear-se em controle do processo para superar deficiências no projeto. Em vez disso, deve enfatizar a melhoria contínua do projeto, considerando os limites tecnológicos dos processos implantados, que podem envolver limitações referentes ao acabamento superficial, limitações referentes à dureza e resistência dos materiais, dimensões das ferramentas de usinagem e capabilidade dos processos de manufatura.

11.2.1. DESENVOLVIMENTO DA FMEA DE PROJETO

Inicialmente, o engenheiro responsável pela condução do estudo de FMEA deve reunir a equipe de trabalho. Conforme mencionado anteriormente, a equipe deve conter participantes com conhecimento das diversas áreas envolvidas (materiais, manufatura, montagem, qualidade, manutenção, assistência técnica etc.). Além do conhecimento técnico, também é desejável que os participantes tenham habilidade para trabalhar em equipe. Na Seção 11.7.2, há um resumo das principais habilidades necessárias ao trabalho em equipe.

Paralelamente à formação da equipe, o engenheiro responsável deve reunir os documentos que servirão de suporte ao desenvolvimento da FMEA. Há muitos documentos à disposição dos engenheiros que são úteis no preparo da FMEA de projeto. Entre os documentos usualmente pertinentes, além do próprio projeto, podem ser citados: relatórios descrevendo demandas ou reclamações de clientes, relatórios referentes ao desempenho da concorrência, dados da assistência técnica, normas aplicáveis ao projeto em questão, sumários dos equipamentos disponíveis e respectiva capabilidade etc.

O estudo propriamente dito deve se iniciar listando as características que o projeto deve satisfazer e aquelas que ele não precisa satisfazer. Quanto melhor a definição das características desejadas, mais fácil será identificar os modos potenciais de falha e as possíveis ações corretivas. Logo de início, o diagrama de bloco do item em estudo deve ser desenhado. O diagrama deve indicar as relações físicas e funcionais entre os elementos que compõem o item em estudo, homogeneizando terminologia, facilitando a visualização das interfaces e as discussões técnicas.

11.2.2. A PLANILHA DE FMEA DE PROJETO

Uma vez reunida a equipe, os documentos de suporte e o diagrama de bloco, a análise de FMEA, fisicamente caracterizada pelo preenchimento da tabela de FMEA, pode iniciar. A tabela de FMEA é usada para facilitar e documentar o estudo. Os campos da tabela são descritos a seguir.

Cabeçalho

O cabeçalho é particular de cada empresa. Em geral, contém o número da FMEA, a identificação do item, o modelo ao qual ele corresponde, o departamento responsável pelo estudo, os dados do coordenador do estudo, os dados dos participantes e a data do documento. Aproveitando os recursos computacionais disponíveis, essas informações devem ser registradas em um banco de dados, de forma a facilitar a busca avançada de documentos (utilizando filtros que permitam a seleção por item, por setor, por data etc.).

O número do documento usualmente utiliza um código alfanumérico próprio da empresa, o qual é usado para efeitos de arquivamento e rastreabilidade. A identificação do item esclarece o componente ou subsistema ou sistema em estudo. O modelo/ano indica quais versões do produto irão utilizar o projeto em análise. O departamento corresponde ao setor, seção ou grupo responsável pelo estudo. Os dados do coordenador e demais participantes em geral englobam nome, telefone e endereço eletrônico. A data do documento esclarece quando ele foi iniciado, quando foi a última revisão e qual a data limite para ele ser concluído.

Item/Função

Após o preenchimento do cabeçalho, inicia-se o preenchimento das colunas da planilha de FMEA. A FMEA de projeto irá desdobrar o item em análise em todos seus componentes. Assim, as primeiras colunas compreendem a especificação do item e sua função. Isso pode exigir, por exemplo, quatro colunas: (i) subsistema, (ii) conjunto, (iii) componente, (iv) função. Deve ser utilizada a mesma terminologia empregada no projeto.

No que concerne à descrição da função, é importante ser tão concisa quanto possível. Se um item tem mais de uma função, que provavelmente estarão associadas com diferentes modos de falha, então devem ser listadas cada uma dessas funções separadamente. A descrição correta das funções do item auxilia nas etapas subsequentes de identificação de falha, uma vez que as falhas estão associadas ao não-cumprimento das funções especificadas.

Recomenda-se que as colunas referentes ao item ou função sejam completamente preenchidas antes de dar sequência ao estudo. Isso permite que a equipe de

FMEA visualize todo o projeto em análise, facilitando seu entendimento e identificação das interfaces. Nesse sentido, a lista dos itens não deve ter uma sequência aleatória, mas sim a sequência estabelecida no diagrama de blocos, em que os itens que estão conectados são apresentados um após o outro. Isso irá facilitar as discussões técnicas.

Modos potenciais de falha

Neste momento inicia o trabalho técnico propriamente dito. Os participantes da equipe analisam o primeiro item e indicam modos de falha potenciais. O modo potencial de falha é definido como a maneira com que um item pode falhar em atender aos requisitos do projeto. Devem ser listados todos os modos potenciais de falha pertinentes a cada item ou função. Qualquer modo de falha cuja probabilidade de ocorrência não for praticamente nula deve ser listado. A relação deve conter inclusive aqueles modos de falha que só ocorrem em certas situações (por exemplo, na condição de temperatura muito baixa ou terreno esburacado).

É importante entender que aquilo que está sendo indicado como modo potencial de falha do item em estudo pode ser a causa de um modo de falha em um subsistema de hierarquia superior ou o efeito de um modo de falha em um subsistema de hierarquia inferior. A questão do que é causa, modo de falha ou efeito fica esclarecida quando é definido o item que está sendo analisado. Por exemplo, a deformação da haste é modo de falha da haste (pode ser efeito de um problema no amortecedor e pode ser a causa do rompimento do garfo).

A lista de modos potenciais de falha é construída com base na experiência da equipe, usualmente fruto da interação entre os participantes, conduzida em um ambiente de *brainstorming*, em que todos podem se manifestar. Como ponto de partida, pode-se usar aquilo que deu errado no passado, em aplicações similares. Adicionalmente, dados da assistência técnica e reclamação de clientes costumam ser fontes importantes de informação.

Modos de falha típicos são: fissura, deformação, vazamento, curto-circuito, fratura, oxidação, afrouxamento etc. Os modos de falha devem ser descritos em termos técnicos (não em forma de voz do cliente), uma vez que serão analisados pela equipe técnica.

Efeitos potenciais de falha

Os efeitos potenciais de falha são definidos como aqueles defeitos, resultantes dos modos de falha, conforme seriam percebidos pelo cliente. Em geral, a cada modo de falha corresponde um efeito. Contudo, pode haver exceções, em que um modo de falha provoca mais de um efeito. O efeito deve ser descrito em função daquilo que o cliente pode observar ou experimentar, lembrando que o cliente pode ser interno ou externo.

Os efeitos devem ser estabelecidos em termos do item específico que está sendo analisado. Conforme mencionado, existe uma relação de hierarquia entre os componentes. Por exemplo, o componente 1 pode quebrar por fratura, o que vai causar afrouxamento no componente 2, resultando em operação intermitente do sistema. A operação intermitente significa uma queda de desempenho e leva à insatisfação do cliente. Se o foco do estudo é o componente 2, então afrouxamento é o modo de falha, e operação intermitente (percebida pelo usuário) é o efeito do modo de falha.

Típicos efeitos potenciais de falha são: ruído, aspecto desagradável, vibração, folga, operação intermitente, falta de operação, odor desagradável etc.

Severidade (S)

Neste item é feita uma avaliação qualitativa da severidade do efeito listado na coluna anterior. Vale observar que, uma vez que a FMEA utiliza avaliações qualitativas, o estudo pode ser realizado mesmo na ausência de medições ou análises matemáticas mais aprofundadas. Esse é um dos motivos da ampla utilização da FMEA em diferentes segmentos industriais.

A severidade é medida por uma escala de 1 a 10, onde 1 significa efeito pouco severo e 10 significa efeito muito severo. A severidade aplica-se exclusivamente ao efeito. A equipe de FMEA deve chegar a um consenso a respeito do critério a ser utilizado e, então, usá-lo consistentemente. Sugere-se o uso do critério apresentado na Tabela 11.1.

Severidade do efeito		Escala
Muito alta	Quando compromete a segurança da operação ou envolve infração	10
	a regulamentos governamentais	9
Alta	Quando provoca alta insatisfação do cliente, por exemplo, um	8
	veículo ou aparelho que não opera, sem comprometer a segurança	7
	ou implicar infração	
Moderada	Quando provoca alguma insatisfação, devido à queda do desem-	6
	penho ou mau funcionamento de partes do sistema	5
Baixa	Quando provoca uma leve insatisfação, o cliente observa apenas	4
	uma leve deterioração ou queda no desempenho	3
Mínima	Falha que afeta minimamente o desempenho do sistema, e a	2
	maioria dos clientes talvez nem mesmo note sua ocorrência	1

Tabela 11.1: Sugestão de escala para avaliação dos efeitos dos modos de falha.

Classificação

Esta coluna pode ser usada para classificar qualquer característica do item que possa requerer um controle especial. Entre as possíveis classificações, podem aparecer: crítico para segurança, crítico para qualidade, alterada a função, alterada a condição de uso, itens novos (desenho / material) etc.

Aproveitando os recursos de planilhas eletrônicas, a coluna de classificação pode ser usada como filtro para selecionar apenas um grupo de itens. Por exemplo, a equipe pode filtrar os itens que são críticos para a segurança e empreender uma análise mais detalhada desse grupo.

Causas/Mecanismos potenciais de falha

Esta é uma das etapas mais importantes do estudo, na qual se busca identificar a raiz do problema. Vale observar que a FMEA apoia-se no conhecimento da equipe, portanto, a qualidade análise é proporcional ao conhecimento acumulado pela equipe. Dois aspectos contribuem para a FMEA gerar resultados consistentes: (i) o trabalho em equipe, que permite somar conhecimentos, e (ii) o trabalho sistemático, que contribui para garantir que todos os elementos serão considerados.

A causa potencial de falha pode ser entendida como uma deficiência no projeto, cuja consequência é o modo de falha. Na medida do possível, devem ser listadas todas as causas/mecanismos de falha cuja probabilidade de ocorrência não seja praticamente nula.

É importante listar as causas/mecanismos de forma concisa e completa, de modo a facilitar os esforços de correção ou melhoria do projeto. Causas de falha típicas são: especificação incorreta de material, vida útil inadequada, sobrecarga, lubrificação insuficiente, proteção insuficiente ao ambiente, algoritmo incompleto ou incorreto etc. Enquanto mecanismos de falha típicos, podem ser citados: fadiga, escoamento, instabilidade elástica, deformação lenta, desgaste, corrosão, fusão etc.

Ocorrência (O)

A ocorrência relaciona-se com a probabilidade que uma causa ou mecanismo listado anteriormente venha a ocorrer. Em geral, para reduzir a probabilidade de ocorrência da causa ou mecanismo, é necessário que se façam alterações no projeto.

A avaliação da ocorrência também é feita usando-se uma escala qualitativa de 1 a 10. O critério usado na definição da escala deve ser consistente, para assegurar continuidade nos estudos. A escala relaciona-se com a taxa de falha, mas não é diretamente proporcional a esta última. A Tabela 11.2 apresenta o critério de avaliação sugerido.

Ocorrência de falha	Taxa de falha		Escala
Muito alta	Falhas quase inevitáveis	100/1000	10
		50/1000	9
Alta	Falhas ocorrem com frequência	20/1000	8
		10/1000	7
Moderada	Falhas ocasionais	5/1000	6
		2/1000	5
		1/1000	4
Baixa	Falhas raramente ocorrem	0,5/1000	3
		0,1/1000	2
Mínima	Falhas muito improváveis	0,01/1000	1

Tabela 11.2: Sugestão de escala para avaliação da ocorrência da causa de falha em projetos.

No caso em que dados quantitativos estão disponíveis (dados de campo ou resultados de uma análise de engenharia numérica/experimental), a seguinte fórmula reproduz aproximadamente os valores de ocorrência (expressos na escala 0 a 10) a partir da taxa de falha estimada:

Ocorrência = (Taxa de Falha / 0,000001)^{0,20}

No caso em que dados quantitativos não estão disponíveis, a equipe deve avaliar qualitativamente a ocorrência. Para fazer essa avaliação, as seguintes questões são pertinentes:

- Qual a experiência de campo com componentes ou subsistemas similares?
- Quão pronunciadas são as alterações neste componente/subsistema comparado com a versão anterior?
- Trata-se de um componente radicalmente diferente ou completamente novo?
- Mudou a aplicação para o componente?
- Mudaram as condições de uso?

Sempre que a resposta for positiva a alguma dessas questões, significa que há maiores incertezas envolvidas e, portanto, a equipe deve atribuir maiores valores para a possibilidade de ocorrência da causa do modo de falha.

Controles de prevenção e detecção

Nesta etapa, a equipe deve listar as atividades de validação, verificação ou prevenção que estão planejadas. Devem ser consideradas as atividades que podem assegurar a robustez do projeto ao modo de falha ou a causa de falha em análise.

Os controles atuais são aqueles que foram ou estão sendo aplicados a projetos similares. Controles usuais envolvem estudos matemáticos, estudos de laboratório, testes com protótipos, revisões formais de projeto etc. As escalas para ocorrência e detecção devem ser baseadas nesses controles, dado que os modelos ou protótipos em uso sejam representativos do projeto.

É recomendado utilizar duas colunas para o registro dos controles atuais. Uma delas é para indicar eventuais controles de prevenção, que correspondem àqueles que podem efetivamente reduzir a ocorrência da causa ou modo de falha. A segunda coluna deve ser usada para indicar controles de detecção, que não afetam a probabilidade de ocorrência, mas detectam o problema antes de o item ser liberado para produção. Vale observar que os controles de prevenção influenciam a ocorrência. Logo, os valores indicados para ocorrência deveriam ser confirmados após o preenchimento da coluna correspondente aos controles de prevenção.

Se qualquer outro controle específico, que a empresa não utiliza ou cuja utilização não estava prevista, for necessário, como pode ser o caso para um projeto radicalmente novo, ele deve ser listado na coluna de *ações recomendadas*.

Detecção (D)

A detecção refere-se a uma estimativa da habilidade dos controles atuais em detectar causas ou modos potenciais de falha antes de o componente ou subsistema ser liberado para produção. Também é usada uma escala qualitativa de 1 a 10, onde 1 representa uma situação favorável (modo de falha será detectado) e 10 representa uma situação desfavorável (modo de falha, caso existente, não será detectado).

Para reduzir a pontuação, é necessário melhorar o programa de validação/verificação do projeto (PVP). Como sempre, o critério de avaliação deve ser definido por consenso e, então, utilizado com consistência. Sugere-se a utilização do critério apresentado na Tabela 11.3.

Possibilidade de detecção		Escala
Muito Remota	O PVP não irá detectar esse modo de falha, ou não existe PVP	10
Remota	O PVP provavelmente não irá detectar esse modo de falha	9
		8
Baixa	Há uma baixa probabilidade de o PVP detectar o modo de falha	7
		6
Moderada	O PVP pode detectar o modo de falha	5
		4
Alta	Há uma alta probabilidade de o PVP detectar o modo de falha	3
		2
Muito Alta	É quase certo que o PVP irá detectar esse modo de falha	1

Tabela 11.3: Sugestão de escala para avaliação da detecção em projetos.

Risco (R)

O risco (R) é calculado para priorizar as ações de correção e melhoria do projeto. No cálculo do risco leva-se em conta a severidade, ocorrência e detecção. A fórmula em geral empregada para a avaliação do risco é a multiplicação simples desses três itens, conforme segue:

$$R = S \times O \times D$$

Como pode ser visto, o risco cresce à medida que cresce a severidade, a probabilidade de ocorrência e a probabilidade de não detecção. O valor do risco pode variar entre 1 e 1.000, e a equipe deve deslocar sua atenção e concentrar seus esforços naqueles itens em que o risco é maior.

É importante entender que o valor de risco não segue um comportamento linear. Isso acontece por dois motivos: primeiro, trata-se de um produto (o resultado cresce geometricamente à medida que crescem os valores das parcelas) e, segundo, a escala utilizada para avaliar ocorrência é claramente não linear. Assim, o valor médio de Risco, correspondente a uma situação intermediária de severidade, ocorrência e detecção, não é 500, mas $5 \times 5 \times 5 = 125$. Isso faz com que, em muitas aplicações, o valor de Risco = 80 ou 100 seja utilizado como limite para disparar ações de correção do projeto. Contudo, sabendo que diferentes equipes podem ser mais ou menos rigorosas na avaliação de severidade, ocorrência e detecção, pode ser mais prudente utilizar o princípio de Pareto, atuando nos itens que apresentam maior risco, independentemente do valor absoluto obtido.

Outro ponto a ser considerado é que se pode obter o mesmo valor de risco para diferentes combinações das parcelas. Existe um consenso na literatura que, para um mesmo valor de risco, é mais grave a situação em que a severidade é maior, seguida da situação em que a probabilidade de não detecção é maior. Também é consenso na literatura que a avaliação de risco pode ser aprimorada se existirem informações quantitativas mais precisas. Uma abordagem mais consistente envolveria o cálculo do risco financeiro, calculado como:

Risco Financeiro = Perda Financeira × Probabilidade de Ocorrência × Probabilidade de não Detecção

Nesse caso, a perda financeira corresponde ao prejuízo associado à ocorrência do modo de falha, que pode implicar substituição de um pequeno componente ou grandes indenizações oriundas de prejuízos materiais, ambientais ou humanos. Já a probabilidade de ocorrência e a probabilidade de não-detecção devem ser expressas percentualmente, enquanto probabilidades concretas.

Entretanto, na maioria das aplicações, essas informações mais precisas referentes a perdas financeiras e probabilidades não estão disponíveis ou demandariam muito tempo para serem reunidas. Então, a avaliação qualitativa obtida a partir do produto S × O × D permite uma apreciação aproximada de risco, suficiente para fins de análise e revisão do projeto.

Ações recomendadas

As ações recomendadas devem se dirigir aos itens com maior risco. As ações recomendadas devem ser de tal natureza que reduzam a severidade do efeito, a probabilidade de ocorrência ou a probabilidade de não-detecção.

Alterações no projeto podem reduzir a severidade do efeito ou a probabilidade de ocorrência do modo de falha, enquanto ações dirigidas às etapas de verificação/validação do projeto, em geral, podem reduzir somente a probabilidade de não-detecção da causa ou modo de falha.

As ações recomendadas podem contemplar revisão do desenho de partes do projeto, revisão de especificações de materiais, revisão de planos de teste, uso de Projeto de experimentos para otimizar parâmetros do projeto, especialmente quando múltiplas causas iterativas estão presentes.

Se nenhuma ação é recomendada para uma causa específica, assinala-se na coluna de ações recomendadas "NENHUMA". Isso evidencia que o problema foi analisado, mas, como o risco resultou em um valor baixo, a equipe entendeu que não é necessária nenhuma alteração no projeto.

Objetivamente, as ações recomendadas representam o que será corrigido e melhorado no projeto. Assim, elas constituem o principal resultado da FMEA. Elas são descritas sucintamente na planilha da FMEA, mas, sempre que necessário, devem ser detalhadas em documentos suplementares e devem receber acompanhamento para assegurar que sejam efetivas no esforço de melhoria do produto.

Responsável e data (para a ação)

Nessa coluna, indica-se o indivíduo responsável pela ação recomendada, assim como a data-alvo para se completar a tarefa. Usualmente, a tarefa será realizada por um grupo ou setor, mas recomenda-se a indicação de um indivíduo como responsável, para facilitar a comunicação e cobrança de resultados.

Como pode ser visto, a tabela da FMEA responde às questões 5W1H: O que, Quem, Quando, Onde, Por que e Como. "O que" está descrito na coluna da ação; "Quem" e "Quando" aparecem nessa coluna de responsável e data; "Onde" está especificado no item em análise (subsistema, conjunto, componente); "Por que" está especificado nas colunas de causa, modo e efeito de falha e, finalmente, "Como" deve estar especificado em documentos suplementares que detalham a ação a ser feita.

Ações efetuadas

Nessa coluna, entra-se com uma breve descrição das ações de correção e melhoria efetivamente implantadas e com a correspondente data da implantação. Algumas vezes, não é possível realizar aquilo que foi idealizado na FMEA. Outras vezes, no esforço de correção e melhoria, os envolvidos percebem outros aspectos que podem ser aprimorados e vão além das recomendações da FMEA. Em qualquer caso, é importante registrar o que foi efetivamente feito, mantendo a FMEA atualizada no que concerne às modificações de projeto.

Risco resultante (R)

Depois que as ações corretivas tiverem sido identificadas, mas antes de serem efetuadas, faz-se uma estimativa da situação futura para severidade, ocorrência e detecção. As ações listadas devem influenciar uma ou mais parcelas, reduzindo o Risco. A redução deve ser suficiente para incluir o item na condição de risco aceitável. Se esse não for o caso, as ações devem ser reformuladas, de modo que alcancem o efeito desejado.

Se nenhuma ação é prevista, essas últimas colunas permanecem em branco.

Ao final, após o registro das ações efetivamente realizadas, os riscos resultantes devem ser novamente analisados e, se ações adicionais forem consideradas necessárias, os passos 12 a 15 devem ser repetidos.

A Figura 11.1 apresenta um exemplo de FMEA de projeto, associada ao estudo de um chicote elétrico que leva energia do motor de partida para o sistema de iluminação de um veículo automotor. Por questão de espaço, as colunas classificação, responsável, ações efetuadas e risco resultante foram omitidas.

(2) Item / Função	(3) Modo potencial de falha	(4) Efeito	(5) S	(7) Causa	(8) O	(9) Controles de prevenção	(9) Controles de detecção	(10) D	(11) R	(12) Ação recomendada
Chicote do alternador	Circuito interrompido	Sistema de iluminação não opera	8	Rompimento de fios durante a montagem (por falha de projeto)	5	Treinamento	Teste de funcionabilidade	3	120	Ampliar o uso de tubos corrugados para proteção de cantos metálicos
Levar energia do motor de partida para o alternador e caixa de fusíveis	Curto-circuito	Pane nos instrumentos do painel	8	Exposição de fios desencapados às partes metálicas da carroceria	5	Treinamento	Teste de funcionabilidade	4	160	Ampliar o uso de tubos corrugados para proteção de cantos metálicos
	Circuito desconectado	Sistema de iluminação não opera	8	Falha no uso da trava de segurança	2		Teste de funcionabilidade	2	32	
			8	Oxidação de terminais	4	Desenvolvimento de fornecedores		7	224	Desenvolver dispositivo para proteger terminais de umidade e pó
	Circuito com conexão incorreta	Sistema de iluminação opera errado	8	Identificação inadequada de fios e conectores	6		Teste de funcionabilidade	5	240	Aprimorar a bancada de testes de chicote
			8	Erro no manual de montagem	2	Revisão de procedimentos	Teste de funcionabilidade	3	48	
	Circuito queimado	Sistema de iluminação não opera	10	Aquecimento demasiado dos fios por percurso incorreto	3	Revisão de projeto		3	90	
			10	Aquecimento demasiado dos fios por falta de proteção	1			7	70	

Figura 11.1: exemplo de FMEA de Projeto – estudo do chicote elétrico do sistema de iluminação de um veículo.

11.3. FMEA DE PROCESSO

A FMEA de processo é uma técnica analítica utilizada pela equipe de desenvolvimento do processo como um meio para assegurar que os modos potenciais de falha no processo e seus respectivos efeitos e causas serão considerados e suficientemente discutidos. Em estudos de FMEA de processo, todas as etapas, os procedimentos e as operações do processo são detalhadamente analisados em busca dos modos potenciais de falha.

Um aspecto importante refere-se ao entendimento de falha no âmbito da FMEA de processo. Falha no processo é definida como toda a ocorrência que pode comprometer a qualidade do produto. O estudo de FMEA é um resumo dos pensamentos da equipe responsável pelo desenvolvimento do processo, e inclui a análise dos itens que podem dar errado, baseado na experiência acumulada pela equipe.

A FMEA de processo pode ser usada tanto na análise de processos industriais como na análise de processos administrativos. Trata-se de um enfoque sistemático, que formaliza e documenta o raciocínio da equipe ao longo das etapas de planejamento e melhoria do processo.

A FMEA de processo auxilia a reduzir os riscos de falha, uma vez que ajuda na avaliação objetiva dos requerimentos do processo, ampliando a probabilidade de que todos os modos potenciais de falha e suas respectivas causas e efeitos serão analisados.

Entre as vantagens do uso da FMEA de processo reportadas na literatura, encontram-se:

* Auxilia na identificação dos parâmetros do processo a serem controlados para reduzir ou detectar a condição de falha no processo.
* Ajuda a priorizar os modos potenciais de falha, estabelecendo uma ordem para as ações de melhoria no processo.
* Auxilia na avaliação objetiva de alternativas para a manufatura ou montagem.
* Documenta os resultados do estudo, facilitando análises futuras do processo de manufatura ou montagem.
* Aumenta o conhecimento de todos os engenheiros em relação aos aspectos importantes do processo, associados com a qualidade/confiabilidade do produto.
* Estabelece um referencial que auxilia na análise e melhoria de processos similares.

O usuário final é o principal cliente da FMEA de processo, uma vez que ele poderá tirar vantagem de um produto mais confiável, livre de falhas de fabricação. No entanto, em uma FMEA de processo, o cliente não é apenas o usuário final. Também são clientes os projetistas dos itens que estão sendo processados e os engenheiros responsáveis pelo processo subsequente.

Quando implantado de forma completa, o programa de FMEA exige um FMEA de processo para cada novo processo, alteração de etapas do processo ou alteração nas condições de contorno (matérias-primas, mão-de-obra, meio ambiente, métodos, equipamentos).

No início do estudo de FMEA, o engenheiro responsável deve envolver ativamente na análise representantes de todas as áreas afetadas. Usualmente, isso irá envolver engenheiros de materiais, manufatura, montagem, qualidade e assistência técnica. Além disso, é recomendado o envolvimento dos projetistas responsáveis pelo desenho do item que será processado e dos engenheiros responsáveis pelos processos que interagem com aquele em estudo (fornecedores e clientes). Por exemplo, no estudo do processo de polimento, o responsável pela usinagem da peça (fornecedor) e o responsável pela pintura (cliente) deveriam estar presentes.

Além de ser uma atividade formal, muitas vezes exigida em contratos, a FMEA deve fomentar o intercâmbio de ideias entre os setores de projeto, manufatura e montagem. A FMEA de processo é um documento que deve ser iniciado logo após o esboço do processo, considerando todas as operações de manufatura, desde a produção dos componentes básicos até a montagem final. Ela auxilia a antecipar, resolver e monitorar preocupações potenciais associadas com a confiabilidade do processo e deve ser continuamente atualizada, acompanhando o ciclo de melhoria contínua (alterações) no processo.

A FMEA de processo considera que a produção do item de acordo com o projeto irá atender aos requisitos do cliente. Falhas associadas com deficiências de projeto não devem ser incluídas na FMEA de processo. A identificação, o efeito e o controle dos modos de falha associados com o projeto são cobertos pela FMEA de projeto. No entanto, a FMEA de processo não deve basear-se em mudanças no projeto para superar deficiências no processo.

Vale mencionar que a FMEA também pode auxiliar no desenvolvimento de novos equipamentos ou dispositivos para o processo. Nesse caso, o equipamento ou dispositivo é considerado um produto e usa-se a FMEA de projeto para analisar e desenvolver o mesmo.

11.3.1. DESENVOLVIMENTO DA FMEA DE PROCESSO

Inicialmente, o engenheiro responsável pela condução do estudo de FMEA deve reunir a equipe de trabalho. Conforme mencionado anteriormente, a equipe deve conter participantes com conhecimento das diversas áreas envolvidas (materiais, manufatura, montagem, qualidade, manutenção, assistência técnica etc.). Além do conhecimento técnico, também é desejável que os participantes tenham habilidade para trabalhar em equipe. Na Seção 11.7.2 há um resumo das principais habilidades necessárias ao trabalho em equipe.

Paralelamente à formação da equipe, o engenheiro responsável deve reunir os documentos que servirão de suporte ao desenvolvimento da FMEA de processo. Há muitos documentos à disposição dos engenheiros que são úteis no preparo da FMEA de processo. Entre os documentos usualmente pertinentes, além do próprio projeto do processo, podem ser citados: descrição das etapas do processo, manuais de treinamento e operação, manuais de segurança, resumo da capacidade e capabilidade dos equipamentos, especificações a serem atendidas, normas aplicáveis. Quanto melhor a definição das especificações a serem atendidas, mais fácil será identificar os modos potenciais de falha e as ações corretivas.

O estudo propriamente dito deve iniciar listando as características que o processo deve satisfazer e aquelas que ele não precisa satisfazer. Quanto melhor a definição das características desejadas, mais fácil será identificar os modos potenciais de falha e as possíveis ações corretivas. Logo de início, deve ser feito o desenho do fluxograma do processo, indicando o encadeamento geral das etapas do processo. Esse desenho deve esclarecer a sequência de etapas que compõem o processo, homogeneizando terminologia, facilitando a visualização das interfaces e as discussões técnicas.

11.3.2. A PLANILHA DE FMEA DE PROCESSO

Uma vez reunida a equipe, os documentos de suporte e o fluxograma das etapas do processo, a análise de FMEA de processo, fisicamente caracterizada pelo preenchimento da tabela de FMEA, pode iniciar. A tabela de FMEA é usada para facilitar e documentar o estudo. Os campos da tabela são descritos a seguir.

Cabeçalho

O cabeçalho é particular de cada empresa. Em geral, contém o número da FMEA, a identificação do processo, a identificação do(s) item(ns) associado(s) ao processo, o modelo ao qual ele corresponde, o departamento responsável pelo estudo, os dados do coordenador do estudo, os dados dos participantes e a data do documento. Aproveitando os recursos computacionais disponíveis, essas informações devem ser registradas em um banco de dados, de forma a facilitar a busca avançada de documentos (utilizando filtros que permitam a seleção por item, por setor, por data etc.).

O número do documento usualmente utiliza um código alfanumérico próprio da empresa, o qual é usado para efeitos de arquivamento e rastreabilidade. A identificação do processo esclarece as etapas em estudo. A identificação do item esclarece o componente ou subsistema ou sistema submetido ao processo em estudo. O modelo/ ano indica quais versões do produto irão utilizar o processo em análise. O departamento corresponde ao setor, seção ou grupo responsável pelo estudo. Os dados do coordenador e demais participantes em geral englobam nome, telefone e endereço eletrônico. A data do documento esclarece quando ele foi iniciado, quando foi a última revisão e qual a data limite para o mesmo ser concluído.

Item/Função

Após o preenchimento do cabeçalho, inicia-se o preenchimento das colunas da planilha de FMEA de processo. A FMEA irá desdobrar o processo em análise em todas as suas etapas e operações. Assim, as primeiras colunas compreendem a especificação da etapa e seu propósito. Isso pode exigir, por exemplo, três colunas: (i) etapa, (ii) operação, (iii) propósito. Deve ser utilizada a mesma terminologia empregada no processo. Deve ser feita uma descrição simples de cada operação a ser analisada (por exemplo: furação, soldagem, polimento, montagem etc.) e seu propósito ou requisito a ser atendido.

No que concerne à descrição do propósito, é importante ser tão conciso quanto possível. Se uma operação possui mais de um propósito, que provavelmente estarão associados a diferentes modos de falha, então cada um deles deve ser listado separadamente. A descrição correta das operações e seus propósitos (requisitos a serem atendidos) auxiliam nas etapas subsequentes de identificação de falha, uma vez que as falhas estão associadas ao não-cumprimento dos requisitos especificados.

Recomenda-se que as colunas referentes a etapas, operações e propósitos sejam completamente preenchidas antes de dar sequência ao estudo. Isso permite que a equipe de FMEA visualize todo o processo em análise, facilitando seu entendimento e a identificação das interfaces. Nesse sentido, a lista de etapas não deve ter uma sequência aleatória, mas sim a sequência estabelecida no fluxograma do processo, em que as etapas que estão conectadas são apresentadas uma após a outra. Isso irá facilitar as discussões técnicas.

Modos potenciais de falha

Neste momento inicia o trabalho técnico propriamente dito. Os participantes da equipe analisam a primeira operação e indicam modos de falha potenciais. O modo potencial de falha é definido como a maneira na qual um determinado processo pode falhar em atingir os requerimentos ou especificações do projeto. Trata-se de uma descrição de uma possível não-conformidade associada com a operação em estudo. Devem ser listados todos os modos potenciais de falha pertinentes a cada operação. Qualquer modo de falha cuja probabilidade de ocorrência não seja praticamente nula deve ser listado. A relação deve conter inclusive aqueles modos de falha que só ocorrem em certas situações (por exemplo, em dias com umidade muito elevada ou quando a produção está sobrecarregada).

É importante entender que aquilo que está sendo indicado como modo potencial de falha do item em estudo pode ser a causa de um modo de falha em uma operação subsequente, ou o efeito de um modo de falha em uma operação anterior. A questão do que é causa, modo de falha ou efeito fica esclarecida quando é definida a operação que está sendo analisada. Por exemplo, o erro no ajuste da haste é modo de falha da operação de montagem da haste (pode ser efeito de um amassamento, produzido na etapa anterior de furação da haste, e pode ser a causa de folga excessiva, observada na operação subsequente de montagem do conjunto).

A lista de modos potenciais de falha é construída com base na experiência da equipe, em geral fruto da interação entre os participantes, conduzida em um ambiente de *brainstorming*, em que todos podem se manifestar. Como ponto de partida, pode-se usar aquilo que deu errado no passado, em operações similares. Devem ser listados todos os modos potenciais de falha para a operação em estudo, falhas estas que irão comprometer a qualidade da parte que está sendo produzida. Para auxiliar na identificação dos modos potenciais de falha, as seguintes questões são pertinentes: de que forma o processo ou a parte podem falhar em atingir as especificações? Independentemente das especificações de engenharia, que outros aspectos poderiam ser questionados (criticados) pelo cliente?

Um bom ponto de partida é a comparação com processos similares e a análise das reclamações dos clientes associadas com partes similares àquela que está sendo processada. Exemplos de modos de falha típicos são: fissurado, deformado, sujo, mal ajustado, circuito aberto, desgastado, riscado, amassado, dobrado, colado etc.

Relatórios de problemas no processo, dados da assistência técnica e reclamação de clientes costumam ser fontes importantes de informação. Os modos de falha devem ser descritos em termos técnicos (não em forma de voz do cliente), uma vez que serão analisados pela equipe técnica.

Efeitos potenciais de falha

Os efeitos potenciais de falha são definidos como aqueles defeitos, resultantes dos modos de falha, conforme seriam percebidos pelo cliente. A descrição do efeito deve ser feita em função daquilo que o cliente poderá observar ou experimentar, e o cliente deve ser entendido no seu sentido amplo: pode ser o responsável pela operação subsequente, o revendedor ou o cliente final. Em geral, a cada modo de falha corresponde um efeito. Contudo, pode haver exceções, quando um modo de falha provoca mais de um efeito.

Conforme mencionado anteriormente, existe uma relação de hierarquia entre as operações, isto é, o efeito de um modo de falha em uma operação pode ser a causa de um modo de falha em outra operação subsequente. Se o cliente é a próxima operação, típicos efeitos potenciais de falha são os seguintes: não fecha, fora de esquadro, não conecta, danifica o equipamento, não coincide a furação, põe em risco a operação subsequente etc. Se o cliente é o cliente final, típicos efeitos potenciais de falha serão aqueles associados com o desempenho: ruído, operação intermitente ou falta de operação, aspecto desagradável, rugosidade excessiva (ou insuficiente), requer esforço excessivo para abrir (ou fechar), falta de potência, falta de velocidade, falta de rigidez, falta de estanqueidade etc.

Severidade (S)

Neste item é feita uma avaliação qualitativa da severidade do efeito listado na coluna anterior. A severidade é definida em termos do impacto que o efeito do modo potencial de falha tem sobre a operação do sistema e, por conseguinte, sobre a satisfação do cliente. Uma vez que o cliente afetado pelo modo de falha pode ser a planta de montagem ou o usuário final, a avaliação da severidade pode estar além da equipe de FMEA. Nesse caso, o engenheiro responsável pela condução da FMEA de processo deve consultar o responsável pela montagem ou pelo setor de atendimento ao cliente para auxiliar na avaliação. Vale observar que, uma vez que a FMEA utiliza avaliações qualitativas, o estudo pode ser realizado mesmo na ausência de medições ou análises matemáticas mais aprofundadas. Esse é um dos motivos da ampla utilização da FMEA de processo em diferentes segmentos industriais.

A severidade é medida por uma escala de 1 a 10, onde 1 significa efeito pouco severo e 10 significa efeito muito severo. A severidade aplica-se exclusivamente ao efeito. A equipe de FMEA deve chegar a um consenso a respeito do critério a ser utilizado e, então, usá-lo consistentemente. Sugere-se o uso do critério apresentado na Tabela 11.1.

Classificação

Esta coluna pode ser usada para classificar qualquer característica da operação que possa requerer um controle especial. Entre as possíveis classificações, podem aparecer: crítico para segurança, crítico para qualidade, alterados os requisitos, alteradas as matérias-primas, operações novas (equipamentos, procedimentos) etc.

Aproveitando os recursos de planilhas eletrônicas, a coluna de classificação pode ser usada como filtro para selecionar apenas um grupo de operações. Por exemplo, a equipe pode filtrar as operações que são críticas para a segurança e empreender uma análise mais detalhada desse grupo.

Causas/Mecanismos potenciais de falha

Esta é uma das etapas mais importantes do estudo, em que se busca identificar a raiz do problema. Vale observar que a FMEA apoia-se no conhecimento da equipe, portanto, a qualidade análise é proporcional ao conhecimento acumulado pela equipe. Dois aspectos ajudam para a FMEA gerar resultados consistentes: (i) o trabalho em equipe, que permite somar conhecimentos e (ii) o trabalho sistemático que contribui para garantir que todos os elementos serão considerados.

A causa potencial de falha pode ser entendida como uma deficiência no processo, cuja consequência é o modo de falha. Essa causa, em princípio, pode ser corrigida ou controlada. Na medida do possível, devem ser listadas todas as causas/mecanismos de falha cuja probabilidade de ocorrência não seja praticamente nula.

É importante listar as causas ou mecanismos de forma concisa e completa, de modo a facilitar os esforços de correção ou melhoria do processo. Quando há uma relação linear do tipo 1:1, isto é, uma causa para cada modo de falha, essa etapa é completada rapidamente. Caso contrário, quando muitas causas inter-relacionadas concorrem para provocar o modo de falha, pode ser necessário o uso de FTA ou projeto de experimentos. Essas técnicas permitem identificar relações mais complexas que por ventura existam.

Causas de falha típicas são: torque excessivo (ou insuficiente), cordão de solda muito estreito (ou muito espesso), medição imprecisa, gabarito desgastado ou deformado, tratamento térmico deficiente, peça mal colocada ou faltando etc.

As causas devem ser listadas de forma específica, por exemplo, indicar "erro do operador" não esclarece o problema. Nesse caso, seria melhor indicar "selador mal aplicado pelo operador". Similarmente, "máquina com mau funcionamento" também não esclarece o problema, sendo melhor indicar "erro da máquina na fixação do retentor". A redação correta da causa de falha irá auxiliar na elaboração das ações de correção e melhoria.

Ocorrência (O)

A ocorrência relaciona-se com a probabilidade que uma causa/mecanismo listado anteriormente venha a ocorrer. Sempre que possível, dados referentes à taxa de falha ou índices de capabilidade do processo devem ser estimados aplicando-se procedimentos estatísticos aos dados históricos coletados em processos similares. Quando essas informações não estão disponíveis, é preciso fazer uma análise subjetiva (consenso entre os engenheiros), classificando a probabilidade de ocorrência em baixa, moderada, alta etc.

De qualquer forma, a avaliação da ocorrência é feita em uma escala de 1 a 10. O critério usado na definição da escala deve ser consistente, para assegurar continuidade nos estudos. A escala relaciona-se com a taxa de falha ou com o índice de capabilidade, mas não é diretamente proporcional a esses. A Tabela 11.4 apresenta o critério de avaliação sugerido.

Ocorrência de falha		Taxa de falha	Cpk	Escala
Muito alta	Falhas quase inevitáveis	100/1000	0,43	10
		50/1000	0,55	9
Alta	Falhas ocorrem com frequência	20/1000	0,68	8
		10/1000	0,78	7
Moderada	Falhas ocasionais	5/1000	0,86	6
		2/1000	0,96	5
		1/1000	1,03	4
Baixa	Falhas raramente ocorrem	0,5/1000	1,10	3
		0,1/1000	1,24	2
Mínima	Falhas muito improváveis	0,01/1000	1,42	1

Tabela 11.4: Sugestão de escala para avaliação da ocorrência da causa de falha em processos.

No caso em que dados quantitativos estão disponíveis (dados de campo ou resultados de uma análise de engenharia numérica/experimental), as seguintes fórmulas reproduzem aproximadamente os valores de ocorrência (expressos na escala 0 a 10) a partir da taxa de falha ou Cpk fornecidos:

Ocorrência = $(\text{Taxa de Falha} / 0{,}000001)^{0{,}20}$

Ocorrência = $9{,}3 \times (1{,}5 - Cpk)$

Em ambos os casos, se o valor resultar inferior a 1 ou superior a 10, substitui-se os mesmos por esses limites. No caso em que dados quantitativos não estão disponíveis, a equipe deve avaliar qualitativamente a ocorrência. Para fazer essa avaliação, as seguintes questões são pertinentes:

- Qual a experiência da empresa com esse tipo de operação?
- Trata-se de uma operação radicalmente nova?
- Houve mudança de equipamento/tecnologia?
- Mudaram as matérias-primas?
- Mudaram as especificações?

Sempre que a resposta for positiva a alguma dessas questões, significa que há maiores incertezas envolvidas e, portanto, a equipe deve atribuir maiores valores para a possibilidade de ocorrência da causa do modo de falha.

Controles de prevenção e detecção

Nesta etapa, a equipe deve listar os controles incorporados no processo que podem impedir ou detectar a causa e respectivo modo de falha. Devem ser consideradas as atividades que podem assegurar a robustez do processo ao modo de falha ou a causa de falha em análise. Os controles atuais são aqueles que foram ou estão sendo aplicados em processos similares. Controles usuais envolvem o uso de dispositivos Poka-Yoke, o uso de controle estatístico, inspeção final etc. As escalas para ocorrência e detecção devem ser baseadas nesses controles, dado que as informações em uso sejam representativas do processo.

É recomendado utilizar duas colunas para o registro dos controles atuais. Uma delas para indicar eventuais controles de prevenção, que correspondem àqueles que podem efetivamente reduzir a ocorrência da causa ou modo de falha. A segunda coluna deve ser usada para indicar controles de detecção, que não afetam a probabilidade de ocorrência, mas detectam o problema antes de o item ser liberado para a próxima etapa do processo. Vale observar que os controles de prevenção influenciam a ocorrência. Logo, os valores indicados para ocorrência deveriam ser confirmados após o preenchimento da coluna correspondente aos controles de prevenção.

Se qualquer outro controle específico for necessário, que a empresa não utiliza ou cuja utilização não estava prevista, como pode ser o caso para um processo com operações radicalmente novas, ele deve ser listado na coluna de *ações recomendadas*.

Detecção (D)

A detecção refere-se a uma estimativa da habilidade dos controles atuais em detectar causas ou modos potenciais de falha antes de o componente passar para a operação subsequente. Também é usada uma escala qualitativa de 1 a 10, onde 1 representa uma situação favorável (modo de falha será detectado) e 10 representa uma situação desfavorável (modo de falha, caso existente, não será detectado).

Para avaliar a detecção, a equipe deve assumir que o modo de falha tenha ocorrido e então verificar a capacidade dos controles atuais em detectá-lo. Inspeções aleatórias da qualidade não são eficientes em detectar a existência de modos de falha. Amostragem seguindo uma base estatística é um método de controle válido, que aumenta a probabilidade de detecção.

Para reduzir a pontuação, é necessário melhorar os controles de prevenção e detecção presentes no processo. Como sempre, o critério de avaliação deve ser definido por consenso e, então, utilizado com consistência. Sugere-se a utilização do critério apresentado na Tabela 11.5. Os valores mais baixos (1 a 3) estão associados ao uso de dispositivos ou procedimentos à prova de erro. Os valores intermediários (4 a 6) estão associados ao uso de medições ou controle estatístico. Os valores mais altos (7 a 10) estão associados à inspeção visual, inspeções aleatórias ou mesmo inexistência de controle.

Possibilidade de detecção		Escala
Muito Remota	Os controles não irão detectar esse modo de falha, ou não existem controles	10
Remota	Os controles provavelmente não irão detectar esse modo de falha	9 / 8
Baixa	Há uma baixa probabilidade de os controles detectarem esse modo de falha	7 / 6
Moderada	Os controles podem detectar o modo de falha	5 / 4
Alta	Há uma alta probabilidade de os controles detectarem o modo de falha	3 / 2
Muito Alta	É quase certo que os controles irão detectar esse modo de falha	1

Tabela 11.5: Sugestão de escala para avaliação da detecção em processos.

Risco (R)

O risco (R) é calculado para priorizar as ações de correção e melhoria do processo. No cálculo do risco leva-se em conta a severidade, ocorrência e detecção. A fórmula em geral empregada para a avaliação do risco é a multiplicação simples desses três itens, conforme segue:

$$R = S \times O \times D$$

Como pode ser visto, o risco cresce à medida que cresce a severidade, a probabilidade de ocorrência e a probabilidade de não-detecção. O valor do risco pode variar entre 1 e 1.000, e a equipe deve deslocar sua atenção e concentrar seus esforços naqueles itens em que o risco é maior.

No caso da FMEA de processo, valem as mesmas observações feitas na Seção 11.2, quando foram comentadas as limitações do cálculo de risco nos estudos de FMEA de projeto.

Em muitas aplicações, o valor de risco = 80 ou 100 é utilizado como limite para disparar ações de correção do projeto. Contudo, sabe-se que diferentes equipes podem ser mais ou menos rigorosas na avaliação de severidade, ocorrência e detecção. Assim, é prudente combinar um valor de corte com o princípio de Pareto, que estabelece que se deve atuar sobre os itens que apresentam maior risco, independentemente do valor absoluto obtido.

Ações recomendadas

Uma vez que os modos de falha tenham sido priorizados através do risco, as ações recomendadas devem se dirigir aos itens com maior risco. A intenção das ações recomendadas deve ser reduzir a severidade, ocorrência ou não-detecção. Independente do valor do risco, causas que afetam a segurança dos operadores devem ser eliminadas ou controladas por dispositivos de proteção.

Algumas vezes, as causas de alguns modos de falha podem não ser conhecidas. Nesse caso, o uso de projeto de experimentos é recomendado, no sentido de agregar conhecimentos sobre o processo.

A importância de completar as ações recomendadas deve ser enfatizada. Todo o esforço da FMEA terá pouco valor se as ações recomendadas não forem efetuadas. É responsabilidade de todos os participantes da equipe fornecerem o acompanhamento necessário à concretização das ações recomendadas.

As ações recomendadas podem contemplar a revisão dos procedimentos de manufatura e montagem, a incorporação de novos procedimentos, a incorporação de novos controles, o uso de tecnologias alternativas, o uso de projeto de experimentos para otimizar parâmetros do processo, o uso de manutenção autônoma, a intensificação das atividades de manutenção preventiva ou preditiva etc.

Em relação às ações recomendadas, vale dizer que, para reduzir a probabilidade de ocorrência, modificações no projeto ou processo são necessárias. Para realizar essas modificações com objetividade, deve ser feito um estudo do processo, orientado pela FMEA, e baseado em métodos estatísticos.

Outro aspecto importante é que intensificar os controles para a detecção, em geral, custa caro e não é eficiente para a melhoria da qualidade. Intensificar as inspeções do controle de qualidade não é uma ação corretiva efetiva, e deve ser usada apenas temporariamente. Ações corretivas de caráter permanente devem ser buscadas. A ênfase deve ser deslocada para impedir a ocorrência dos defeitos e não para a sua detecção, e isso implica modificações no projeto ou no processo ou na estrutura do Sistema de Garantia da Qualidade.

Se nenhuma ação é recomendada para uma causa específica, assinala-se na coluna de ações recomendadas "NENHUMA". Isso evidencia que o problema foi analisado, mas, como o risco resultou em um valor baixo, a equipe entendeu que não é necessária nenhuma alteração no processo.

Objetivamente, as ações recomendadas representam o que será corrigido e melhorado no processo. Assim, elas constituem o principal resultado da FMEA. Elas são descritas sucintamente na planilha da FMEA, mas, sempre que necessário, devem ser detalhadas em documentos suplementares e devem receber acompanhamento para assegurar que sejam efetivas no esforço de melhoria do processo e produto.

Responsável e data (para a ação)

Nesta coluna, indica-se o indivíduo responsável pela ação recomendada, assim como a data-alvo para se completar a tarefa. Em geral, a tarefa será realizada por um grupo ou setor, mas recomenda-se a indicação de um indivíduo como responsável, para facilitar a comunicação e cobrança de resultados.

Como pode ser visto, a tabela da FMEA responde às questões 5W1H: O que, Quem, Quando, Onde, Por que e Como. "O que" está descrito na coluna da ação, "Quem" e "Quando" aparecem nesta coluna de responsável e data, "Onde" está especificado na operação em análise (processo, etapa, operação), "Por que" está especificado nas colunas de causa, modo e efeito de falha e, finalmente, "Como" deve estar especificado em documentos suplementares que detalham a ação a ser feita.

Ações efetuadas

Nessa coluna, entra-se com uma breve descrição das ações de correção e melhoria efetivamente implantadas e com a correspondente data da implantação. Algumas vezes, não é possível realizar aquilo que foi idealizado na FMEA. Outras vezes, durante o esforço de correção e melhoria, os envolvidos percebem outros aspectos que podem ser aprimorados e vão além das recomendações da FMEA. Em qualquer caso, é importante registrar o que foi efetivamente feito, mantendo a FMEA atualizada no que concerne às modificações no processo.

Risco resultante (R)

Depois que as ações corretivas tiverem sido identificadas, mas antes de serem efetuadas, faz-se uma estimativa da situação futura para severidade, ocorrência e detecção. As ações listadas devem influenciar uma ou mais parcelas, reduzindo o risco. A redução deve ser suficiente para incluir a operação na condição de risco aceitável. Se esse não for o caso, as ações devem ser reformuladas, de modo que alcancem o efeito desejado.

Se nenhuma ação é prevista, essas últimas colunas permanecem em branco.

Ao final, após o registro das ações efetivamente realizadas, os riscos resultantes devem ser novamente analisados e, se ações adicionais forem consideradas necessárias, os passos 12 a 15 devem ser repetidos.

11.4. ACOMPANHAMENTO DA FMEA

O engenheiro responsável pela FMEA de projeto ou processo deve assegurar-se de que todas as ações recomendadas tenham sido implementadas de forma adequada. A FMEA é um documento dinâmico e deve refletir as últimas versões do projeto ou processo, assim como as últimas ações empreendidas, incluindo aquelas adotadas após o início da produção. Assim, tem-se o registro das modificações efetuadas e uma avaliação atualizada dos riscos associados ao projeto ou processo em questão.

O engenheiro responsável tem vários meios para certificar-se de que as ações tenham sido implementadas. No caso de projetos, ele pode consultar as revisões de desenho, as revisões de especificações, as alterações em documentos de montagem e manufatura, as alterações em procedimentos de teste e aceitação e atualização da planilha de FMEA etc. No caso de processos, ele pode consultar as modificações em manuais de treinamento, modificações em manuais de operação, modificações nas especificações de manufatura, modificações nos procedimentos de teste e aceitação e as próprias atualizações registradas na planilha de FMEA.

A Figura 11.2 apresenta um exemplo de FMEA de processo, envolvendo um estudo desenvolvido em uma empresa do setor têxtil. Por questão de espaço, as colunas classificação, responsável, ações efetuadas e risco resultante foram omitidas.

(2)	(3)	(4)	(5)	(7)	(8)	(9)	(9)	10	(11)	(12)
Operação / Propósito	Modo potencial de falha	Efeito	S	Causa	O	Controles de prevenção	Controles de detecção	D	R	**Ação recomendada**
Inspecionar matéria-prima	Aprovar matéria-prima fora da especificação	Dificuldade de confecção	6	Procedimento de inspeção mal redigido	3		Revisão gerencial dos procedimentos	2	36	
			6	Descuido do inspetor	4	Treinamento dos inspetores	Plano de amostragem	3	72	
Infestar tecido	Dobra ou desalinhamento entre camadas	Peças com dimensões erradas, retrabalho	8	Descuido do operador	3	Treinamento dos operadores	Inspeção visual	3	72	
Cortar infesto	Corte desalinhado	Má aparência do produto final	8	Falta de recursos na máquina de corte	7	Dispositivo luminoso da máquina	Inspeção visual	4	224	Melhorar a bancada da máquina de corte, acrescentar recursos de posicionamento e alinhamento
Identificar partes	Falta de identificação ou erro na identificação	Perda de tempo ou retrabalho	6	Descuido do operador	7	Treinamento dos operadores	Inspeção visual	7	294	Redefinir os procedimentos de identificação, instalar sistema a prova de erros
Posicionar e aderir colante	Posicionamento errado	Perda de tempo ou retrabalho	6	Identificação errada da parte	2		Inspeção visual	3	36	
	Falta de aderência	Retrabalho	6	Pouco aquecimento da máquina	1	Treinamento dos operadores	Inspeção visual	3	18	
Costurar	Costura faltando	Retrabalho, má aparência	8	Descuido do operador	4	Pausas programadas	Inspeção visual	4	128	Promover melhorias ergonômicas nos postos de costura, redefinir programa de pausas
	Costura mal feita	Má aparência do produto final	8	Falta de habilidade	3	Treinamento dos operadores	Inspeção visual	2	48	
Passar	Mal passado	Dobras visíveis, má aparência	8	Descuido do operador	3	Treinamento dos operadores	Inspeção visual	2	48	
	Passado em excesso	Queima o tecido, má aparência	10	Erro na regulagem da máquina	1	Termostato	Inspeção visual	2	20	

Figura 11.2: Exemplo de FMEA de processo – estudo do processo de confecção em uma empresa do setor têxtil.

11.5. ANÁLISE DE ÁRVORES DE FALHA

A FTA é um método sistemático para a análise de falhas. Ele foi aplicado inicialmente na verificação de projetos de aeronaves. Mais recentemente, além de ser aplicada ao projeto e revisão de produtos, seu uso foi estendido à análise de processos, inclusive processos administrativos.

Uma árvore de falha é um diagrama lógico que representa as combinações de falhas entre os componentes que acarretam um tipo determinado de falha do sistema global. O sistema pode ser um projeto, processo, equipamento, empreendimento etc.

A análise de árvores de falha é uma técnica analítica que especifica as condições que acarretam em um estado indesejado do sistema (evento de topo). Ela exige que se desenvolva um modelo em que são especificadas as dependências entre os componentes do sistema. Ela permite que sejam calculadas as probabilidades de ocorrência dos eventos de topo (desastres) que forem analisados.

11.5.1. DESENHO DA ÁRVORE DE FALHA

O esboço da árvore de falha deve iniciar pelo desenho do "evento de topo" (condição de desastre a ser investigada). Logo após, seguindo do evento de topo para baixo, completa-se a árvore de falha especificando-se o modelo lógico que traduz todas as condições que podem levar à ocorrência do evento de topo. Como pode ser observado, o desenho e o raciocínio são feitos do topo para baixo.

11.5.2. SÍMBOLOS USADOS EM ÁRVORES DE FALHA

No desenho das árvores de falha são utilizados símbolos, que representam diferentes tipos de eventos e diferentes operadores lógicos. O uso desses símbolos permite traduzir raciocínios complexos em representações gráficas compactas. A Figura 11.3 apresenta um trecho de árvore de falha, em que podem ser observados eventos conectados através de um operador lógico. Os principais eventos utilizados na representação de árvores de falha estão apresentados na Figura 11.4, enquanto os principais operadores lógicos utilizados na representação de árvores de falha estão apresentados na Figura 11.5.

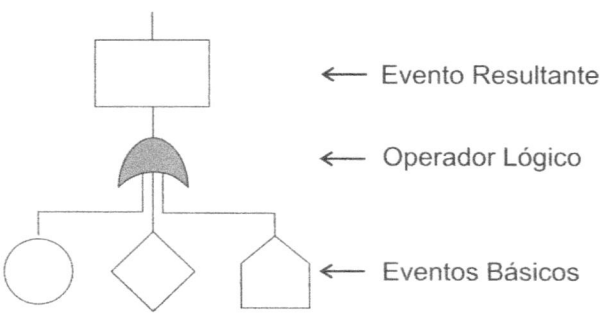

Figura 11.3: Trecho de uma árvore de falha.

	Retângulo	Evento que resulta da combinação de vários eventos básicos. Pode ser mais desenvolvido
	Círculo	Evento/Falta básica, que não requer maiores desenvolvimentos
	Casa	Um evento básico esperado de ocorrer em condições normais de operação
	Diamante	Como o retângulo, mas não há interesse ou não é possível desenvolvê-lo mais
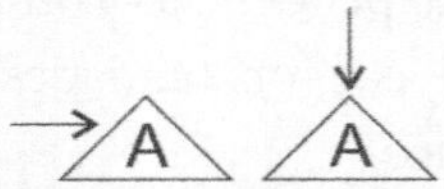	Triângulo	Símbolo de transferência

Figura 11.4: Principais eventos utilizados em árvores de falha.

Os eventos utilizados com maior frequência são o círculo e o retângulo. O círculo corresponde a uma causa básica, cuja probabilidade de ocorrência deve ser informada. O retângulo corresponde a um evento resultante da combinação de causas básicas, cuja probabilidade de ocorrência será calculada.

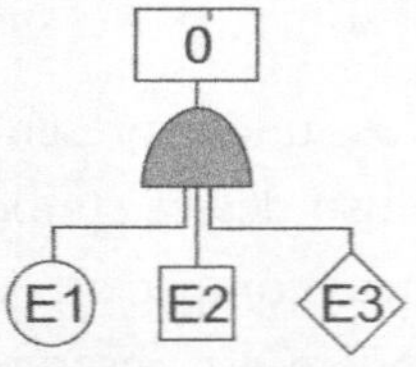	E	*Output* (o) só ocorre se todos os *inputs* ocorrerem
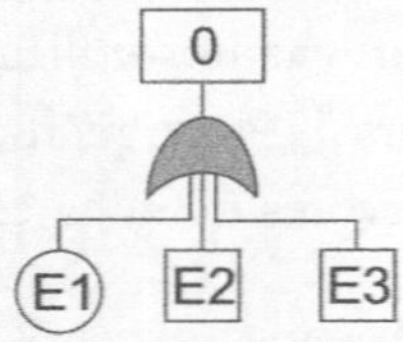	OU	*Output* (o) ocorre quando ao menos um dos *inputs* ocorreram
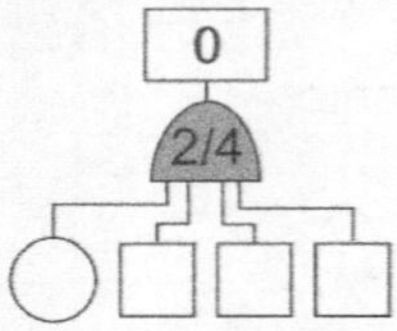	E r/n	*Output* (o) só ocorre se *r* dos *n* eventos ocorrerem

(continua)

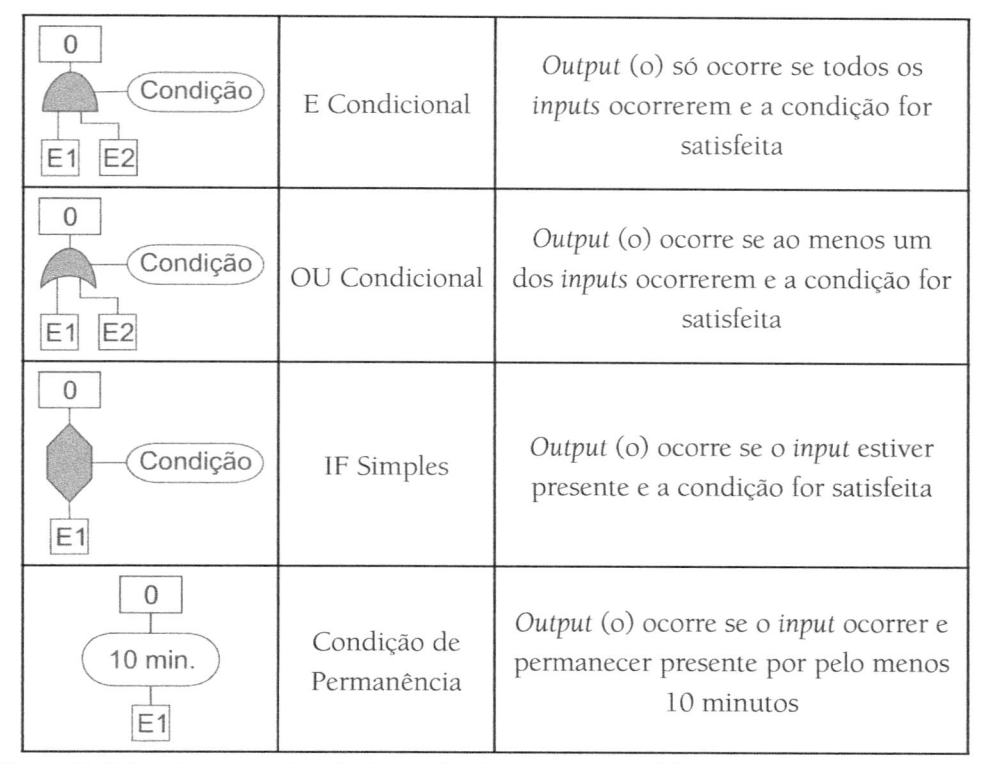

(0 — Condição — E1 E2)	E Condicional	*Output* (o) só ocorre se todos os *inputs* ocorrerem e a condição for satisfeita
(0 — Condição — E1 E2)	OU Condicional	*Output* (o) ocorre se ao menos um dos *inputs* ocorrerem e a condição for satisfeita
(0 — Condição — E1)	IF Simples	*Output* (o) ocorre se o *input* estiver presente e a condição for satisfeita
(0 — 10 min. — E1)	Condição de Permanência	*Output* (o) ocorre se o *input* ocorrer e permanecer presente por pelo menos 10 minutos

Figura 11.5: Principais operadores lógicos utilizados em árvores de falha.

Os operadores lógicos utilizados com maior frequência são o "E" e o "OU". O "E" representa uma condição mais segura, correspondente a um sistema em paralelo, em que a falha só ocorre se todos os componentes falharem. O "OU" representa uma situação menos segura, correspondente a um sistema em série, cuja a falha ocorre se qualquer um dos componentes falharem.

A Figura 11.6 apresenta um exemplo de árvore de falha, em que está sendo investigada a probabilidade de danos em uma central de comunicações devido a um incêndio não detectado e controlado.

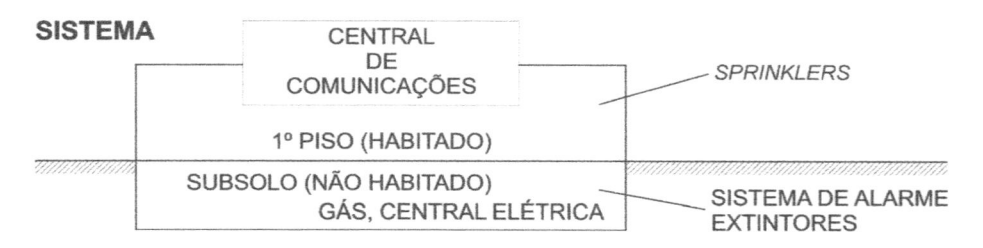

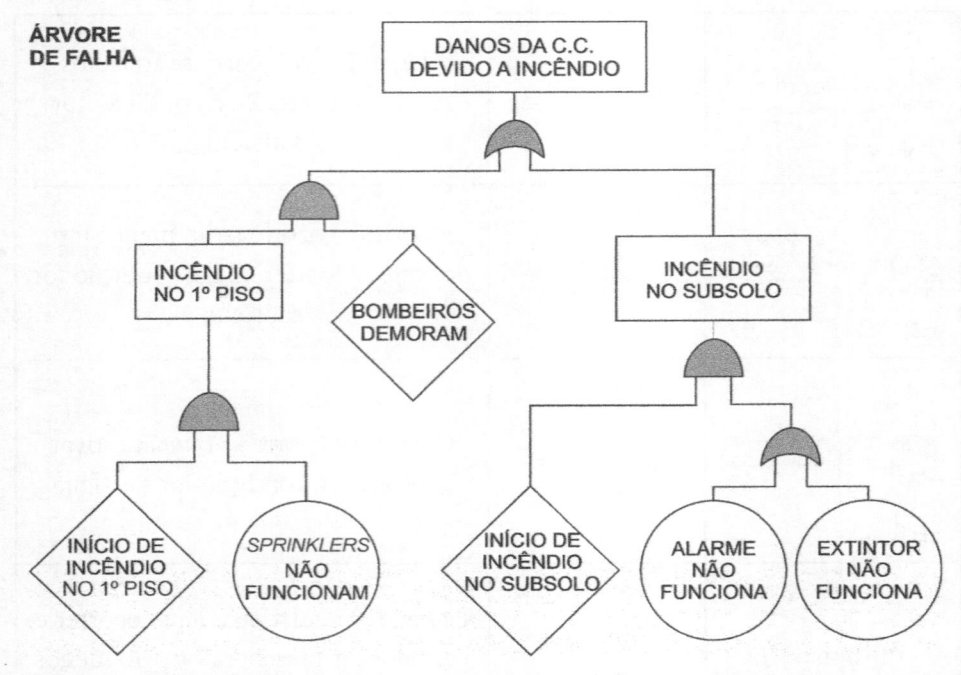

Figura 11.6: Exemplo de árvore de falha para a análise da probabilidade de incêndio em uma central de comunicação.

11.5.3. PASSOS NA ANÁLISE DE ÁRVORES DE FALHA

A análise de árvores de falha envolve cinco etapas principais: (i) fazer o diagrama de árvore de falha, (ii) reunir dados básicos de falha, (iii) calcular probabilidades, (iv) determinar criticidade e (v) formular ações corretivas e recomendações.

Fazer o diagrama de árvore de falha

Inicialmente, o engenheiro responsável pela condução da FTA deve reunir a equipe de trabalho. Conforme o estudo, a equipe deve conter participantes com conhecimento de diferentes áreas: materiais, manufatura, montagem, qualidade, manutenção, assistência técnica etc. Além do conhecimento técnico, os participantes devem ter habilidade para trabalhar em equipe. Na Seção 11.7.2 há um resumo das principais habilidades necessárias ao trabalho em equipe.

Paralelamente à formação da equipe, o engenheiro responsável deve reunir os documentos que servirão de suporte ao desenvolvimento da FTA. Entre os documentos usualmente pertinentes podem ser citados: projeto do processo ou produto, relatórios descrevendo erros de produção ou reclamações de clientes, dados da assistência técnica, normas aplicáveis ao projeto ou processo em questão etc.

O estudo propriamente dito deve iniciar descrevendo com precisão o evento de topo. Quanto melhor a definição do evento de topo, mais fácil será identificar as suas causas. Uma vez estabelecido o evento de topo, a árvore de falha começa a ser desenhada. São lançados os eventos que conduzem ao evento de topo e, a seguir, as causas desses eventos, e assim por diante. A árvore deve indicar as relações de dependência entre os diversos itens, especificadas através dos operadores lógicos.

No que concerne à descrição dos eventos, é importante ser tão conciso quanto possível. Se um evento resultante tem mais de uma causa, que provavelmente estarão associadas a diferentes probabilidades de falha, então todas devem ser listadas. Qualquer causa cuja probabilidade de ocorrência não for praticamente nula deve ser listada. A relação deve conter inclusive aquelas causas que só ocorrem em certas situações (por exemplo, na condição de temperatura ou umidade elevadas).

A associação entre eventos resultantes e causas é construída com base na experiência da equipe, em geral fruto da interação entre os participantes, conduzida em um ambiente de *brainstorming*, em que todos podem se manifestar. Como ponto de partida, pode-se usar problemas que ocorreram no passado, em aplicações similares. Adicionalmente, dados da assistência técnica e reclamação de clientes costumam ser fontes importantes de informação.

Reunir dados básicos de Falha

Finalizado o desenho da árvore de falha, o próximo passo contempla a coleta de dados que permitam estabelecer a probabilidade de ocorrência das causas básicas. Vale observar que, existindo dados quantitativos referentes a ocorrência de causas básicas, eles devem ser usados para assegurar maior precisão ao estudo. Entre os dados quantitativos que podem estar disponíveis, citam-se: taxa de falha em componentes, taxa de falha no processo, índices de capacidade do processo etc. Contudo, na falta de dados quantitativos, a equipe deve estimar qualitativamente a probabilidade de ocorrência das causas básicas.

Calcular probabilidades

Uma vez reunidos os dados referentes à probabilidade de ocorrência das causas básicas, a probabilidade de ocorrência dos eventos resultantes pode ser calculada matematicamente. Os casos mais simples e mais frequentes correspondem a associações em série (OU) e em paralelo (E), cujo formulário de cálculo é apresentado a seguir.

$$E:\ P(0) = \prod_{i=1}^{n} P(E_i)$$

$$\text{OU: } P(0) = 1 - \prod_{i=1}^{n} (1 - P(E_i))$$

Nessas fórmulas, $P(0)$ corresponde à probabilidade de ocorrência do evento resultante (*output*), enquanto $P(E_i)$ corresponde à probabilidade de ocorrência das causas (eventos de hierarquia inferior) que geram o evento resultante. Situações envolvendo operadores lógicos mais complexos devem ser tratadas utilizando o formulário adequado a cada caso.

O uso ascendente dessas fórmulas irá permitir calcular progressivamente a probabilidade de ocorrência dos eventos de hierarquia superior, até alcançar o cálculo da probabilidade de ocorrência do evento de topo.

Determinar criticidade

Após o cálculo da probabilidade de ocorrência de todos os eventos, é possível calcular a criticidade das causas básicas. Matematicamente, a criticidade corresponde ao produto da probabilidade de ocorrência da causa básica pela probabilidade condicional de ocorrência do evento de topo, dado que a causa básica tenha ocorrido. Conforme equação a seguir:

Criticidade = $P(E_i).P(H/E_i)$

Onde $P(E_i)$ é a probabilidade que o evento (causa básica E_i) ocorra, enquanto $P(H/E_i)$ é a probabilidade condicional que o evento de topo ocorra dado que E_i tenha ocorrido.

Formular ações corretivas e recomendações

Uma vez que as causas básicas tenham sido priorizadas através da sua criticidade, as ações de correção e melhoria devem se dirigir às causas com maior criticidade. A intenção das ações de correção e melhoria deve ser reduzir a probabilidade de ocorrência do evento de topo.

A importância de completar as ações de correção e melhoria deve ser enfatizada. Todo o esforço da FTA terá pouco valor se as ações planejadas não forem efetuadas. É responsabilidade de todos os participantes da equipe fornecerem o acompanhamento necessário à concretização das ações planejadas.

As ações de correção e melhoria podem contemplar a revisão do desenho de partes do projeto, revisão de especificações de materiais, revisão dos procedimentos de manufatura e montagem, a incorporação de novos procedimentos, a incorporação de novos controles, o uso de tecnologias alternativas, a intensificação das atividades de manutenção preventiva ou preditiva etc.

Objetivamente, as ações recomendadas representam o que será corrigido e melhorado no sistema em estudo (projeto, processo, equipamento, empreendimento etc.). Assim, elas constituem o principal resultado da FTA. Elas devem ser detalhadas em documentos suplementares, descrevendo os recursos necessários, responsáveis e prazos. Elas devem receber acompanhamento para assegurar que sejam efetivas no esforço de melhoria do sistema.

EXEMPLO DE FIXAÇÃO 11.1: APLICAÇÃO DA FTA

A Figura 11.7 apresenta outro exemplo de árvore de falha, em que é feita a análise de um sistema de fornecimento de água. Inicialmente, apenas as probabilidades de ocorrência das causas básicas são fornecidas. A seguir as probabilidades de ocorrência dos eventos resultantes são calculadas, obtendo-se por fim a probabilidade de ocorrência do evento de topo.

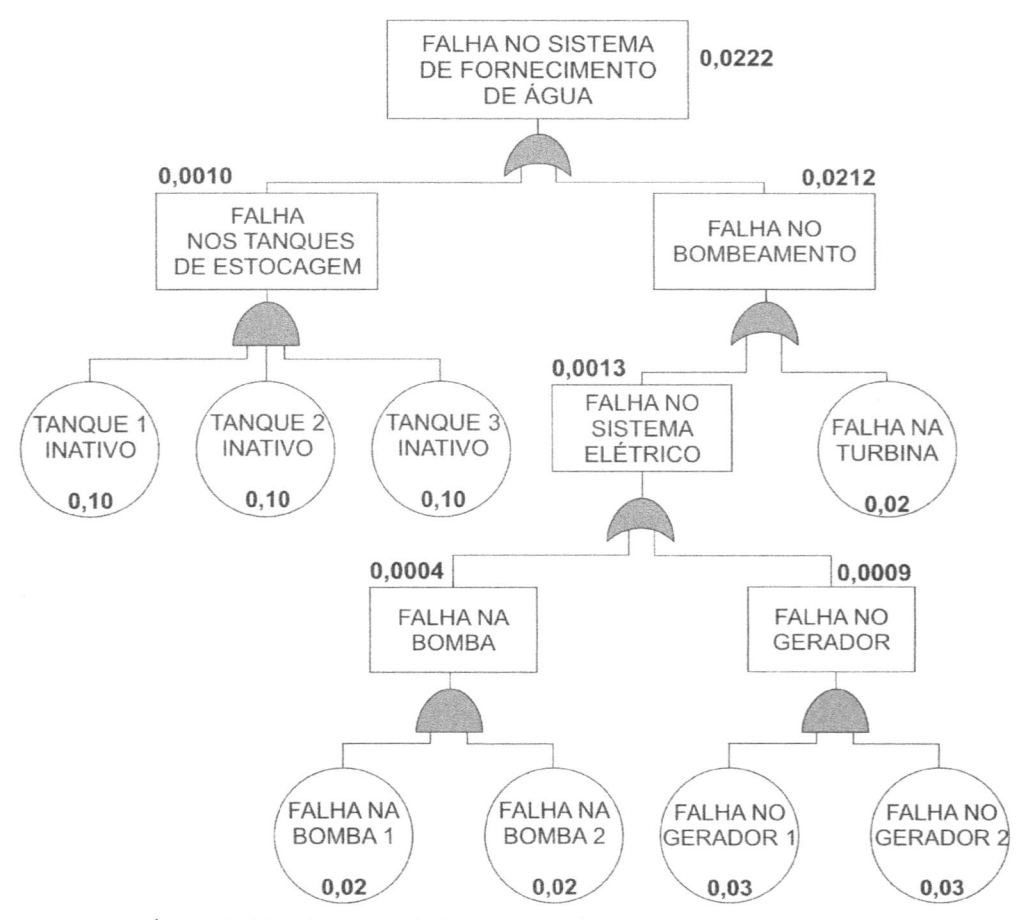

Figura 11.7: Árvore de falha do sistema de fornecimento de água.

Os dados da Figura 11.7 referem-se a probabilidades de falha mensais. A partir dos dados fornecidos, a probabilidade de falha de abastecimento em um determinado mês é calculada como sendo: 2,22%.

Continuando a análise da árvore de falha, o próximo passo corresponde ao cálculo da criticidade das causas básicas. Nesse exemplo, as causas básicas envolvem quatro elementos a serem considerados: falha em um tanque, em uma bomba, em um gerador ou na turbina. As Figuras 11.8 e 11.9 ilustram o cálculo da criticidade para uma bomba e para a turbina. É importante lembrar que a criticidade é calculada multiplicando a probabilidade de falha do componente em estudo pela probabilidade condicional de falha do sistema dado que o componente em estudo tenha falhado.

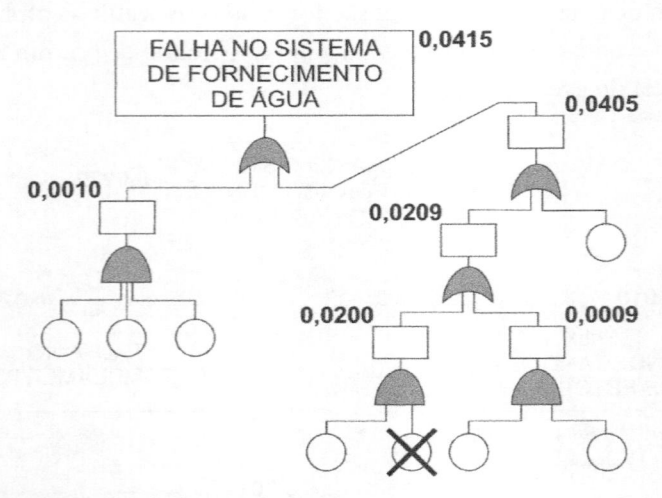

Figura 11.8: Estudo da criticidade de uma das bombas.

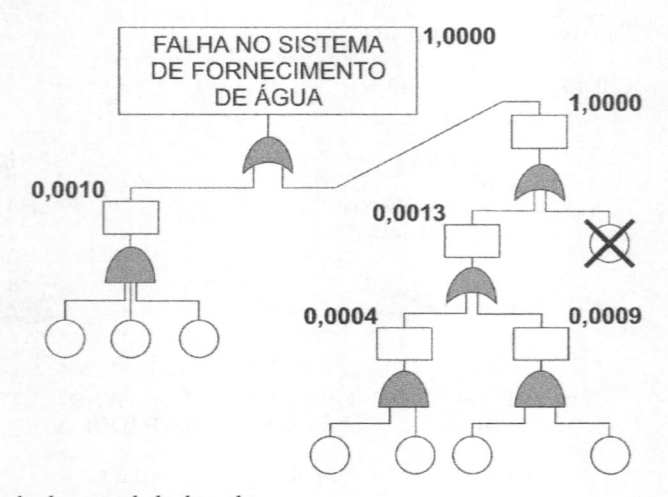

Figura 11.9: Estudo da criticidade da turbina.

No caso da bomba, a probabilidade de falha da mesma é 2%. Como há duas bombas em paralelo, a falha de uma delas não altera substancialmente a probabilidade de falha do sistema, que passa a ser 4,15%. Assim, a criticidade da bomba é calculada como $0,02 \times 0,0415 = 0,00083$. A turbina possui a mesma probabilidade de falha de uma bomba, igual a 2%. No entanto, ela não possui redundância, e sua posição no sistema é tal que se ela falhar, falha o sistema. Logo, a probabilidade condicional de falha do sistema dado que a turbina falhou é 100% (o sistema falha quando a turbina falha). Assim, a criticidade da turbina é calculada como $0,02 \times 1,00 = 0,02$. Como pode ser observado, apesar de apresentarem a mesma probabilidade de falha, a criticidade da turbina é substancialmente maior que a criticidade da bomba. A Tabela 11.6 resume os cálculos de criticidade para todos os componentes.

	Prob. de Falha $P(E_i)$	Prob. Cond. de Falha do Sistema $P(H/E_i)$	Criticidade $P(E_i) \times P(H/E_i)$
Tanque	0,10	0,0310	0,0031
Bomba	0,02	0,0415	0,0008
Gerador	0,03	0,0507	0,0015
Turbina	0,02	1,0000	0,0200

Tabela 11.6: Estudo de criticidade dos componentes

11.6. NOTAS SOBRE O USO DE FMEA E FTA

As seções a seguir apresentam comentários práticos importantes na condução dos estudos de FMEA e FTA. Assim, são discutidos a escolha entre FMEA e FTA, as etapas no desenvolvimento desses estudos, o uso de avaliações qualitativas, a importância das revisões em projetos/processos e, por fim, o uso conjunto das duas técnicas

11.6.1. ESCOLHA ENTRE FMEA E FTA

O uso preferencial da FMEA ou da análise de árvores de falha dependerá do problema em estudo. Em geral, é muito mais fácil aplicar uma dessas técnicas. Na FMEA, a partir de um item inicial (um componente ou uma operação), aparecem vários modos e efeitos de falha. Na árvore de falha, a partir de um efeito indesejável (evento de topo), aparecem relações que podem englobar diversos componentes ou operações.

No desenvolvimento da FMEA, o raciocínio segue *de baixo para cima*. A FMEA é útil para, a partir de um item, mapear todos os possíveis modos e efeitos de falha associados a esse item. No desenvolvimento da FTA, o raciocínio segue *de cima para baixo*. A árvore de falha é útil para, a partir de um efeito indesejável (evento de topo), definir quais os itens que estão associados com esse efeito.

11.6.2. ETAPAS NO DESENVOLVIMENTO DE UM ESTUDO DE FMEA E FTA

De modo geral, o desenvolvimento da FMEA pode ser organizado em oito etapas, conforme apresentado a seguir. É importante observar que o preenchimento da planilha surge apenas na quinta etapa. Há atividades importantes que devem ser realizadas anteriormente ao preenchimento da planilha e que irão assegurar maior qualidade ao trabalho.

1. Definir o projeto ou processo e a equipe de estudo
2. Definir interfaces (limites) do projeto ou processo em análise
3. Análise preliminar do projeto/processo e definição das informações que precisam ser reunidas
4. Coleta de dados
5. Preenchimento da tabela de FMEA
6. Revisão da tabela de FMEA com o cálculo final dos riscos e indicação das ações recomendadas
7. Detalhamento das ações de correção e melhoria
8. Acompanhamento das ações de correção e melhoria

Similarmente, o desenvolvimento da FTA pode ser organizado em dez etapas. Novamente, o desenho da árvore de falha surge apenas na quinta etapa, e as atividades anteriores não devem ser feitas de forma apressada ou incompleta. Em especial, a correta formação da equipe de estudo, a análise preliminar do sistema e a coleta de dados contribuem de forma decisiva para qualificar os estudos de FMEA e FTA.

1. Definir o evento de topo e a equipe de estudo
2. Definir interfaces (limites) do sistema em análise
3. Análise preliminar do sistema e definição das informações que precisam ser reunidas
4. Coleta de dados
5. Construção da árvore de falhas
6. Revisão da árvore de falhas
7. Determinação das probabilidades de ocorrência das causas básicas
8. Determinação das probabilidades de ocorrência do evento de topo
9. Detalhamento das ações de correção e melhoria
10. Acompanhamento das ações de correção e melhoria

Observa-se ainda que os trabalhos não se encerram com o preenchimento da planilha de FMEA ou o desenho da árvore de falha. Etapas essenciais, posteriores a essas atividades, são o detalhamento e o acompanhamento das ações de correção e melhoria.

11.6.3. AVALIAÇÕES QUALITATIVAS

A FMEA e a análise de árvores de falha fornecem uma forma sistemática e organizada de identificação das causas de falhas potenciais. Essas técnicas ajudam a assegurar que todos os possíveis mecanismos de falha serão analisados. Avaliações quantitativas são sempre preferidas: dados de campo, resultados de testes em laboratório, avaliações de capabilidade do processo etc.

Apesar de avaliações quantitativas serem preferidas, avaliações qualitativas em geral já fornecem valiosas informações para propósitos de diagnóstico e revisão de projetos ou processos. Assim, dado que a equipe possua conhecimento técnico acumulado, o estudo deve ser empreendido utilizando avaliações qualitativas de probabilidades de ocorrência e outras que forem necessárias. As priorizações obtidas na FMEA ou a criticidade calculada na FTA devem revelar os pontos fracos do projeto, permitindo que ele seja corrigido e aperfeiçoado.

11.6.4. REVISÕES NO PROJETO/PROCESSO

Um dos objetivos da FMEA e da análise de árvores de falha é determinar se o nível de risco associado a um determinado item é aceitável. Caso não seja, inicia-se identificando os componentes, operações ou eventos críticos. Em seguida, revisa-se o projeto ou processo de forma a eliminar ou reduzir a probabilidade de ocorrência ou a severidade do efeito das falhas associadas. Após, a tabela da FMEA ou a árvore de falha sofrem uma reavaliação, para confirmar que o nível de risco aceitável tenha sido atingido.

11.6.5. O USO CONJUNTO DE FMEA E FTA

Apesar das diferenças apresentadas anteriormente, FMEA e FTA também têm muitos pontos em comum: ambos buscam fazer uma previsão das falhas que podem surgir em produtos ou processos e, muitas vezes, o uso conjunto pode complementar ou facilitar a análise. Por exemplo, a análise de árvores de falha estabelece o encadeamento das falhas de um sistema. Uma vez entendido esse encadeamento, fica mais fácil preencher a tabela de FMEA:

Causa ==> Modo ==> Efeito

Por outro lado, também é possível seguir o caminho inverso, ou seja, usar a tabela de FMEA para levantar os efeitos indesejados e, então, desdobrá-los em uma árvore de falha.

Outra alternativa é fazer esses estudos em paralelo e, ao final, verificar a seguinte equivalência: *Causas básicas que aparecem no último nível da árvore de falha devem equivaler às causas potenciais de falha, na tabela de FMEA, na coluna correspondente.*

11.7. PROCEDIMENTOS PARA PROGRAMAS DE FMEA E FTA

Esta seção pode auxiliar aqueles que pretendem implantar programas de FMEA ou FTA em suas empresas. A sistemática geral de trabalho proposta envolve sete etapas, apresentadas a seguir e discutidas nesta seção:

1. Identificação de problemas
2. Classificação e equipe
3. Análise
4. Atuação e responsáveis
5. Padronização
6. Documentação
7. Manutenção

11.7.1. IDENTIFICAÇÃO DO PROBLEMA

Nas reuniões periódicas da engenharia, são identificados problemas que devem ser analisados através de FMEA ou FTA. Os problemas identificados devem ser descritos da forma mais completa possível, inclusive enfatizando os objetivos finais que se espera alcançar com o estudo. É importante que o problema seja corretamente delimitado, de forma que, ao ser passado ao responsável pelo estudo, todos entendam o que deve ser feito.

11.7.2. CLASSIFICAÇÃO E EQUIPE

Em geral, na mesma reunião em que o problema é identificado, também é feita a classificação do estudo e a indicação do coordenador do estudo de FMEA ou FTA. A classificação inclui a caracterização do estudo como FMEA ou FTA (ou ambos), o objeto de estudo (projeto, processo, equipamento, empreendimento) e a sua localização nos setores da fábrica.

A partir desse momento, as ações são dirigidas pelo coordenador, que inicia definindo os membros efetivos da equipe de estudo. A seguir, em uma primeira reunião, os membros efetivos detalham o problema e os objetivos do estudo e definem o restante da equipe de estudo, ou seja, os membros participantes.

Como pode ser observado, a equipe envolve o coordenador, membros efetivos e membros participantes. A responsabilidade do coordenador abrange montar a equipe efetiva, envolver ativamente todos os membros da equipe no estudo, agendar as reuniões, delegar responsáveis pelas ações de correção e melhoria e confirmar a efetiva execução das ações de correção e melhoria. Os membros efetivos são os indivíduos que contribuem com o seu conhecimento técnico e possuem autorização para identificar e executar tarefas. Devem participar de todas as reuniões e auxiliar o coordenador em suas funções. Os membros participantes são os indivíduos que participam de algumas reuniões, contribuindo com o seu *know-how* referente a alguns aspectos da análise, ajudando na identificação, análise e solução dos problemas.

Ainda em relação à equipe de trabalho, em uma FMEA de projeto, geralmente estarão incluídos representantes de: materiais, manufatura, montagem, qualidade, assistência técnica, projetista do item em estudo e projetistas de itens relacionados. Enquanto isso, em uma FMEA de processo, em geral estarão incluídos representantes de: materiais, manufatura, montagem, qualidade, assistência técnica, operadores do processo em estudo, processista do processo em estudo e processistas de processos relacionados. Em um estudo de FTA pode ser necessário reunir representantes de ambos os grupos listados.

Outro aspecto relevante a ser considerado na formação da equipe é que os participantes devem possuir habilidades para trabalho em equipe. As principais habilidades associadas ao trabalho em equipe são:

- Capacidade de identificar o papel de cada um na equipe (inclusive o seu próprio papel);
- Disposição para cooperar com os demais, contribuindo com informações e ideias relevantes ao estudo;
- Disposição para compartilhar seu conhecimento e recursos com os demais, visando alcançar os objetivos da equipe;
- Capacidade de lidar com as diferenças, respeitando-as;
- Capacidade de planejar e tomar decisões em conjunto com outras pessoas;
- Empatia, entendida como a capacidade de entender as preocupações e opiniões dos demais;
- Esforço sincero no sentido de manter todos envolvidos, encorajando os demais a aceitar a mudança;
- Capacidade de interpretar potenciais conflitos, lidando positivamente com os mesmos, de forma a conseguir concluir o trabalho;
- Esforço no sentido de manter um ambiente de trabalho agradável a todos;
- Disposição para aceitar decisões da equipe;
- Disposição para liderar atividades, se necessário, motivando os demais e assumindo a iniciativa.

11.7.3. ANÁLISE

Esta etapa contempla o estudo do sistema, seguindo as técnicas da FMEA e da FTA, conforme descrito neste capítulo. O coordenador deve agendar as reuniões necessárias para levar a termo todo o preenchimento da tabela de FMEA ou desenho da árvore de falha. As reuniões devem ser agendadas em um horário confortável para todos os participantes. Sempre que possível, o coordenador deve agendar com antecedência o total de reuniões que ele acredita que sejam necessárias para a conclusão do estudo.

Em geral, as análises são conduzidas em reuniões de duas ou três horas. A concentração requerida pela FMEA e FTA é relativamente intensa, fazendo com que a produtividade diminua substancialmente após três horas de trabalho. Idealmente, o espaçamento entre as reuniões deveria ser inferior a três dias, de forma que o que foi discutido na reunião anterior ainda estivesse vivo na lembrança de todos. Se o espaçamento for maior, por exemplo, encontros semanais, então caberá ao coordenador, no início de cada reunião, relembrar os participantes do estágio do trabalho antes de dar continuidade a ele.

Para facilitar o envolvimento, é recomendável o uso de um videoprojetor, de forma que todos possam acompanhar o progresso da análise e os termos exatos que estão sendo documentados. Outras facilidades como *flip chart* e *coffee break* também contribuem para a produtividade.

11.7.4. ATUAÇÃO E RESPONSÁVEIS

A planilha de FMEA e o desenho da árvore de falha indicam, mas não detalham, o que deve ser feito. Conforme enfatizado neste capítulo, é importante que a FMEA e a FTA incluam o detalhamento e acompanhamento das ações. O coordenador pode assegurar esse detalhamento aplicando um método como o 5W1H para definir os aspectos principais referentes às ações de correção e melhoria do sistema.

Essa etapa só finaliza quando o coordenador verifica que as ações de correção e melhoria do sistema foram efetivamente implantadas.

11.7.5. PADRONIZAÇÃO

Para que as ações de correção e melhoria se sustentem ao longo do tempo, elas devem ser padronizadas. No caso de FMEA de projeto, isso significa alterações em todos os desenhos pertinentes. No caso de FMEA de processo, isso significa atualização dos manuais de treinamento, operação e inspeção. No caso de FTAs, ambas as atividades podem ser necessárias.

11.7.6 DOCUMENTAÇÃO

Uma cópia do estudo de FMEA ou FTA deve ficar guardada junto ao setor correspondente. Outra cópia deve ficar com a direção de engenharia. Essas cópias, disponíveis para consulta, constituem um referencial técnico que auxilia tanto no desenvolvimento de sistemas correlatos como na implantação de futuras alterações a serem efetuadas sobre o sistema original.

11.7.7. MANUTENÇÃO

O esforço do programa de FMEA e FTA deve ser mantido pela direção de engenharia, que periodicamente deve verificar a pertinência das ações de correção e melhoria, a efetiva implantação das ações e os resultados alcançados com as ações. Isso pode ser feito na forma de auditorias periódicas no programa, visando confirmar a sua eficácia.

Em relação ao programas de FMEA e FTA, a responsabilidade da direção de engenharia inclui: providenciar treinamento em FMEA e FTA; providenciar sala, arquivo, software; além de alocar horas/homem para os estudos.

QUESTÕES

1. Escolher um sistema que você conhece tecnicamente (esse sistema pode ser um processo ou projeto, ou então um produto, ou equipamento). Após, (i) em uma folha de papel, listar os possíveis modos de falha para o sistema escolhido; (ii) para cada modo de falha, indicar o efeito que o cliente pode observar ou experimentar e indicar a severidade desse efeito usando uma escala de 1 a 10; (iii) para cada modo de falha, listar todas as causas que podem originá-lo; (iv) transportar toda a informação anterior para uma tabela de FMEA, e completá-la, calculando os riscos e indicando ações recomendadas quando necessário

2. Identificar um evento indesejável que possa ser classificado como um evento de topo, por exemplo: parada de um processo que está sob a sua responsabilidade; parada de um equipamento que você conhece; falha em atingir a produção prevista para o seu setor; poluição atmosférica acima de um determinado patamar crítico; morte de peixes em um estuário, devido a excesso de poluição na água; ruptura de uma obra civil (por exemplo, uma barragem), causando danos ao meio ambiente etc. Desenhar a árvore lógica para o evento de topo escolhido e identificar as causas básicas.

3. Para a árvore de falha apresentada a seguir (Figura 11.10) que contém as probabilidades de ocorrência das causas básicas, pede-se: (i) calcular a probabilidade de ocorrência do evento de topo e (ii) estabelecer a criticidade das causas básicas.

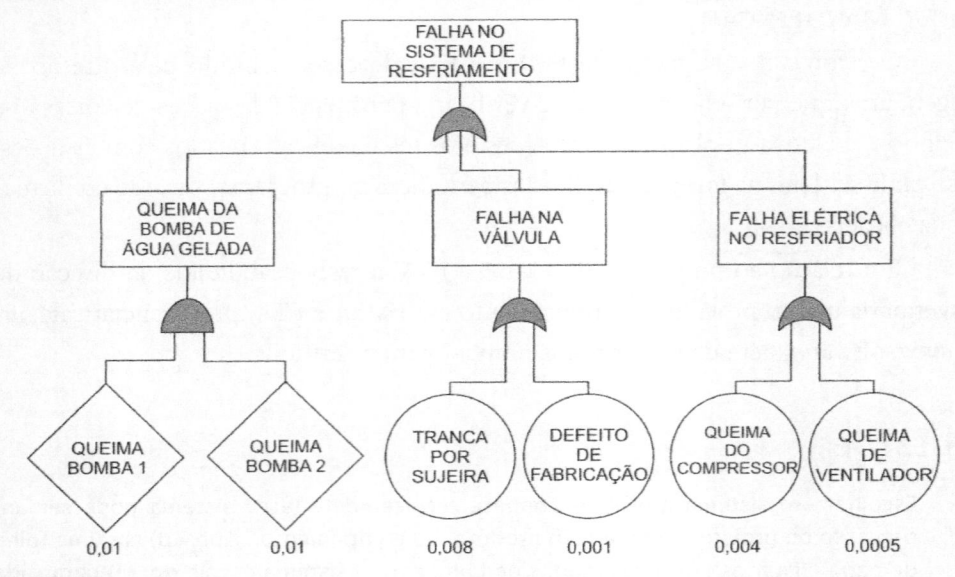

Figura 11.10

MANUTENÇÃO CENTRADA EM CONFIABILIDADE

CONCEITOS APRESENTADOS NESTE CAPÍTULO

Este capítulo apresenta os conceitos da manutenção centrada em confiabilidade (MCC). Inicialmente, é apresentada uma breve introdução à MCC. Após, discutem-se as questões básicas abordadas pela MCC. A seguir, os passos para a implantação da MCC são apresentados. Também é apresentada uma planilha que integra os aspectos específicos da MCC à tabela de FMEA. O capítulo é finalizado discutindo-se o uso do diagrama de decisão para a identificação das atividades de manutenção recomendadas para cada componente ou conjunto.

12.1. INTRODUÇÃO

A MCC pode ser definida como um programa que reúne várias técnicas de engenharia para assegurar que os equipamentos de uma planta fabril continuarão realizando as funções especificadas. Devido a sua abordagem racional e sistemática, os programas de MCC têm sido reconhecidos como a forma mais eficiente de tratar as questões de manutenção. Eles permitem que as empresas alcancem excelência nas atividades de manutenção, ampliando a disponibilidade dos equipamentos e reduzindo custos associados a acidentes, defeitos, reparos e substituições.

A eficácia da MCC está baseada em alguns pilares próprios desse programa. Entre esses pilares, podem ser destacados: (i) amplo envolvimento de engenheiros, operadores e técnicos de manutenção, caracterizando um ambiente de engenharia simultânea; (ii) ênfase no estudo das consequências das falhas, que direcionam todas as tarefas de manutenção; (iii) abrangência das análises, que consideram questões associadas à segurança, meio ambiente, operação e custos; (iv) ênfase nas atividades pró-ativas, envolvendo tarefas preditivas e preventivas; (v) combate às falhas escondidas, que reduzem a confiabilidade do sistema.

12.2. QUESTÕES BÁSICAS DA MCC

De acordo com Moubray (1997), existem sete questões básicas que devem ser contempladas pelos programas de MCC:

(i) Quais as funções e padrões de desempenho esperados para os equipamentos fabris?

(ii) De que modo os equipamentos podem falhar em cumprir suas funções?

(iii) O que causa cada falha funcional?

(iv) O que acontece quando cada falha ocorre?

(v) De que forma cada falha interessa?

(vi) O que pode ser feito para prevenir ou impedir cada falha?

(vii) O que deve ser feito quando não pode ser estabelecida uma atividade pró-ativa pertinente?

Os próximos parágrafos discutem cada uma dessas questões.

A definição das **funções e padrões de desempenho** dos equipamentos fabris estabelece a base de trabalho do programa de MCC. Todos devem compreender o que é esperado de cada equipamento, as funções que ele deve cumprir e o padrão de desempenho que deve ser mantido durante sua vida útil. Nesse sentido, é importante entender que cada componente da planta possui funções primárias e secundárias que devem ser mantidas. As funções primárias correspondem àquilo que o equipamento deve fazer em primeiro lugar, por exemplo, um motor deve mover uma correia transportadora. Contudo, cada componente também terá outras funções que devem ser mantidas. Continuando com o exemplo do motor, as suas funções secundárias poderiam estar associadas a assegurar baixa vibração, baixo ruído e nenhum vazamento de óleo. Todas essas funções devem ser devidamente identificadas para direcionar o programa de MCC.

Na maioria das vezes, gerentes de produção e operadores são as pessoas que podem identificar com clareza o desempenho esperado de cada equipamento, incluindo as funções primárias e secundárias que ele deve cumprir. Assim, para que o programa de MCC possa fornecer o que essas pessoas desejam, é essencial que as mesmas participem ativamente nas reuniões do programa. Adicionalmente, funções associadas à saúde, segurança e meio ambiente podem exigir a participação de especialistas, que possam descrever o desempenho a ser alcançado.

Outra questão essencial abordada pela MCC refere-se à identificação dos modos de falha, ou seja, dos modos **como os equipamentos podem falhar** em cumprir suas funções. Os modos de falha correspondem a eventos, passíveis de ocorrer, que caracterizam falha em cumprir uma das funções especificadas para o componente. Modos de falha passíveis de ocorrer são aqueles que já ocorreram no passado em componentes similares, ou aqueles que ainda não ocorreram, mas que a equipe considera que exista uma possibilidade real de ocorrência no futuro. Novamente, a identificação correta do modo como os equipamentos podem falhar exige a participação ativa tanto do pessoal de manutenção como do pessoal operacional.

Uma vez que as ações preventivas não são direcionadas aos modos de falha e sim às suas causas, uma importante preocupação dos programas de MCC é a identificação das **causas de cada falha funcional**. As causas das falhas devem ser identificadas em suficiente detalhe para assegurar que as ações sejam dirigidas à raiz do problema e não aos sintomas que ele apresenta. O envolvimento dos operadores, técnicos e mecânicos, que conhecem o dia a dia dos equipamentos, é essencial para a correta identificação das causas. Os fabricantes dos equipamentos também possuem experiência de campo acumulada e, usualmente, constituem outra importante fonte de informação.

Além de identificar as causas das falhas, é importante reconhecer seus efeitos, explicitando **o que acontece quando cada falha ocorre**. Nesse sentido, a MCC aborda: (i) o que pode ser observado quando a falha ocorre, (ii) o tempo que o equipamento irá permanecer parado na eventualidade da ocorrência da falha, (iii) os danos que a falha pode acarretar, incluindo possibilidade de perdas materiais, humanas ou ambientais e (iv) o que pode ser feito para reparar a falha.

Os operadores podem indicar o que é observado quando a falha ocorre. Os supervisores de linha, em geral, possuem a informação referente ao tempo que o equipamento permanece parado. Engenheiros ou especialistas podem prever os danos que a falha pode provocar. Por fim, o pessoal da manutenção geralmente possui conhecimento para indicar o que pode ser feito no sentido de reparar a falha.

Continuando a análise das falhas, deve ficar claro **de que forma cada falha interessa**. Uma planta industrial, em geral, possui centenas de modos de falha passíveis de ocorrer. Cada um desses modos de falha irá afetar a organização de um modo diferente. Alguns podem ter um efeito mínimo, outros podem causar prejuízos consideráveis, associados à segurança, produtividade, qualidade ou meio ambiente. O esforço dedicado a evitar a ocorrência de cada falha possível deve ser proporcional à consequência dessa falha.

De forma geral, as consequências das falhas podem ser classificadas em cinco grupos: (i) consequências escondidas, que não possuem impacto imediato, mas expõem a organização a outras falhas que podem ter consequências graves; (ii) consequências para a segurança, que podem machucar ou matar pessoas; (iii) consequências ambientais, falhas que podem causar prejuízos ao meio ambiente, violando normas regionais, nacionais ou internacionais; (iv) consequências operacionais, falhas que podem interromper a produção ou prejudicar o desempenho no que concerne a qualidade e a produtividade; e (v) outras consequências, falhas que não podem ser classificadas em nenhum dos grupos anteriores, de forma que envolvem apenas o custo direto do reparo. No âmbito da MCC, a consequência da falha é o aspecto-chave que orienta as ações preventivas, definindo a prioridade e intensidade das ações.

Conhecidas as consequências das falhas e, portanto, aquelas que devem ser evitadas prioritariamente, o próximo passo é identificar **o que pode ser feito para prevenir ou impedir cada falha**. De forma ampla, a gestão de falhas envolve tarefas pró-ativas e tarefas reativas.

As tarefas pró-ativas são aquelas conduzidas anteriormente à ocorrência de falhas, visando impedir que um componente falhe. Elas contemplam o que é em geral chamado de manutenção preventiva (recuperação ou substituição programada) e manutenção preditiva (recuperação ou substituição dependendo do estado do item). Em relação às atividades de manutenção preventiva, na falta de dados históricos, os operadores e o pessoal de manutenção são aqueles que possuem conhecimento a respeito da relação entre falhas e tempo de uso, e podem ajudar na definição apropriada dos intervalos de recuperação ou substituição de componentes. Já em relação a atividades preditivas, algumas dependem de observação visual ou tátil ou do uso de instrumentos simples (como um termômetro) e podem ser apropriadamente realizadas pelo pessoal de operação e manutenção. Outras dependem de medições sofisticadas (levantamento de um espectro de frequências, por exemplo), exigindo pessoal especializado para conduzir as análises.

As tarefas reativas envolvem lidar com componentes que apresentaram falhas. Elas são escolhidas quando não é possível (ou não é vantajoso financeiramente) empreender uma atividade pró-ativa eficaz. As tarefas reativas contemplam rodar até a falha, procura de falhas ou mesmo redesenho de componentes ou conjuntos que apresentam problemas.

Por fim, a MCC contempla planejar **o que deve ser feito quando não pode ser estabelecida uma atividade pró-ativa pertinente**. Nos casos em que a consequência da falha é considerada grave e não é possível empreender atividades preventivas ou preditivas, pode ser necessário empreender atividades de procura de falhas ou decidir pelo redesenho de subsistemas (permitindo o uso de redundância e alarmes que antecipem a falha potencial).

A procura de falhas é uma atividade que envolve a verificação periódica de funções escondidas, para determinar se elas não apresentam falha. O redesenho envolve alterações em componentes, conjuntos ou subsistemas. Ele deve ser empregado quando uma falha com consequências graves não pode ser antecipada. Contudo, no âmbito da MCC, o redesenho representa uma situação excepcional e não faz parte da rotina das equipes de trabalho. Vale observar que (i) redesenho necessita de competências que usualmente não estão presentes nas equipes de MCC e (ii) redesenho mobiliza muitas horas de trabalho e, caso empreendido pelas equipes de MCC, poderia paralisar todo o restante do programa. Assim, o redesenho de subsistemas deve ser uma decisão tomada com cautela e deve envolver recursos humanos adicionais, qualificados para essa tarefa.

12.3. PASSOS PARA A IMPLANTAÇÃO DA MCC

A MCC pode ser implementada em nove etapas, que envolvem: escolha da equipe, capacitação em MCC, estabelecimento dos critérios de confiabilidade, estabelecimento da base de dados, aplicação da FMEA e classificação dos componentes, seleção das atividades de MP pertinentes, documentação das atividades de MP, estabelecimento de metas e indicadores, revisão do programa de MCC. A seguir, essas etapas são detalhadas.

12.3.1. ESCOLHA DO COMITÊ E EQUIPES DE TRABALHO

A primeira etapa da implantação da MCC contempla a escolha do comitê que irá gerenciar o programa. É importante que exista uma pessoa que lidere o programa. Enquanto líder, essa pessoa deve acreditar nos princípios da MCC, possuir disposição para promover as mudanças necessárias, ser um bom comunicador, capaz de motivar os demais para o trabalho. O líder, por sua vez, em conjunto com a alta gerência, deve formar a sua equipe. O comitê deve conter representantes da produção, da engenharia e da manutenção. O tamanho da equipe pode variar, dependendo do porte e da complexidade da planta fabril. Esse é o grupo que irá gerenciar a implantação. As tarefas específicas, contudo, devem ser distribuídas em várias equipes de trabalho, sendo cada equipe responsável por um equipamento ou trecho discreto do processo. As equipes de trabalho, em geral formadas por quatro a seis pessoas, devem possuir um facilitador, além de um operador, um mecânico, um eletricista, um engenheiro, que possuam a máxima experiência no equipamento ou processo em estudo.

12.3.2. CAPACITAÇÃO EM MCC

Uma vez conhecidas as pessoas que irão se envolver ativamente com o trabalho, a próxima etapa contempla a capacitação do comitê e equipes de trabalho. Todas as pessoas do comitê devem conhecer em detalhe a MCC, o que inclui entender os conceitos associados a: fundamentos da MCC, falhas funcionais, padrões de falha, conceitos de confiabilidade, diagrama de blocos, redundância, FMEA, manutenção preventiva, manutenção preditiva, manutenção corretiva, diagrama de decisão da MCC, etapas da implantação da MCC.

As equipes de trabalho, por sua vez, devem conhecer os fundamentos da MCC, fundamentos de confiabilidade, FMEA, diagrama de decisão da MCC e conceitos básicos associados à manutenção preventiva e corretiva.

Alguns conceitos-chave para a implementação da MCC devem ser entendidos por todos. Entre esses conceitos estão (BLOMM, 2006): falhas escondidas, componentes críticos, componentes potencialmente críticos, análise de falhas simples ou múltiplas, análise de modos e efeitos de falha e redundância. Esses termos são explicados a seguir.

Falhas escondidas são aquelas que não são detectadas quando ocorrem, porque existe algum tipo de redundância que assegura que a função continue sendo atendida. Contudo, elas diminuem perigosamente a confiabilidade do sistema. A ocorrência de falhas escondidas faz com que o sistema passe a operar com confiabilidade inferior àquela estabelecida no projeto. Identificar as falhas escondidas e monitorar a sua eventual ocorrência é uma tarefa essencial nos programas de MCC.

Componentes críticos são aqueles cuja falha conduz imediatamente ao não-cumprimento de uma função do sistema. Esses componentes devem receber a maior atenção nas atividades de manutenção (preditiva, preventiva), pois a sua falha tem consequências imediatas.

Componentes potencialmente críticos são aqueles cuja falha não interrompe alguma função do sistema, mas diminuem a confiabilidade do sistema. A falha desses componentes deixa o sistema vulnerável, de forma que a falha de outro componente possa interromper a função do sistema. É importante que a condição desses componentes (operacional/não-operacional) seja regularmente verificada, de forma que sua falha não transforme outros componentes potencialmente críticos em componentes críticos.

A análise de falhas simples é apropriada para sistemas em série, em que a falha de um componente conduz imediatamente à interrupção de uma função do sistema. A análise de falhas múltiplas é apropriada para sistemas que possuem redundância, cuja interrupção de uma determinada função do sistema dependa da ocorrência de mais de uma falha.

A análise de modos e efeitos de falha, ou FMEA, é uma técnica sistemática para analisar os modos potenciais de falha de um componente, seus efeitos e suas causas. A FMEA fornece uma avaliação do risco da falha, permitindo aos engenheiros concentrar esforços nos componentes que apresentam maior risco de falha.

Redundância significa que há mais de um componente disponível para realizar uma determinada função. Em princípio, a redundância aumenta a confiabilidade do sistema, mas isso deixa de ocorrer se a falha do componente redundante não for detectada e restaurada. Uma tarefa importante da MCC é verificar regularmente a condição de componentes redundantes, de modo a assegurar que a redundância (e maior confiabilidade) continue presente.

12.3.3. ESTABELECIMENTO DOS CRITÉRIOS DE CONFIABILIDADE

Para aplicar a MCC, é preciso definir qual a confiabilidade esperada para os diversos equipamentos e para a planta como um todo. Como regra, os programas de MCC objetivam: (i) impedir qualquer acidente que possa incorrer em danos pessoais; (ii) impedir qualquer acidente que possa gerar danos ambientais e infrações a normas locais, nacionais ou internacionais; (iii) impedir qualquer acidente que possa gerar danos materiais significativos e (iv) assegurar alta confiabilidade aos equipamentos gargalos. Uma vez definidas as metas de confiabilidade, então pode ser identificada a necessidade de redundância de componentes, e podem ser dimensionadas as atividades de manutenção.

12.3.4. ESTABELECIMENTO DA BASE DE DADOS

A MCC requer que as informações referentes à confiabilidade dos componentes estejam disponíveis. Para tanto, é essencial estabelecer um banco de dados que registre e classifique as falhas observadas na planta. Entre outros campos, o banco de dados deve conter a indicação de: sistema, subsistema, conjunto, componente, data e hora da falha, modo de falha, causa da falha, classificação da falha (elétrica/mecânica, crítica/potencialmente crítica etc.), ação corretiva, data e hora do retorno à operação.

O banco de dados é importante por vários motivos. Primeiramente, ele define a estrutura de sistema/subsistema/conjunto/componente, que será atualizada em todas as análises e planejamentos subsequentes. Assim, ele define a estrutura da análise de FMEA, a estrutura de programação de atividades de manutenção, a estrutura de registro das intervenções etc. Além disso, o banco de dados irá permitir que sejam realizados estudos formais de confiabilidade, que conduzam a estimativas de taxas de falha e priorização de componentes, conjuntos, subsistemas e sistemas, em função da intensidade de ocorrência de falhas. Esses estudos servirão de base para o dimensionamento das atividades de manutenção.

Idealmente, esse banco de dados deve estar integrado ao sistema que irá controlar as atividades de manutenção, registrando tanto as falhas como as manutenções e substituições programadas.

12.3.5. APLICAÇÃO DA FMEA E CLASSIFICAÇÃO DOS COMPONENTES

A aplicação da FMEA inicia identificando a função de cada componente. A função é a razão pela qual o componente está instalado. Preservar a função é o objetivo central do programa de manutenção. Em seguida, através da FMEA, são identificados os modos de falha de cada componente, seus respectivos efeitos e causas. No âmbito da MCC, a identificação do efeito da falha conduz a classificação do componente, como (i) crítico, (ii) potencialmente crítico ou (iii) não crítico. Mais ainda, também permite classificar a consequência das falhas críticas ou potencialmente críticas como: (i) possível acidente envolvendo pessoal, (ii) material, (iii) meio ambiente, (iv) parada da linha, ou (v) outras perdas econômicas significativas. Os componentes críticos e potencialmente críticos devem ser incluídos no programa de manutenção. Os componentes não-críticos, por sua vez, são aqueles cuja falha não possui consequência grave, envolvendo apenas pequena perda econômica (tempo ou material de reparo). Geralmente, a estratégia adotada com esses componentes é reativa, envolvendo rodar até a falha e, então, proceder a manutenção corretiva.

12.3.6. SELEÇÃO DAS ATIVIDADES DE MP PERTINENTES

Nesta etapa, as atividades de manutenção são especificadas para todos os componentes classificados como críticos ou potencialmente críticos. Esses são os componentes cuja falha pode conduzir a um acidente, parada da linha ou perda econômica relevante. Sendo assim, o programa de manutenção deve empreender todos os esforços possíveis no sentido de evitar a ocorrência de falha desses componentes. As tarefas de manutenção podem ser classificadas em: (i) preditivas, orientadas pelo desgaste, (ii) preventivas, orientadas pelo tempo ou (iii) reativas, procura de falhas ou rodar até a falha.

Sempre que for possível avaliar o desgaste, as tarefas de manutenção devem ser orientadas por este último. Essa estratégia reduz simultaneamente os custos de manutenção e a probabilidade de falha. A substituição baseada em tempo de uso, sem avaliação do desgaste, só deve ser empregada nos casos em que não é possível avaliar o desgaste, mas é conhecido que o componente desgasta-se com o uso. A procura de falhas deve ser empregada para os componentes potencialmente críticos sujeitos a falhas escondidas. Rodar até a falha pode ser adotado para componentes cuja falha não possui consequência grave.

Vale observar que as atividades de manutenção orientadas pelo desgaste e orientadas pelo tempo são tipicamente pró-ativas (manutenção preditiva e preventiva), enquanto a procura de falhas envolve encontrar falhas que já ocorreram e que devem ser reparadas para restaurar a confiabilidade plena do sistema. O reparo de falhas escondidas constitui ação corretiva (reativa). Contudo, a procura (pró-ativa) por essas falhas também poderia ser classificada nas atividades preventivas.

12.3.7. DOCUMENTAÇÃO DAS ATIVIDADES DE MP

As atividades de manutenção preditiva e preventiva devem estar devidamente documentadas em planilha, incluindo: sistema, subsistema, conjunto, componente, descrição detalhada da atividade, periodicidade e responsável.

Sempre que existirem dados quantitativos, a periodicidade deve ser baseada em estudos de confiabilidade. Quando os dados forem escassos ou inexistentes, a periodicidade deve ser definida pela equipe de trabalho (que reúne a máxima experiência no respectivo equipamento). A responsabilidade de várias atividades será do setor de manutenção, mas outras podem ser de responsabilidade da operação, da engenharia ou de terceiros (o fabricante do equipamento, por exemplo, conforme estabelecido no contrato de compra do mesmo).

Para o controle do programa de MCC, é essencial que todas as atividades sejam documentadas. Por um lado, é importante esclarecer o que deve ser feito, por outro, é importante possuir o registro do que foi feito (componentes reparados ou substituídos, data da substituição etc.).

12.3.8. ESTABELECIMENTO DE METAS E INDICADORES

Metas e indicadores constituem a base para o gerenciamento do programa de MCC. Inicialmente, devem ser definidos os indicadores pertinentes, usualmente envolvendo métricas de tempo de parada, disponibilidade de equipamentos e qualidade do processo. Para fins gerenciais, os indicadores podem ser definidos considerando os grandes equipamentos ou trechos do processo.

Uma vez definidos os indicadores pertinentes, o próximo passo é o levantamento da situação atual. Feito isso, é possível estabelecer metas coerentes. Em geral, não há tolerância em relação a acidentes que possam afetar pessoas, grandes somas econômicas ou questões ambientais. Assim, as metas devem sinalizar zero acidentes. No que tange a paradas e disponibilidade de equipamentos, as metas devem ser desafiadoras, mas não impossíveis. Metas corretamente estabelecidas mobilizam e motivam as equipes de trabalho no sentido de alcançar o patamar definido. Metas pouco desafiadoras não irão motivar as equipes, enquanto metas impossíveis irão frustrar as equipes.

Estabelecidas as metas, passa-se ao monitoramento dos indicadores. Eles devem ser observados regularmente e apresentados em tabelas e gráficos que permitam avaliar o avanço em relação à situação original e a distância da meta estabelecida. As tabelas e gráficos devem comunicar o estágio do programa de MCC, fornecendo *feedback* às equipes de trabalho. É interessante que os indicadores possam ser agrupados de forma que exista avaliação tanto dos equipamentos individuais como dos setores fabris e da planta inteira. O agrupamento dos indicadores pode ser feito através de uma soma ponderada, em que os pesos são proporcionais às perdas envolvidas, ou podem ser usados outros esquemas pertinentes a cada aplicação específica.

12.3.9. REVISÃO DO PROGRAMA DE MCC

O programa de MCC, como os demais processos fabris, evolui com o tempo. A condição dos equipamentos, o conhecimento a respeito do processo, os recursos da manutenção se alteram com o passar do tempo. Em função disso, os procedimentos de manutenção, incluindo a natureza e periodicidade das atividades, devem ser revistos regularmente.

Algumas mudanças efetuadas na operação podem melhorar a condição dos equipamentos, permitindo ampliar a periodicidade das visitas. Por outro lado, podem ser descobertos modos de falha anteriormente desconhecidos, conduzindo ao estabelecimento de novas atividades preventivas. A mudança em matérias-primas, novas tecnologias, novos equipamentos e novos instrumentos de medição contribuem para os contínuos ajustes no programa de MCC.

Um aspecto essencial ao qual deve ser atribuída máxima atenção é o *feedback* que pode ser fornecido pelas próprias equipes de trabalho. O conhecimento acumulado pelas equipes, tornado explícito, irá permitir o contínuo aprimoramento do programa, enfatizando componentes de menor confiabilidade, revelando novos modos de falha e descobrindo falhas escondidas.

12.4. PLANILHA DE APOIO À IMPLANTAÇÃO DA MCC

Conforme mencionado anteriormente, a FMEA é uma importante ferramenta na aplicação de programas de MCC. No entanto, a implantação da MCC vai além da análise de FMEA e estabelece as atividades de manutenção pertinente. Para tanto, é interessante o uso de uma planilha ampliada, que contenha em conjunto tanto as preocupações do estudo dos modos de falha como os detalhes das atividades de manutenção. Recomenda-se que essa planilha ampliada contemple os campos especificados na Figura 12.1. Os campos assinalados com (*) são campos novos, específicos da MCC. Os demais são campos usualmente presentes na tabela de FMEA.

Núm.	Campo da planilha	Pessoas em melhores condições para contribuir no preenchimento
1	Sistema	Engenheiros
2	Subsistema	Engenheiros
3	Conjunto	Engenheiros, operadores e técnicos de manutenção
4	Componente	Engenheiros, operadores e técnicos de manutenção
5	Função	Engenheiros
6*	Padrão de desempenho	Operadores, Supervisores e Gerentes de produção
7	Modo de falha	Operadores e Técnicos de Manutenção
8	Efeito: o que é observado	Operadores e Técnicos de Manutenção
9*	Tempo médio de parada	Supervisor de produção
10*	Danos pessoais/materiais/ambientais	Operadores, engenheiros e especialistas
11	Causa da falha	Operadores e técnicos de manutenção
12*	O que pode ser feito para evitar a falha	Operadores e técnicos de manutenção
13*	Classificação da consequência da falha Escondida (potencialmente crítica), Segurança (crítica) Ambiental (crítica) Operacional (crítica) Outra (não-crítica)	Operadores, engenheiros e especialistas
14	Probabilidade de ocorrência	Operadores e técnicos de manutenção
15	Severidade	Operadores, engenheiros e especialistas
16	Probabilidade de detecção	Operadores e técnicos de manutenção
17	Risco	Engenheiros
18*	Tarefa indicada: Preditiva – recuperação baseada na condição Preditiva – substituição baseada na condição Preventiva – recuperação programada Preventiva – substituição programada Reativa – rodar até a falha Reativa – Procura de falha Redesenho	Técnicos de manutenção
19*	Detalhe da tarefa	Técnicos de manutenção
20*	Responsável pela tarefa	Operadores e técnicos de manutenção
21*	Intervalo entre tarefas	Engenheiros e técnicos de manutenção

(continua)

22	Probabilidade de ocorrência	Engenheiros, operadores e técnicos de manutenção
23	Severidade	Engenheiros, operadores e técnicos de manutenção
24	Probabilidade de detecção	Engenheiros, operadores e técnicos de manutenção
25	Risco	Engenheiros, operadores e técnicos de manutenção

Figura 12.1: Planilha ampliada para a condução da FMEA e detalhamento das atividades de manutenção.

Vale observar que a planilha ampliada cobre os passos detalhados anteriormente nas Seções 12.2.5 a 12.2.7: preenchimento da planilha de FMEA, seleção das atividades de MP pertinentes e documentação das atividades de MP pertinentes. Assim, ela constitui uma importante ferramenta na implantação do programa de MCC. A Figura 12.2 apresenta um exemplo de preenchimento da planilha ampliada.

Num	Campo da planilha	Exemplo de preenchimento
1	Sistema	Linha de produção 1
2	Subsistema	Subsistema de tração
3	Conjunto	Motor de tracionamento
4	Componente	Bobina
5	Função	Acionar os cilindros
6*	Padrão de desempenho	Controle suave de velocidade no intervalo 0 a 100 rpm
7	Modo de falha	Queima da bobina
8	Efeito: o que é observado	Desarma o disjuntor e não é possível religá-lo
9*	Tempo médio de parada	1 hora
10*	Danos pessoais/materiais/ambientais	Nenhum, apenas operacional
11	Causa da falha	Falha de isolamento entre as espiras da bobina
12*	O que pode ser feito para evitar a falha	Verificações periódicas
13*	Classificação da consequência da falha	Operacional (crítica)
14	Probabilidade de ocorrência	5
15	Severidade	7
16	Probabilidade de detecção	7
17	Risco	245

(continua)

18*	Tarefa indicada	Preditiva – substituição baseada na condição
19*	Detalhe da tarefa	Inspeção termográfica
20*	Responsável pela tarefa	Equipe mecânica da linha 1
21*	Intervalo entre tarefas	6 semanas
22	Probabilidade de ocorrência	2
23	Severidade	7
24	Probabilidade de detecção	2
25	Risco	28

Figura 12.2: Exemplo de preenchimento da planilha ampliada.

A planilha ampliada apresenta duas avaliações de risco (campos 14 a 17 e campos 22 a 25). O primeiro preenchimento é feito considerando as condições de manutenção em geral empregadas na planta em análise. Esse preenchimento auxilia na avaliação da severidade do modo de falha e, portanto, auxilia no planejamento da tarefa de manutenção apropriada. O segundo preenchimento é feito após a definição da tarefa de manutenção apropriada. Atividades preditivas e preventivas alteram a probabilidade de ocorrência e a probabilidade de detecção. Redesenho pode alterar, inclusive, a severidade das falhas em análise. O segundo preenchimento deve conduzir o item em estudo a um nível de risco considerado aceitável. Se esse não for o caso, as atividades de manutenção devem ser repensadas.

12.5. DIAGRAMA DE VERIFICAÇÃO DA ATIVIDADE RECOMENDADA

O diagrama apresentado na Figura 12.3 pode ser utilizado para auxiliar na definição da atividade de manutenção adequada a cada item e seu respectivo modo de falha. O programa de MCC prioriza atividades pró-ativas. Assim, a primeira questão verifica se é possível antecipar falhas e, em caso positivo, encaminha para atividades preditivas ou preventivas.

No âmbito das ações pró-ativas, as atividades baseadas em predição são aquelas recomendadas prioritariamente, pois são baseadas na condição do item, conduzindo o reparo ou substituição apenas quando necessário (em função do desgaste observado). Contudo, muitas vezes, a predição não pode ser feita, devido a impossibilidade ou alto custo das medições e avaliações associados. Nesse caso, logo a seguir, a recomendação é o uso de manutenção preventiva, quando o reparo ou substituição são feitos a intervalos predefinidos. Idealmente, esses intervalos devem ser definidos considerando a distribuição de falhas do item em questão. Recomenda-se que o intervalo de manutenção seja igual a um dos tempos característicos, $t_{0,01}$ a $t_{0,20}$, dependendo da severidade da falha. Se a distribuição dos tempos de falha não for conhecida (por não existirem dados suficientes), o intervalo de manutenção pode ser definido como um percentual do MTBF. O MTBF, por sua vez, pode ser calculado a partir de uns poucos dados existentes ou, na falta desses dados, pode ser estimado pela equipe de trabalho, que possui experiência a respeito dos componentes em estudo.

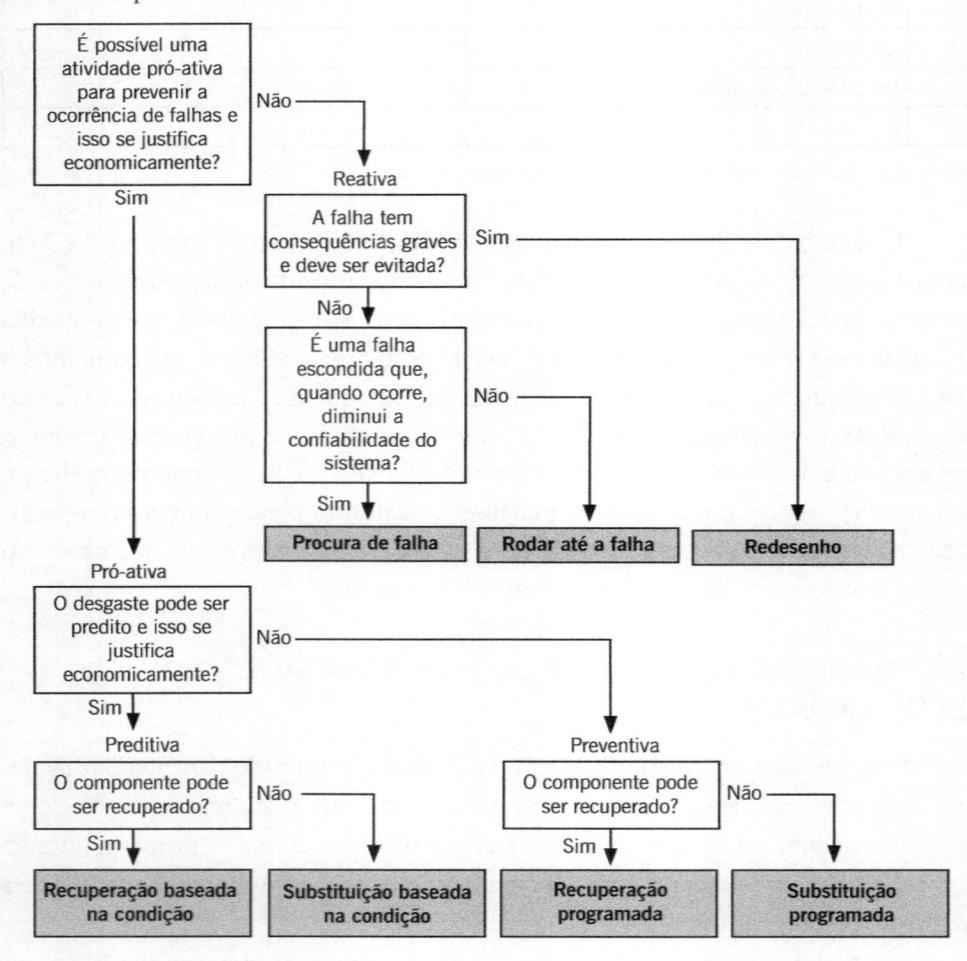

Figura 12.3: Diagrama de decisão referente ao tipo de atividade de manutenção recomendada.

Frequentemente, não há dados para estipular a distribuição de probabilidade dos tempos de falha ou o MTBF com suficiente precisão e, mesmo quando isso acontece, sabe-se que os intervalos entre falhas apresentam grande variabilidade (grande dispersão em torno do MTBF, em que coeficientes de variação da ordem de 50% a 100% são usuais). Devido às incertezas associadas aos intervalos entre falhas, o uso de um intervalo de manutenção constante não é tão eficiente quanto o uso de um intervalo condicional, baseado nas técnicas preditivas que avaliam o desgaste do componente.

Outra questão relevante associada à manutenção preventiva diz respeito a quais componentes podem ser beneficiados por atividades de recuperação e substituição. Claramente, componentes que possuem taxa de falha constante (como *chips* eletrônicos) não são passíveis de manutenção preventiva. Esses componentes não envelhecem com o tempo, e o risco de falha ao longo do primeiro ano ou ao longo do décimo ano de uso é essencialmente o mesmo. Em relação a componentes com taxa de falha constante ao longo do tempo, uma importante recomendação é estabelecer boas condições de trabalho, em geral caracterizadas por temperaturas mais baixas, menor umidade, menor vibração, menor exposição à sujeira, poluição e outros contaminantes. No caso específico de *chips* eletrônicos, a temperatura é um conhecido fator de aceleração de falhas, usualmente reduzindo à metade o MTBF a cada dez graus de aumento de temperatura.

Por outro lado, os componentes que possuem taxas de falha crescente (como os componentes mecânicos sujeitos a desgaste/degradação associados ao uso) podem ser substancialmente beneficiados pelas atividades de manutenção preventiva. Esses componentes envelhecem com o uso e, em geral, podem ser recuperados a condição de novos através de lubrificação, reaperto, realinhamento, retífica ou substituição de partes. Assim, a taxa de falha é constantemente recuperada à condição inicial (baixa taxa de falha). Em muitos casos, nos quais a ocorrência de falha depende diretamente da existência de desgaste ou degradação, as atividades preventivas realizadas com regularidade tornam a probabilidade de falha praticamente nula.

Quando as ações pró-ativas não são possíveis, a próxima questão é avaliar a consequência da falha em análise. Se a consequência da falha não for severa, pode se optar pela procura da falha ou pela estratégia de rodar até a falha. No caso de falhas escondidas, que não têm um efeito imediato sobre o sistema, mas diminuem a sua confiabilidade, a procura da falha deve ser a opção escolhida (se atividades regulares de procura da falha não forem possíveis, então é necessário o redesenho). Para falhas cujas consequências não ficam escondidas e são leves, em que o custo da falha costuma ser menor que os custos de manutenção preditiva ou preventiva, a recomendação é rodar até a falha.

Se a consequência é severa e a falha não pode ser antecipada, então a única alternativa é o redesenho do sistema. Essa é a alternativa mais extrema, que deve ser usada apenas quando não há outras possibilidades. O redesenho pode simplificar o sistema, eliminando a possibilidade da falha em estudo, ou pode prever redundância e alarme. A existência de redundância permite que, no caso de falha de um dos componentes, a função seja imediatamente restabelecida pelo outro componente. O alarme avisa a respeito da falha de um dos componentes, de forma que ela possa ser corrigida, recuperando a alta confiabilidade associada ao sistema redundante.

Como pode ser visto, existe uma ordem preferencial para o uso das atividades de manutenção, conforme apresentada a seguir. Essa sequência está baseada no efeito das falhas e, em última instância, no custo associado às falhas (incluindo o próprio custo de manutenção).

1. Preditiva – reparo baseado nas condições do componente.
2. Preditiva – substituição baseada nas condições do componente.
3. Preventiva – reparo baseado em tempo de uso.
4. Preventiva – substituição baseada em tempo de uso.
5. Reativa – procura de falhas.
6. Reativa – rodar até a falha.
7. Redesenho de partes do subsistema.

QUESTÃO

1. Ampliar a tabela de FMEA desenvolvida no Capítulo 11, acrescentando os campos específicos da MCC, conforme detalhado nas Figuras 12.1 e 12.2.

Capítulo 13

MANUTENÇÃO PRODUTIVA TOTAL

CONCEITOS APRESENTADOS NESTE CAPÍTULO

Este capítulo apresenta os conceitos da manutenção produtiva total (MPT). Inicialmente, é apresentada uma breve introdução à MPT. Após, discutem-se os conceitos básicos envolvidos na MPT, incluído os conceitos de perdas, cálculo do rendimento dos equipamentos e quebra zero. A seguir, os requisitos necessários para o desenvolvimento da MPT são apresentados, enfatizando-se a estruturação para a manutenção autônoma, para a manutenção planejada e para o controle dos equipamentos. O capítulo é finalizado discutindo-se as etapas que devem ser empreendidas na implantação da MPT.

13.1. INTRODUÇÃO

A MPT surgiu no Japão, onde é considerada como a evolução natural da manutenção corretiva (reativa) para a manutenção preventiva (pró-ativa). A MPT expandiu os conceitos tradicionais da manutenção, incorporando esforços para evitar defeitos de qualidade provocados pelo desgaste e mau funcionamento dos equipamentos. A MPT entende que as pessoas que utilizam o equipamento são aquelas que possuem os maiores conhecimentos referentes a ele. Assim, essas pessoas estão em posição ideal para contribuir nos reparos e modificações, visando melhorias de qualidade e produtividade.

Na medida em que a MPT incorpora uma visão mais abrangente, incluindo as preocupações com a qualidade e grande envolvimento dos operadores, o termo manutenção preventiva não era suficiente para representá-la. Assim surgiu o termo manutenção produtiva. Em função da abrangência ampliada, as equipes de manutenção passaram a trabalhar ativamente com as equipes de produção, projeto, engenharia etc., consolidando-se, então, o termo manutenção produtiva total.

Davis (1995) afirma que a MPT pode ser considerada uma filosofia, uma coleção de práticas e técnicas destinadas a maximizar a capacidade dos equipamentos e processos utilizados pela empresa. Ela contempla tanto a manutenção dos equipamentos, como também os aspectos relacionados a sua instalação e operação. Seguindo os preceitos japoneses, a essência da MPT reside na motivação e no enriquecimento das pessoas que trabalham na empresa.

13.2. CONCEITOS BÁSICOS

A MPT apoia-se em alguns elementos gerais. Entre esses elementos, vale destacar: (i) mudança cultural, visando otimizar o rendimento geral dos equipamentos; (ii) estabelecimento de um sistema para prevenir as perdas associadas aos equipamento e local de trabalho (zero acidente, zero defeito de qualidade, zero quebra); (iii) implementação envolvendo todos os departamentos – manutenção, produção, engenharia, desenvolvimento de produtos, vendas, recursos humanos etc.; (iv) envolvimento de todos os colaboradores em atividades de melhoria contínua (*kaizen*), desde a alta direção até os operadores mais simples; e (v) educação e treinamento, visando aprimorar a consciência e competência dos colaboradores.

Esses elementos gerais, por sua vez, suportam a busca de perda zero, envolvendo ações mais específicas da manutenção, entre as quais se destacam: (i) atividades de manutenção autônoma conduzidas pela produção; (ii) planejamento das atividades de manutenção, apoiado em procedimentos padronizados próprios para cada equipamento, baseados em tempo de uso ou degradação observada; e (iii) prevenção de quebras já na fase de projeto dos equipamentos, desenvolvendo soluções que facilitem ou eliminem necessidade de manutenção.

13.2.1. PERDAS

Todos os equipamentos estão sujeitos a perdas. Para melhorar o rendimento dos equipamentos, é preciso reconhecer, medir e eliminar essas perdas. Esse é um conceito essencial da MPT, que classifica seis grandes perdas: (i) perdas por quebra devido a falhas do equipamento, (ii) perdas durante *setup* e ajustes de linha, (iii) perdas por pequenas paradas e operação em vazio, (iv) perdas por redução da velocidade de operação, (v) perdas por defeitos de qualidade e retrabalhos e (v) perdas de rendimento. Essas perdas são detalhadas a seguir (mais detalhes podem ser vistos em Nakajima, 1988 e Geremia, 2001).

As perdas por quebras devido a falhas dos equipamentos são aquelas que ocorrem quando as máquinas quebram e permanecem sem produzir até que os reparos sejam completados. Envolvem o tempo exigido para o reparo e as peças de reposição necessárias para consertar o equipamento.

As perdas durante *setup* e ajustes são aquelas decorrentes do tempo necessário de preparação da máquina para esta passar a produzir um produto diferente. Envolvem o tempo em que a máquina interrompe a sua operação, até o início da operação subsequente, incluindo todos os ajustes necessários para alcançar os níveis usuais de qualidade.

As perdas devido a pequenas paradas ou operação em vazio são aquelas que ocorrem quando o equipamento necessita ser parado por alguns minutos ou trabalha sem carga devido a oscilações no fluxo do processo, exigindo intervenção do operador para que a linha volte a produzir normalmente. Em geral, são classificadas nessa categoria aquelas perdas cuja interrupção dura menos de quatro minutos.

As perdas por queda de velocidade de produção são aquelas associadas à velocidade de operação, quando o equipamento é operado abaixo da velocidade original ou teórica. Isso pode acontecer por um problema no equipamento, que impossibilite o uso de velocidades mais altas ou gere defeitos de qualidade nessa condição, obrigando o uso de velocidades inferiores.

As perdas por defeitos de qualidade e retrabalhos são aquelas que ocorrem na linha de produção, associadas a produtos defeituosos ou fora das especificações. Esses produtos devem ser retrabalhados ou sucateados. O retrabalho ou sucateamento envolve custos para a empresa (tempo, matéria-prima, atrasos na entrega etc.).

As perdas por queda de rendimento são aquelas que ocorrem cada vez que o processo é interrompido e reiniciado. Essas perdas podem envolver a produção de produtos defeituosos, que podem estar sendo gerados enquanto o equipamento não atinge as condições ideais de operação (pressão, temperatura, concentração etc.).

Além das seis grandes perdas, descritas nos parágrafos anteriores, a literatura reporta outras perdas que podem ocorrer em condições específicas. Entre essas outras perdas, podem ser citadas: perdas durante o acionamento ou desligamento do equipamento, perdas por falta de capacitação dos operadores, perdas por espera de materiais, ferramentas ou transporte, perdas por desorganização das linhas, perdas por falhas logísticas, perdas por medição e ajustes, perdas por desperdício de energia, perdas por desperdício de material, perdas por desgaste de moldes, ferramentas e gabaritos.

13.2.2. RENDIMENTO OPERACIONAL E OUTROS ÍNDICES DA MPT

A MPT utiliza três índices principais para avaliar o efeito das perdas. São eles: a disponibilidade, a taxa de velocidade e a taxa de qualidade. Esses índices, por sua vez, são integrados no principal indicador da MPT, o índice de rendimento operacional global (IROG). Existem diferentes abordagens utilizadas para o cálculo do IROG (ver, por exemplo, Hansen, 2002). O formulário mais utilizado no cálculo dos índices e do IROG, que serve para a maioria das aplicações, é apresentado a seguir.

A disponibilidade avalia o percentual do tempo que é efetivamente utilizado para a produção. A disponibilidade é um número igual ou menor a 1, e sua fórmula de cálculo é a seguinte:

Disponibilidade = Tempo de produção / Tempo programado

A taxa de velocidade avalia a velocidade relativa do equipamento comparada a sua velocidade teórica máxima. A taxa de velocidade é um número igual ou menor a 1, e sua fórmula de cálculo é a seguinte:

Taxa de velocidade = Tempo de ciclo teórico / Tempo de ciclo real

onde:

Tempo de ciclo teórico = tempo ideal (mínimo) por unidade produzida

Tempo de ciclo real = Tempo de produção / Total de unidades produzidas

A taxa de qualidade avalia o percentual de unidades conformes produzidas no período em análise. A taxa de qualidade é um número igual ou menor a 1, e sua fórmula de cálculo é a seguinte:

Taxa de qualidade = Unidades boas produzidas / Total de unidades produzidas

O IROG é calculado como o produto simples dos três índices anteriores, conforme segue:

IROG = Disponibilidade × Taxa de Velocidade × Taxa de Qualidade

Uma vez que a disponibilidade, a taxa de velocidade e a taxa de qualidade são valores iguais ou menores a 1, o seu produto também irá resultar em um valor igual ou menor a 1. Como orientação geral, para caracterizar um bom desempenho, a disponibilidade e a taxa de velocidade deveriam ser superiores a 0,90, enquanto a taxa de qualidade deveria ser superior a 0,99. A literatura reporta que valores de IROG superiores a 0,85 representam um bom desempenho operacional. Valores inferiores a 0,85 deveriam ser priorizados nas atividades de análise e melhoria de equipamentos.

Um aspecto que deve ser observado é que o IROG, assim como os três índices usados na sua composição, são índices relativos, que podem ser calculados para qualquer período de tempo (uma semana, um mês, um ano). Similarmente, em função de seu caráter relativo, o IROG pode ser empregado para avaliar um equipamento, para um conjunto de equipamentos ou para toda a linha de produção.

EXEMPLO 13.1 – CÁLCULO DO IROG

Seja um equipamento que deveria trabalhar oito horas por dia durante 20 dias úteis de um determinado mês. Contudo, durante esse período, devido a quebras e ajustes, o equipamento permaneceu parado durante 22,5 horas. O tempo de ciclo teórico, informado pelo fabricante do equipamento, corresponde a uma peça por minuto. Contudo, durante as horas de funcionamento, neste mês foram produzidas 7.600 peças. Dentre essas peças, 95 foram consideradas não conforme. Utilize esses dados e calcule a disponibilidade, taxa de velocidade, taxa de qualidade e o IROG para esse equipamento e período.

Tempo programado = 8 horas × 20 dias = 160 horas

Tempo de produção = Tempo programado – horas paradas

Tempo de produção = 160 horas – 22,5 horas = 137,5 horas

Disponibilidade = Tempo de produção / Tempo programado

Disponibilidade = 16 horas / 137,5 hora = **0,859**

Tempo de ciclo teórico = 1/60 = 0,0167 hora / peça

Tempo de ciclo real = Tempo de produção / Total de unidades produzidas

Tempo de ciclo real = 137,5 horas / 7.600 peças = 0,0181 hora / peça

Taxa de velocidade = Tempo de ciclo teórico / Tempo de ciclo real

Taxa de velocidade = 0,01667 / 0,0181 = **0,922**

Unidades boas produzidas = Total de unidades produzidas – não conformes

Unidades boas produzidas = 7.600 – 92 = 7.508

Taxa de qualidade = Unidades boas produzidas / Total de unidades produzidas

Taxa de qualidade = 7.505 / 7.600 = **0,988**

IROG = Disponibilidade × Taxa de Velocidade x Taxa de Qualidade

IROG = 0,859 × 0,922 × 0,988 = **0,782**

O valor de IROG resultou inferior a 0,85, logo esse equipamento oferece ampla oportunidade de melhoria. Uma vez que a disponibilidade resultou inferior a 0,90 e a taxa de qualidade resultou inferior a 0,99, as melhorias deveriam se concentrar em ações que possam influenciar essas parcelas.

13.2.3. QUEBRA ZERO

Faz parte da filosofia da MPT buscar incessantemente a condição de quebra zero, que corresponde a equipamentos operando sem falhas e sem interrupções. O conceito de quebra zero não significa que esse ideal, talvez impossível ou mesmo proibitivo financeiramente, será alcançado, mas sim que todos devem trabalhar nessa direção, diminuindo continuamente as falhas e interrupções.

As quebras e falhas podem conduzir à perda total ou à redução da capacidade produtiva do equipamento. Elas são o principal fator que influencia no rendimento operacional dos equipamentos e devem ser combatidas. Entre as ações para combater quebras e falhas podem ser citadas (GEREMIA, 2001): (i) manter as condições básicas para a operação do equipamento, no que concerne à limpeza, lubrificação e aperto dos componentes; (ii) operar os equipamentos dentro das condições de trabalho estabelecidas; (iii) recuperar as partes desgastadas e degradadas; (iv) corrigir fragilidades incorporadas no projeto do equipamento; e (v) capacitar o pessoal operacional e os técnicos de manutenção, de modos que possam perceber, diagnosticar e atuar convenientemente.

As ações (i) e (ii) são de responsabilidade prioritária dos próprios operadores, enquanto (iii) é de responsabilidade prioritária dos técnicos de manutenção. Operadores e técnicos de manutenção estão em excelente posição para sugerir o que pode ser feito para resolver fragilidades dos equipamentos, mas a responsabilidade prioritária da ação (iv) é atribuída ao setor de engenharia. Por fim, a ação (v) é de responsabilidade prioritária do departamento de recursos humanos. Novamente, observa-se que a MPT envolve diversos departamentos da empresa.

13.3. REQUISITOS PARA O DESENVOLVIMENTO DA MPT

Nakajima (1988) apresenta os requisitos mínimos para o desenvolvimento do TPM, que são organizados em cinco atividades: capacitação dos recursos humanos, implementação de melhorias nos equipamentos, estruturação da manutenção autônoma, estruturação da manutenção planejada e estruturação para o controle de novos equipamentos.

13.3.1. CAPACITAÇÃO TÉCNICA

A capacitação técnica dos colaboradores constitui a base que sustenta as demais atividades. A capacitação deve ser abrangente, contemplando gerentes, engenheiros, supervisores, operadores e técnicos de manutenção.

Os gerentes e engenheiros devem ser educados em relação aos princípios, conceitos e métodos da MPT, de forma que possam gerenciar o programa de manutenção, reduzindo perdas, melhorando a eficiência dos equipamentos e, portanto, a qualidade e produtividade da linha. Gerentes e engenheiros têm um papel central na manutenção planejada e devem ser capacitados para essa tarefa.

Os supervisores devem ser capacitados pelos engenheiros e técnicos de manutenção, de modo a conhecer o funcionamento dos equipamentos e as partes a serem inspecionadas. Isso contempla conhecer detalhes referentes à lubrificação, limpezas e reapertos. Conforme o equipamento, noções básicas de mecânica, elétrica, hidráulica, pneumática ou mesmo programação também podem ser necessárias. Reforçar o conhecimento dos supervisores é importante, pois eles irão transmitir os conteúdos adquiridos aos operadores, efetivando a manutenção autônoma.

Os operadores devem ser capacitados a respeito dos conceitos básicos de manutenção. Eles devem reconhecer a condição dos equipamentos em que trabalham, assumindo as tarefas de lubrificação, limpeza e reaperto. Além disso, os operadores devem ser treinados para observar anomalias, fazendo pequenos reparos (problemas mais simples) ou chamando os técnicos de manutenção (problemas mais complexos). Ao assumir as tarefas de inspeção e ajustes, os operadores operacionalizam a manutenção autônoma. O desempenho obtido com a manutenção autônoma depende da capacitação dos operadores.

Os técnicos de manutenção devem ser capacitados nos princípios e nas técnicas de manutenção, desenvolvendo as competências necessárias para lidar com o parque de equipamentos da empresa. Isso pode envolver acesso a conhecimentos especializados de mecânica, elétrica, hidráulica, pneumática e programação. Eles também devem ser capacitados ao uso de técnicas preditivas, envolvendo o uso de instrumentos de medição de temperatura, pressão, deslocamento, tensão, frequência de vibração etc. Adicionalmente, é fundamental que os técnicos de manutenção saibam orientar os operadores a respeito da melhor forma de operar e manter os equipamentos.

Por fim, engenheiros, supervisores, operadores e técnicos de manutenção devem ser capacitados para trabalhar em equipe, utilizando ferramentas que facilitem as análises de causa e efeito e a solução de problemas. Em particular, eles devem ser capacitados a realizarem a análise P-M, utilizada no âmbito da MPT. Vale mencionar que as atividades realizadas em equipe propiciam a transferência de informações, ampliando o conhecimento de todos os envolvidos. Essa capacitação informal é tão importante quanto os cursos regulares que a empresa possa oferecer. Adicionalmente, ela contribui para que os engenheiros entendam as preocupações dos operadores e vice-versa.

13.3.2. IMPLEMENTAÇÃO DE MELHORIAS NOS EQUIPAMENTOS

A implementação de melhorias nos equipamentos deve ser feita analisando o papel do equipamento na linha de produção e os valores de IROG. O papel do equipamento se refere à sua condição (ou não) de gargalo e a existência (ou não) de redundância. Devem ser priorizadas as melhorias nos equipamentos gargalo e naqueles que não possuem redundância. Problemas nesses equipamentos interrompem a linha de produção e geram efeito significativo na produção do período. Entre os equipamentos que possuem papel semelhante, devem ser priorizados aqueles que apresentam valores mais baixos de IROG, em que existe maior potencial para melhorias. A natureza das melhorias necessárias pode ser percebida analisando as parcelas do IROG: disponibilidade, velocidade e qualidade.

Existem vários métodos que podem ser utilizados para promover melhorias nos equipamentos. Entre os principais métodos utilizados no âmbito da MPT, podem ser citados: (i) a teoria das restrições, que auxilia na identificação dos equipamentos que restringem a produção (gargalos); (ii) o método de análise e solução de problemas (MASP), que estrutura etapas lógicas de diagnóstico-atuação-verificação; (iii) a análise P-M (*Phenomenon Mechanism*), própria da MPT, que busca o entendimento aprofundado do mecanismo que gera a falha, analisando a correlação entre máquina, matéria-prima e método de trabalho, muitas vezes utilizando a técnica dos cinco porquês; (iv) a troca rápida de ferramenta, que analisa todas as tarefas do *setup*, separando *setup* interno e externo, incorporando melhorias que reduzem dramaticamente o tempo de *setup*; (v) os 5S – organização, ordem, limpeza, asseio e disciplina – que permite estabelecer e manter um ambiente limpo e organizado; e (vi) o método *kaizen*, que estrutura o trabalho das equipes nas atividades de melhoria contínua.

13.3.3. ESTRUTURAÇÃO DA MANUTENÇÃO AUTÔNOMA

A estruturação da manutenção autônoma implica o envolvimento dos operadores nas atividades diárias de manutenção, tais como inspeção, limpeza, lubrificação e reapertos. A manutenção autônoma permite detectar e tratar pequenas anomalias antes que elas se desenvolvam e conduzam a falha do equipamento.

A estruturação da manutenção autônoma inicia capacitando os operadores. Através da capacitação, os operadores mudam a sua atitude e passam a ser responsáveis por manter em boas condições os equipamentos em que trabalham. Essa nova atitude reduz as seis grandes perdas. Os operadores desenvolvem novas competências, associadas à detecção de anomalias e manutenção dos equipamentos, ao mesmo tempo que o ambiente de trabalho mais limpo e organizado facilita a identificação de qualquer desvio das condições normais.

No que concerne ao envolvimento dos operadores, eles passam a manter as condições básicas do equipamento (limpeza, lubrificação e reaperto); executar ajustes durante a operação ou troca de ferramentas; registrar dados relativos a falhas, pequenas paradas e defeitos de qualidade; executar a inspeção de rotina; executar reparos simples; informar rapidamente aos técnicos de manutenção, a ocorrência de quebras ou defeitos de qualidade e colaborar com os técnicos de manutenção nos reparos e melhoria dos equipamentos.

Na medida em que os operadores passam a lidar com as tarefas rotineiras, o departamento de manutenção, por sua vez, pode se concentrar nas atividades mais complexas, que contemplam o planejamento e a realização das manutenções periódicas (em geral envolvendo paradas programadas e desmontagem de partes do equipamento), os trabalhos especializados de manutenção, incluindo a contratação de terceiros quando necessária, e a estimativa da vida útil (e aposentadoria) de subsistemas.

Nas empresas que não possuem os 5S, a manutenção autônoma deve ser implementada em conjunto com essa filosofia. Os 5S estabelece um ambiente de trabalho limpo e organizado, condição essencial para o desenvolvimento da manutenção autônoma. Mais detalhes referentes aos 5S fogem do escopo desta obra, mas podem ser vistos em Hirano (1998).

13.3.4. ESTRUTURAÇÃO DA MANUTENÇÃO PLANEJADA

A estruturação da manutenção planejada, seguindo os preceitos da MPT, em geral conduz à reorganização do departamento de manutenção. Nakajima (1988) descreve os aspectos que devem ser considerados na estruturação da manutenção planejada: (i) a missão da manutenção no contexto organizacional, (ii) os tipos de manutenção, (iii) as formas básicas de organização da manutenção, (iv) a estrutura funcional adotada, (v) a gestão das atividades de manutenção, (vi) a gestão das peças de reposição, (vii) a gestão dos custos de manutenção, (viii) a gestão da lubrificação dos equipamentos e (ix) o apoio de software para a gestão da manutenção.

A missão da manutenção no contexto organizacional deve estar alinhada com as estratégias de produção. Os métodos e as metas da manutenção serão diferentes, conforme a estratégia de produção priorize: custo, qualidade, flexibilidade, serviços ou entrega. A manutenção deve reconhecer as prioridades e planejar suas atividades apropriadamente.

Os tipos de manutenção envolvem, basicamente, a manutenção corretiva, a manutenção preventiva e a manutenção preditiva. A manutenção preditiva (que pode utilizar sensoriamento remoto, análise de vibrações, termografia e outras técnicas), quando viável, deve ser escolhida, pois ela permite que reparos e substituições de peças sejam feitos exatamente quando necessários. Se não for possível o uso de métodos preditivos, a segunda opção é a manutenção preventiva, que estabelece reparos e substituições a intervalos regulares. A manutenção corretiva, por sua vez, é feita depois da ocorrência da falha. Normalmente envolve maiores tempos de reparo (pois a atividade não foi planejada) e maiores custos, associados a horas mobilizadas, parada de linha, perdas de produção e perda da qualidade.

As formas básicas de organização da manutenção são: centralizada e descentralizada. A manutenção centralizada envolve operações planejadas por um único departamento, que atende todos os setores da fábrica. Tipicamente, existem locais centralizados para as bancadas de ferramentas, e as peças de reposição são guardadas em um depósito central. A manutenção descentralizada divide a fábrica por setores, sendo que cada setor possui uma equipe de manutenção, com sua área de trabalho, bancada de ferramentas e peças de reposição. Naturalmente, é possível organizar a manutenção combinando essas modalidades (por exemplo, centralizando o planejamento e o setor de suprimento, mas descentralizando equipes e áreas de trabalho etc.).

A estrutura funcional adotada pode ser em linha, matricial ou mista. A estrutura em linha possui uma hierarquia única que define o que deve ser feito, quando, como e quem deve fazer. A estrutura matricial possui duas frentes de autoridade: uma funcional, que define o que fazer e quando fazer; e outra técnica, que define como será feito e quem fará o serviço. Esse arranjo, em geral, propicia maior cooperação entre a operação e a manutenção. A estrutura mista está apoiada na formação de times responsáveis por um setor. Esses times, em geral, são multifuncionais, compostos por operadores, supervisores e técnicos de manutenção. Eles fazem o planejamento detalhado das atividades, monitoram e registram as tarefas realizadas.

A gestão das atividades de manutenção envolve a classificação dos equipamentos, a programação das atividades e a definição de padrões de trabalho. A classificação dos equipamentos leva em consideração sua importância. A importância é definida analisando quais as linhas de produto que dependem do equipamento, se ele é um equipamento gargalo, se possui redundância, o tempo médio de reparo, enfim, qual a consequência de uma falha nesse equipamento. A programação das atividades de manutenção implica organizar no tempo todas as tarefas preditivas e preventivas, indicando como serão feitas e quem fará o serviço. Assim como o planejamento da produção envolve um plano mestre e a programação fina, a mesma atenção deve ser dedicada ao planejamento das atividades de manutenção. A definição dos padrões de trabalho envolve estabelecer procedimentos e tempos para a realização de inspeções, reparos, substituições e outras tarefas de manutenção. Conhecidos os padrões de trabalho, é possível avaliar os serviços realizados e assegurar um desempenho consistente.

A gestão das peças de reposição é essencial para evitar que a falta de peças implique longos tempos de parada de linha. Assim, deve existir um estoque de peças sobressalentes, apropriadamente dimensionado, para atender tanto as atividades planejadas (preditiva, preventiva) como as não planejadas (corretiva). O desafio é estabelecer um estoque mínimo (menores custos) suficiente para atender às necessidades. Para tanto é preciso conhecer a vida útil dos componentes e estabelecer procedimentos para a emissão de pedidos de compra. Também faz parte da gestão das peças de reposição o planejamento da estrutura física do local onde as peças serão armazenadas e retiradas.

A gestão dos custos de manutenção tem como objetivo maximizar os benefícios da manutenção atendendo o orçamento anual estabelecido. Conforme Geremia

(2001), os custos de manutenção podem ser classificados por finalidade (inspeção, reparo, substituição), por tipo de manutenção (preditiva, preventiva, corretiva ou melhoria de projeto), por elemento (materiais, mão-de-obra, terceiros) ou por tipo de trabalho (elétrico, mecânico etc.). Independente da classificação escolhida, o importante é realizar o monitoramento dos custos, confrontando-os com o orçamento anual e alcance das metas da manutenção.

A gestão da lubrificação dos equipamentos envolve estabelecer a periodicidade das atividades, o que deve ser feito (partes a serem lubrificadas, lubrificantes a serem utilizados, quantidades de lubrificantes) e quem é responsável pela tarefa. O objetivo é assegurar que os equipamentos sejam adequadamente lubrificados, evitando sobrecargas, desgastes prematuros e contaminações.

O apoio de software para a gestão da manutenção constitui um aspecto fundamental para agilizar e aprimorar as atividades de planejamento. O uso de software permite o armazenamento de grandes volumes de dados, acelera a análise dos dados registrados e qualifica a tomada de decisão. Essencialmente, o software de gestão da manutenção deve ser capaz de: (i) estabelecer um programa de gerenciamento de ativos, antecipando a necessidade de reparos e substituições, (ii) estabelecer a programação da manutenção preventiva e preditiva, (iii) registrar as informações referentes a intervenções corretivas, (iv) gerenciar o estoque de peças de reposição, (v) fornecer ordens de manutenção contendo data, equipe, ferramentas e peças necessárias.

Um aspecto importante a ser considerado é a integração do software de manutenção com os demais sistemas utilizados na empresa. Idealmente, o software de manutenção deve estar integrado aos módulos que tratam da programação da produção e aquisição de suprimentos. Além disso, sua estrutura deve estar alinhada à filosofia de trabalho estabelecida pelo departamento de manutenção.

13.3.5. ESTRUTURAÇÃO DO CONTROLE DE NOVOS EQUIPAMENTOS

A estruturação para o controle de novos equipamentos refere-se às atividades gerenciais associadas à instalação e posta em marcha dos equipamentos, assegurando a estes o desempenho previsto pelo fabricante. Essa é uma tarefa conduzida em conjunto pela engenheira e pelo departamento de manutenção.

De acordo com a filosofia da MPT, a instalação e posta em marcha de novos equipamentos devem ser conduzidas atentando para a eficiência global. Isso envolve esforços no sentido de evitar perdas e assegurar alta disponibilidade, desempenho e velocidade do equipamento (o mais próxima possível dos limites teóricos). Assim, o controle da instalação e posta em marcha dos equipamentos tem por objetivo atingir a produtividade prevista pelo fabricante, gerando produtos conformes, com mínimos custos operacionais (sem perdas).

O controle da instalação e posta em marcha dos equipamentos envolve diversas atividades, entre as quais podem ser citadas: (i) entender claramente os propósitos do equipamento e as funções que ele deve desempenhar; (ii) avaliar e aprovar o investimento necessário e o custo de manufatura associado ao equipamento; (iii) sempre que possível, conduzir de forma integrada o projeto do produto e o projeto do equipamento; (iv) definir os procedimentos a serem observados durante a produção; (v) definir o envelope operacional, detalhando ajustes para a produção de diferentes produtos, se necessário; (vi) estabelecer a equipe de trabalho responsável pelo equipamento, envolvendo engenheiros, supervisores, operadores e técnicos de manutenção; e (vii) definir os dados que devem ser coletados e registrados, de forma a permitir a avaliação do desempenho do equipamento e a realização de eventuais esforços de melhoria.

13.4. ETAPAS PARA A IMPLANTAÇÃO DA MPT

A implantação da MPT exige um cuidadoso planejamento e sequenciamento de etapas. Esta seção apresenta uma proposta de implantação que compreende 10 etapas: (i) campanha de lançamento, (ii) organização para a implantação, (iii) diretrizes e metas, (iv) uso do software de gestão da manutenção, (v) capacitação dos colaboradores, (vi) início das atividades e melhoria dos equipamentos, (vii) controle das intervenções e estoques de reposição, (viii) manutenção autônoma, (ix) manutenção planejada e (x) consolidação do programa. Essa proposta está baseada nas recomendações da JIPM (*Japan Institute of Plant Maintenance*), mas contém adaptações inspiradas tanto na literatura como na experiência prática dos autores em trabalhos de gestão da manutenção junto a empresas brasileiras. O detalhamento das etapas é apresentado nas próximas seções.

13.4.1. CAMPANHA DE LANÇAMENTO DA MPT

A primeira etapa contempla o lançamento da MPT no âmbito da empresa e seus colaboradores. A MPT é um programa abrangente, que exige o envolvimento da maioria dos departamentos da empresa e mobiliza muitas horas de trabalho. Sendo assim, é importante que o lançamento contemple um anúncio feito pela alta direção, revelando o engajamento desta na implantação do programa de MPT.

A campanha de lançamento da MPT deve prover esclarecimentos a todos os públicos envolvidos. Os executivos devem ter uma noção clara do potencial da MPT em melhorar a eficiência operacional através do combate às perdas, o que irá conduzir ao aumento da produtividade e redução dos custos operacionais. Gerentes e engenheiros devem visualizar que a MPT é um programa que enfatiza o planejamento e as ações preventivas, alterando a cultura reativa para uma atitude pró-ativa (atuar antes da falha). Operadores e técnicos de manutenção devem perceber que suas competências serão ampliadas e eles poderão usufruir de um ambiente de trabalho mais limpo e organizado, livre de falhas constantes e paradas de linha.

13.4.2. ORGANIZAÇÃO PARA A IMPLANTAÇÃO DA MPT

A organização prevista nesta etapa envolve algumas atividades preliminares que devem ser empreendidas para facilitar a implantação da MPT. Essas atividades preliminares envolvem as preocupações com recursos humanos, espaço físico e gestão de informações, conforme detalhado a seguir.

O planejamento dos recursos humanos implica estabelecer a hierarquia de cargos e funções, definindo desde o gerente geral do programa até a composição ideal das equipes de trabalho. Uma vez que a MPT preconiza o envolvimento de um grande número de colaboradores nas equipes de trabalho, essa não é uma tarefa simples. Cada equipamento maior (ou conjunto de equipamentos) deve ter uma equipe responsável, normalmente incluindo engenheiro, supervisor, operadores e técnico de manutenção. Essas equipes, por sua vez, devem ter líderes com perfil apropriado para manter em andamento a motivação da equipe e as melhorias nos equipamentos. As equipes de um mesmo setor devem estar reunidas sob uma gerência comum, que irá reportar-se diretamente ao gerente geral do programa de MPT. Um número maior ou menor de níveis pode ser necessário, dependendo do porte da fábrica.

O planejamento do espaço físico pode ser simples, aproveitando o *layout* já existente, ou pode ser complexo, como no caso em que se decide, em conjunto com a implantação da MPT, alterar a estratégia de manutenção de centralizada para descentralizada. Em qualquer caso, devem ser avaliados os espaços existentes, considerando a existência (ou não) de espaços apropriados para realização de reparos, bancadas de ferramentas, estoque de peças de reposição, reuniões de equipes de trabalho e capacitação de colaboradores.

O gerenciamento das informações envolve, inicialmente, analisar as informações existentes referentes à manutenção, permitindo um diagnóstico do desempenho dos equipamentos e, em paralelo, uma avaliação da adequação e qualidade das informações disponíveis. Posteriormente, esta etapa também envolve decidir a respeito da melhor forma de armazenar dados de equipamentos, peças de reposição, falhas, intervenções corretivas e preventivas.

13.4.3. DIRETRIZES E METAS DO PROGRAMA

Eliminar perdas e alcançar a máxima eficiência operacional é uma tarefa que segue a filosofia da melhoria contínua. Assim, a partir do diagnóstico da situação atual, empreendido na etapa anterior, devem ser definidas metas exequíveis. Essas metas devem ser desafiadoras, para mobilizar as equipes de trabalho, mas não impossíveis, pois isso conduziria a frustração das pessoas. O programa deve possuir metas gerais, associadas a toda a fábrica. Essas metas gerais, por sua vez, devem ser desdobradas em metas setoriais e metas vinculadas a cada equipamento maior ou conjunto de equipamentos. As metas para as equipes de trabalho devem ser compreensíveis e mensuráveis, de forma que elas possam acompanhar a evolução dos trabalhos.

Paralelamente ao estabelecimento das metas, devem ser estabelecidas as diretrizes do programa, a serem implementadas através de um plano diretor. Esse plano deve conter as etapas da implantação da MPT, apresentando custos, prazos e responsáveis. Ele deve ser continuamente monitorado e atualizado, visando o sucesso da implantação dentro do prazo e orçamento previsto. Para reforçar o interesse da empresa no programa de MPT, recomenda-se que sejam estimados os ganhos financeiros associados à implantação da MPT e alcance das metas, propiciando uma análise de retorno do investimento.

13.4.4. USO DO SOFTWARE DE GESTÃO DA MANUTENÇÃO

O programa de MPT envolve a gestão de inúmeras atividades, que cobrem desde o cadastro de equipamentos e peças de reposição até a emissão de ordens de serviço. Para gerenciar adequadamente essas atividades, é imprescindível o uso de um software. Conforme mencionado na Seção 13.3.4, esse software deve estar capacitado para o gerenciamento de ativos, programação da manutenção preventiva e preditiva, gerenciamento das peças de reposição, emissão de ordens de serviço e registro de intervenções corretivas.

Planejar corretamente a entrada de dados é uma atividade crítica, pois eles servirão de base para o cálculo da disponibilidade de equipamentos, taxa de velocidade, taxa de qualidade e IROG. Assim, eles servirão de base para diagnósticos e monitoramento do programa. Dados completos permitirão avaliar o tempo até a falha próprio de cada componente e, assim, assegurar maior precisão no planejamento dos intervalos de manutenção preventiva.

Idealmente, o software também deve ser capaz de calcular os custos da manutenção ou, alternativamente, interagir com o aplicativo computacional que a empresa utiliza para a gestão de custos.

13.4.5. CAPACITAÇÃO DOS COLABORADORES

Uma vez definidas as equipes de trabalho, as metas do programa, o plano de implantação e o software de apoio, pode-se avançar para a capacitação dos colaboradores. Conforme mencionado na Seção 13.3.1, a capacitação contempla gerentes, engenheiros, supervisores, operadores e técnicos de manutenção. Essa etapa pode ser dividida em dois momentos: o planejamento da capacitação e a realização dos treinamentos. O planejamento implica definir os conteúdos a serem ministrados a cada público, os instrutores, o cronograma do treinamento, o espaço físico e outros aspectos associados à infraestrutura dos cursos.

A capacitação é uma etapa que envolve muitas horas, tendo em vista sua abrangência: entendimento da MPT, trabalho em equipe, liderança de times, conceitos básicos de manutenção repassados aos operadores, conceitos especializados repassados aos técnicos de manutenção. O objetivo da capacitação é que todos fiquem familiarizados com a MPT e preparados para cumprir seu papel no programa. O sucesso do programa de MPT depende de pessoas qualificadas para conduzi-lo. Assim, a capacitação é uma etapa-chave da implantação.

13.4.6. INÍCIO DAS ATIVIDADES E MELHORIA DOS EQUIPAMENTOS

Neste momento, já foram estruturadas as equipes de trabalho, já estão definidas as diretrizes e metas, o software de gestão da manutenção já foi preparado com o cadastro de equipes, equipamentos e peças, e os colaboradores passaram pela capacitação. Contando com esse suporte, é possível iniciar as atividades de manutenção orientadas pelos preceitos da MPT. O início das atividades é caracterizado pelas equipes de trabalho, que se reúnem estudando cada equipamento e definindo o que pode ser feito pelos operadores (subsídios para a manutenção autônoma) e pelos técnicos de manutenção (subsídios para a manutenção planejada).

Além disso, sendo um estágio inicial, o estudo dos equipamentos irá revelar muitas oportunidades de melhoria. Algumas das melhorias listadas pelas equipes de trabalho podem ser evidentes, de conhecimento dos operadores e técnicos a longo tempo, mas ainda não foram implementadas porque não possuíam o apoio gerencial oferecido por um programa formal como a MPT. Implementar essas melhorias é fundamental para assegurar credibilidade ao programa, motivar os colaboradores e alcançar ganhos de qualidade e produtividade.

Um aspecto importante a ser considerado refere-se à implantação da MPT em grandes empresas, que possuem muitas áreas de trabalho com características distintas. Em grandes empresas, recomenda-se que a implantação seja feita, inicialmente, em uma área piloto. Isso permite acumular conhecimento sobre a forma mais adequada de implantação da MPT, preparando gerentes, engenheiros e departamentos para o trabalho maior. Paralelamente, permite acumular resultados positivos, justificando o investimento maior que contempla a implantação da MPT em toda a empresa.

Na escolha da área piloto, recomenda-se que ela atenda os seguintes requisitos: deve ser uma área importante para a empresa, onde os equipamentos não sejam excessivamente complexos, existam claras oportunidades de melhoria e as pessoas (gerente, engenheiro, supervisores, operadores e técnicos de manutenção) estejam motivadas e capacitadas para o início das atividades.

13.4.7. CONTROLE DAS INTERVENÇÕES E ESTOQUES DE REPOSIÇÃO

Ao mesmo tempo que iniciam as atividades de melhoria dos equipamentos, as intervenções realizadas devem ser registradas, juntamente com o controle das peças utilizadas. O registro das intervenções deve ser feito utilizando o software de gerenciamento da manutenção e irá contemplar, no mínimo, o lançamento das seguintes informações: hora da parada, tempo de reparo, reparos realizados, responsáveis pelos reparos, peças utilizadas, hora do retorno do funcionamento em condições normais de operação.

O controle das peças de reposição implica implementar os procedimentos de baixa de estoque e a definição dos pontos de pedido. Os pontos de pedido estabelecem os níveis de estoque que irão disparar pedidos junto aos respectivos fornecedores. O controle de estoque é importante nas fases iniciais do programa de MPT, quando, frequentemente, não existe histórico confiável que permita dimensionar o estoque adequado para todas as peças. Assim, inicialmente, é necessário trabalhar com estoques maiores, enxugando-os, gradativamente, à medida que informações mais precisas referentes à vida útil de todas as peças são processadas.

Vale enfatizar que reunir informações mais precisas depende exatamente da implantação desta etapa, que trata do controle das intervenções e das peças de reposição. O termo peças de reposição, aqui, inclui também o uso de lubrificantes e outros materiais de consumo próprios da manutenção.

13.4.8. MANUTENÇÃO AUTÔNOMA

As atividades de manutenção autônoma começam na etapa 6, junto com o início das melhorias nos equipamentos, e consolidam-se nesta etapa. Neste momento, os operadores devem assumir a responsabilidade sobre os equipamentos que utilizam. Isso implica domínio nas tarefas associadas a: (i) elaboração de padrões de limpeza e lubrificação, (ii) realização de limpeza, lubrificação e reapertos, (iii) elaboração de listas de verificações, (iv) inspeções guiadas pelas listas de verificações, (v) identificação de anomalias, (vi) pequenos consertos, (vii) chamada de técnicos de manutenção, quando necessária, e (viii) registro dos parâmetros do equipamento, falhas e intervenções, conforme os procedimentos definidos pelo programa de MPT.

À medida que os operadores ganham maior experiência nas atividades de manutenção autônoma, eles podem assumir maiores responsabilidades, tais como: (i) efetuar melhorias nos equipamentos, evitando que gerem resíduos (sujeiras, pó, limalhas, cavacos) que contaminem o ambiente; (ii) elaboração de padrões de operação que possam reduzir o tempo de limpeza e lubrificação; (iii) elaboração de manuais de inspeção, que agilizem e qualifiquem essa atividade, podendo servir também para treinamento, (iv) padronização de procedimentos de manuseio e fluxo de materiais, (v) padronização de procedimentos de registro de dados.

13.4.9. MANUTENÇÃO PLANEJADA

As melhorias iniciais nos equipamentos (etapa 6) e a implementação da manutenção autônoma (etapa 8) liberam o departamento de manutenção das tarefas mais simples e rotineiras. Assim, o departamento de manutenção pode concentrar esforços no planejamento. O objetivo da manutenção planejada é assegurar que os equipamentos irão manter alta disponibilidade, velocidade e qualidade. Isso será alcançado através do uso das técnicas de manutenção preditiva e preventiva.

Faz parte da manutenção planejada estabelecer tanto o planejamento anual das atividades como a programação final da manutenção, otimizando o uso dos recursos disponíveis: pessoas, bancadas de trabalho, ferramentas, instrumentos etc. Também faz parte da manutenção planejada estabelecer os padrões a serem seguidos em todas as intervenções.

As implantações da manutenção autônoma e da manutenção planejada constituem os principais elementos para promover a mudança cultural na organização. A manutenção autônoma, quando efetivada, altera a atitude da equipe de produção, que deixa de "produzir enquanto os outros consertam os equipamentos" e passa a "produzir mantendo os equipamentos em boas condições". A manutenção planejada, por sua vez, substitui o comportamento reativo (agir após a quebra) para uma atitude pró-ativa, que evita a quebra e consequente parada de linha. Assim, observa-se que a MPT altera a distribuição de responsabilidades e altera a filosofia de trabalho.

13.4.10. CONSOLIDAÇÃO DO PROGRAMA

Esta etapa contempla a consolidação do programa de MPT e deve ser conduzida em conjunto pelas gerências de produção, manutenção e engenharia. Em geral, ela é empreendida ao final do primeiro ano de funcionamento do programa, quando já é possível fazer uma avaliação da implantação e confirmar ou rever os padrões a serem utilizados na continuação das atividades.

Em relação à avaliação, inicialmente, ela deve contemplar uma análise completa dos indicadores próprios da MPT, incluindo disponibilidade, velocidade, qualidade, IROG e custos da manutenção. Em particular, os resultados obtidos devem ser confrontados com as metas estabelecidas no início do programa, confirmando o retorno do investimento. A seguir, à luz dos resultados obtidos, devem ser analisados criticamente: (i) os procedimentos de manutenção autônoma, (ii) os procedimentos de manutenção planejada, (iii) a capacitação dos colaboradores, (iv) o uso e adequação do software de gestão da manutenção.

Trata-se de consolidar o modelo de trabalho adotado pela empresa, observando as lições aprendidas, confirmando os procedimentos que estão gerando bons resultados e fazendo ajustes onde necessários. Neste momento, também devem ser indicados os projetos maiores de melhoria a serem realizados no próximo período visando a redução de perdas e o progresso em direção à falha zero e quebra zero.

Do ponto de vista operacional, o histórico de um ano permite reavaliar volumes de estoque, pontos de pedido, intervalos de manutenção preventiva e outros parâmetros do programa. Do ponto de vista gerencial, os índices de disponibilidade, taxa de velocidade, taxa de qualidade e IROG, após o período inicial turbulento, devem apresentar um comportamento mais estável, permitindo rever as metas para os próximos anos apoiado em informações confiáveis.

QUESTÕES

1) Durante um determinado período, um equipamento deveria trabalhar por 300 horas. Contudo, durante esse período, devido a quebras e ajustes, ele permaneceu parado durante 35,2 horas. O tempo de ciclo teórico, informado pelo fabricante do equipamento corresponde a 45 peças por hora. Contudo, durante as horas de funcionamento, neste período, foram produzidas 11.325 peças. Dentre essas peças, 27 foram consideradas não conforme. Utilize esses dados e calcule a disponibilidade, taxa de velocidade, taxa de qualidade e o IROG para esse equipamento e período.

2) Em relação ao problema descrito no Exercício 1, suponha que, através de melhorias no equipamento e nas atividades de manutenção autônoma, a disponibilidade do mesmo passasse a 0,95. Calcule os ganhos associados considerando que a hora de máquina parada implica uma perda de R$500,00 e o lucro associado a cada unidade produzida equivale a R$10,00.

NORMAS BRASILEIRAS DE CONFIABILIDADE

A.1. INTRODUÇÃO

Na definição da ISO (International Organization for Standardization):

Uma norma é um documento, estabelecido por consenso e aprovado por órgão reconhecido, que define, para uso comum e repetido, regras, diretrizes ou características para atividades e seus resultados, objetivando atingir um ótimo grau de ordem em um dado contexto.

A palavra consenso é central nessa definição, já que uma norma deve representar um ponto de vista comum a todos a quem ela diz respeito, a saber: fornecedores (isto é, fabricantes e prestadores de serviço), usuários, consumidores e demais grupos de interesse.

Normas podem ser elaboradas em quatro níveis:

- Internacional – elaboradas por uma organização internacional de padronização a partir de consenso entre todos os membros participantes da organização; por exemplo, normas da ISO e IEC (International Eletrotechnical Comission).
- Regional – elaboradas por um grupo limitado de países de um mesmo continente; por exemplo, normas da AMN (Associação Mercosul de Normalização).
- Nacional – elaboradas por organização nacional reconhecida como autoridade no respectivo país; por exemplo, normas do BSI (British Standard Institute, Reino Unido).
- Empresarial – elaboradas por empresas, com finalidade de reduzir custos, evitar acidentes etc.

A adoção de normas apresenta uma série de benefícios. Para fornecedores, elas oferecem documentos de referência a partir dos quais produtos e serviços de relevância mercadológica mais ampla (isto é, competitivos em vários mercados) podem ser desenvolvidos. Para clientes, a difusão de normas traz maior compatibilidade entre tecnologias utilizadas por fornecedores, aumentando a gama de opções de produtos e serviços.

A ABNT (Associação Brasileira de Normas Técnicas) é o órgão responsável pela normalização técnica no país, reconhecida por lei como o único fórum nacional de normalização. A ABNT é membro fundador da ISO, COPANT (Comissão Panamericana de Normas Técnicas) e AMN, sendo representante exclusiva do Brasil na IEC.

O processo de elaboração de uma norma tem início com uma solicitação formal à ABNT por parte de empresas, entidades e indivíduos interessados na sua elaboração. A ABNT analisa o tema e inclui no seu programa de normalização setorial. Cria-se, então, uma comissão de estudos ou inclui-se a demanda em uma comissão já existente e compatível com o escopo do tema solicitado. A comissão elabora um projeto de norma, submetido à consulta pública através de edital. Sugestões obtidas nessa consulta são analisadas pela comissão, e o projeto de norma é encaminhado à gerência do processo de normalização da ABNT para homologação e publicação como norma brasileira.

A ABNT é composta por 47 comitês técnicos de normalização, atuando em diversas áreas, e dois organismos de normalização setorial, atuando nas áreas de tecnologia gráfica e petróleo. Os comitês técnicos são responsáveis por instituir comissões de estudo, necessárias no processo de elaboração de normas.

Quatro comitês técnicos da ABNT propõem-se, em sua descrição de atividades, a elaborar normas relacionadas à confiabilidade; são eles (CB – Comitê Brasileiro): CB-03 – Eletricidade, CB-05 – Automotivo, CB-20 – Energia Nuclear e CB-25 – Qualidade. O Comitê de Eletricidade mantém uma Comissão de Estudo de Confiabilidade, sendo o principal responsável pela avaliação de demandas por normas relacionadas à confiabilidade.

Existem oito normas da ABNT diretamente relacionadas a problemas de confiabilidade, elaboradas pelos comitês CB-03, CB-05 e CB-25. O CB-03, em particular, foi responsável pela emissão de seis destas normas. A base de referência de maior parte das normas são documentos correspondentes elaborados pela IEC. As normas podem ser divididas em duas categorias, para fins de apresentação:

(i) normas de caráter genérico e gerencial, incluindo a NBR ISO 9000-4 e a NBR 5462.

(ii) normas relacionadas à coleta de dados, apresentação e análise de resultados, incluindo a NBR 9320, NBR 9321, NBR 9322, NBR 9325, NBR 13533 e a NBR 6742.

A.2. NORMAS GERAIS E DE TERMINOLOGIA

Duas normas técnicas da ABNT, a NBR ISO 9000-4 e a NBR 5462, apresentam diretrizes gerais e terminologia a ser adotada em ações relacionadas à dependabilidade e seus fatores de influência. Seus principais conteúdos são apresentados na sequência.

A **NBR ISO 9000-4** consiste em um guia para gestão do programa de dependabilidade de produtos e serviços. Trata-se da norma técnica mais genérica dentre aquelas que abordam a confiabilidade, estando dividida em seis seções. As quatro seções iniciais apresentam os objetivos e a terminologia da norma, além de diretrizes para a organização e o estabelecimento de responsabilidades em um programa de dependabilidade. As duas seções finais detalham os elementos de programas de dependabilidade genéricos e específicos de projeto ou de produto.

Segundo a norma, dependabilidade é um termo coletivo que descreve o desempenho de um item quanto à disponibilidade e seus fatores de influência: confiabilidade, mantenabilidade e logística de manutenção. Por programa de dependabilidade entende-se a estrutura organizacional, responsabilidades, procedimentos e recursos para gerenciar a dependabilidade. A gestão de tais programas quanto ao seu desempenho de confiabilidade e mantenabilidade do produto, além do suporte de manutenção prestado pelo cliente e fornecedor, é o objeto que a norma regulamenta. Clientes e fornecedores, assim, compartilham responsabilidades na gestão da dependabilidade.

A NBR ISO 9000-4 fornece orientações para a gestão de um programa amplo de dependabilidade, listando aspectos essenciais para o planejamento, organização, direção e controle dos recursos de modo a fabricar produtos com confiabilidade e mantenabilidade adequadas. A norma se aplica a produtos cujas características de dependabilidade são importantes para sua operação e manutenção, visando controlar fatores que influenciam na dependabilidade, desde o planejamento até a operação dos produtos.

A norma estabelece que o fornecedor deve (i) manter um documento que expresse sua política e objetivos quanto às características de dependabilidade dos seus produtos e serviços de suporte a eles relacionados; (ii) estabelecer e manter elementos e recursos, independentes ou não de produto e projeto, para garantia da dependabilidade; (iii) criar especificações para os produtos que incorporem as necessidades de clientes relativas à dependabilidade; e (iv) conduzir análises críticas do programa de dependabilidade.

Os elementos que o fornecedor deve implementar e documentar em um programa genérico de dependabilidade, independente de projeto e de produto, são: (i) métodos e modelos estatísticos e qualitativos associados à previsão, análise e estimativa das características de dependabilidade, além de programas de educação e treinamento; (*ii*) banco de dados para realimentação de informações no projeto de produtos e no planejamento de seu suporte de manutenção; e (*iii*) registros de dependabilidade, contendo a documentação completa relativa ao programa de dependabilidade.

Com respeito a um programa de dependabilidade específico de projeto ou de produto, o fornecedor deve estabelecer e manter: (*i*) um plano de dependabilidade que documente práticas, recursos e sequências de atividades a serem realizadas; (*ii*) procedimentos para a análise crítica de contrato e interface com o cliente; (*iii*) especificações para os requisitos de dependabilidade; (*iv*) requisitos de dependabilidade para produtos providos externamente; (*v*) procedimentos para verificação, validação e ensaio de requisitos de dependabilidade; e (*vi*) procedimentos para estimar os elementos de custo do ciclo de vida do produto. Por fim, o fornecedor deve identificar e desempenhar atividades relativas à análise e previsão de dependabilidade e análise crítica do projeto do produto, planejar a operação de suporte de manutenção; e documentar melhorias e modificações no produto oriundas da realimentação de informações de dependabilidade.

A **NBR 5462** define os termos relacionados à confiabilidade e mantenabilidade de itens, servindo como referência para as demais normas discutidas neste texto. O documento traz 21 conjuntos de definições, em nível exclusivamente descritivo (por exemplo, ao definir tipos de falha) ou acompanhado de expressões matemáticas (por exemplo, ao definir medidas de disponibilidade).

A norma também conta com três anexos, em que são apresentadas:

(a) as relações entre os conceitos de defeito, falha e pane;

(b) uma lista de símbolos e abreviações; e

(c) uma lista de equivalências dos termos técnicos relacionados à confiabilidade e mantenabilidade em português com termos em inglês e francês.

A.3. NORMAS RELACIONADAS A PROCEDIMENTOS E MÉTODOS

A mais genérica das normas relacionadas a procedimentos e métodos é a **NBR 9320 – Confiabilidade de Equipamentos, Recomendações Gerais**. O termo "equipamento" na norma é bastante abrangente, incluindo componentes e sistemas de natureza eletrônica, eletromecânica e mecânica. O objetivo principal da NBR 9320 é fixar as condições de ensaios de confiabilidade de equipamentos. Nesse sentido, a norma especifica requisitos de confiabilidade para ensaios de conformidade, determina condições e especificações para ensaios de confiabilidade em laboratório e em campo, e propõe recomendações quanto à análise de informações e redação de relatórios sobre os ensaios realizados.

A NBR 9320 define dois tipos de ensaios: de conformidade de confiabilidade (ECC) e de determinação de confiabilidade (EDC). ECCs são usados para avaliar se um valor de uma característica de confiabilidade de um item satisfaz ou não às exigências de confiabilidade fixadas; tais ensaios são normalmente usados como condição de aceitação do item pelo comprador. EDCs são usados para determinar o valor de uma característica de confiabilidade de um item, provendo informações para estabelecimento de uma exigência de confiabilidade. ECCs e EDCs são subdivididos em ensaios realizados em laboratório, sob condições controladas, ou de campo, sob condições registradas, mas nem sempre controladas. O corpo central da norma traz diretrizes detalhadas para realização dos ensaios. Tais diretrizes independem do tipo de ensaio realizado (ECC ou EDC), mas são distintas para ensaios em laboratório e de campo.

O item "Inspeção" da NBR 9320 contém o detalhamento das diretrizes para ensaios de confiabilidade. As duas seções iniciais trazem considerações acerca de amostragem e ajuste de distribuições contínuas e discretas a dados de confiabilidade; a norma recomenda utilizar nos ensaios a hipótese nula de dados contínuos exponencialmente distribuídos, o que pode ser explicado pela sua origem (Comitês de Eletricidade da ABNT e IEC).

Na sequência, a NBR 9320 descreve planos de ensaio para ECCs e EDCs. Três características de confiabilidade são consideradas: taxa de falhas e tempo médio entre (ou até) falhas para dados contínuos, e taxa de êxitos para dados discretos. A norma detalha planos para ensaios mediante suposição de taxa de falhas constante, resumindo os conteúdos da NBR 9325, apresentados mais adiante; os planos de ensaios para itens com taxas de falha não-constantes, entretanto, não apresentam maior detalhamento. Também são descritos os riscos associados aos ensaios relacionados a erros na hipótese de distribuição inicial, na formação da amostra e nos riscos de decisão (para o consumidor e fabricante).

A NBR 9320 também traz considerações gerais para a escolha das condições de ensaio, incluindo condições: de operação, ambientais e de manutenção preventiva durante o ensaio (de forma a reproduzir as condições de manutenção recomendadas pelo fabricante do item). As condições dependem, basicamente, da finalidade do ensaio. Por exemplo, se a finalidade for comprovar que a confiabilidade do equipamento não está abaixo de um nível que pode ser crítico (por exemplo, para questões de segurança), as condições de ensaio não devem excluir nenhuma das condições de uso de extrema severidade. A norma também apresenta recomendações para a realização de ensaios de campo. Finalmente, a norma estabelece diretrizes para interpretação de resultados de ensaios e elaboração de relatórios de resultados.

A **NBR 13533 – Coleta de dados de campo relativos à confiabilidade, mantenabilidade, disponibilidade e suporte à manutenção**, fixa as condições exigíveis para organizar a coleta de dados de campo. A finalidade da coleta é prover informações para a elaboração de relatórios confiáveis e completos, que possibilitem melhorar a qualidade dos itens monitorados e facilitar a troca de informações entre usuários e fornecedores. É importante salientar que o conceito de ensaio de campo apresentado na NBR 9320 pressupunha a realização de testes de utilização de itens em campo, ou seja, fora de laboratório. O objetivo, segundo a NBR 9320, era reproduzir as condições de uso do item em campo a um menor custo. A NBR 13533 trata de coleta de dados de campo sem que os itens estejam submetidos a um procedimento de teste predefinido. Tal cenário é comum, por exemplo, ao coletarem-se dados de manutenção, sendo este o foco central da norma.

A NBR 13533 define como fontes de dados: (*a*) atividades de manutenção preventiva e corretiva, (*b*) atividades de medidas de desempenho (por exemplo, relatórios de não-conformidade e medidas ambientais), e (*c*) informações de inventários. As fontes de dados podem ser usadas em conjunto, desde que aplicados os mesmos critérios na coleta de dados. O registro e o armazenamento de dados podem ser feitos de maneira manual ou automática. Como meios de registros, estão previstos: (*a*) relatórios de operação, (*b*) relatórios de falhas, (*c*) relatórios de manutenção, e (*d*) experiência pessoal. Quando de seu registro, os dados devem ser verificados quanto à sua validade.

A escolha da fonte dos dados depende dos parâmetros a serem avaliados ou estimados. A estimativa de parâmetros permite compor medidas de desempenho dos itens. Nesse sentido, a NBR 13533 prevê três grupos de medidas de desempenho (parâmetros usados para compor a medida vêm exemplificados entre parênteses): (*a*) de confiabilidade (taxa de falhas, tempo de indisponibilidade e probabilidade de detecção da pane); (*b*) do sistema de suporte de manutenção (atraso logístico e probabilidade de faltar peças de reposição); e (*c*) de disponibilidade (disponibilidade em regime). Os dados coletados devem trazer informações para a identificação do item em estudo, das suas condições ambientais e de operação, e da descrição completa da falha e da pane, além de dados relativos ao suporte de manutenção. A norma finaliza por apresentar diretrizes para a análise preliminar dos dados coletados, uma descrição genérica dos métodos estatísticos usados para tratamento dos dados (direcionando a outras normas para detalhamento) e instruções para apresentação dos resultados.

A **NBR 9321** fornece os métodos gráficos e numéricos recomendados para se determinar a estimativa por ponto e limites de confiança de características de confiabilidade resultantes de EDCs em equipamentos. Por estimativa por ponto entende-se um único número que representa o valor verdadeiro e desconhecido de um parâmetro estatístico. Os limites de confiança definem um intervalo de confiança em torno da estimativa por ponto, o qual inclui o valor verdadeiro do parâmetro com uma certa probabilidade, o nível de confiança. O intervalo de confiança pode ser unilateral ou bilateral, sendo o nível de confiança preferencial estabelecido pela norma de 90%. A norma é complementar à NBR 9320, que estabelece as diretrizes para a realização dos EDCs.

A norma está dividida em três partes principais, correspondendo a suposições acerca dos dados sob análise; são elas: taxas constantes e não-constantes de falhas, aplicáveis a dados contínuos, e taxas de êxito, aplicáveis a dados discretos.

No caso de taxas constantes de falha, a NBR 9321 apresenta métodos, aplicáveis a equipamentos reparáveis ou não-reparáveis, para estimativa pontual e intervalar do tempo médio entre (ou até) falha (MTBF ou MTTF) e taxa de falhas (l). Dois tipos de censura são considerados: por tempo de ensaio (número de falhas observadas é aleatório) e por número de falhas (tempo total de ensaio é aleatório). Os estimadores das medidas de confiabilidade são os usuais da literatura sobre confiabilidade. Ao utilizar os mesmos estimadores para itens reparáveis ou não, a norma implicitamente pressupõe reposições ou consertos que devolvam a unidade a uma condição de nova. Além de trazer expressões analíticas para as medidas de confiabilidade, a norma contém gráficos que permitem (*a*) determinar limites de confiança a 90%, em função do número de falhas, para ensaios com duração pré-fixada e (*b*) obter uma estimativa pontual de l e checar a suposição de taxa constante de falha, para o caso de ensaios com número de falhas prefixado.

No caso de taxas não-constantes de falhas, a NBR 9321 considera dados seguindo uma distribuição de Weibull ou normal, para dados completos ou com censura por duração ou número de falhas. No caso da Weibull, a norma traz um método gráfico que utiliza o papel de probabilidade de Weibull, permite obter estimativas pontuais dos parâmetros da distribuição, além de testar o ajuste dos dados à distribuição; nenhum procedimento analítico equivalente é apresentado, e estimativas intervalares dos parâmetros não constam na norma. No caso da normal, são apresentados os métodos analíticos e gráficos usuais para estimativa dos parâmetros, intervalos de confiança e verificação da suposição de normalidade.

Finalmente, no caso de ensaios em que somente o número de falhas é registrado (ou seja, os tempos são desconhecidos), a NBR 9321 apresenta um procedimento analítico para obter estimativas pontuais e intervalares do parâmetro *p* da distribuição binomial (no caso, *p* indica a taxa de êxito, dada pela razão entre o número de equipamentos sobreviventes e o número de equipamentos testados).

A **NBR 9322** fornece um guia para apresentação de dados necessários para salientar as características de confiabilidade de componentes (ou itens) eletrônicos. No contexto da norma, os dados podem estar relacionados a falhas e taxas de falhas ou a mudanças ou variações das características de confiabilidade. O contexto de aplicação da norma é o do controle de qualidade na manufatura de componentes eletrônicos, em particular transistores.

A norma traz uma série de opções, majoritariamente gráficas, para a apresentação dos resultados de testes de vida e desempenho em itens. Os itens devem ser identificados e descritos quanto aos modos de falha considerados e condições de teste utilizando, para tanto, tabelas detalhadas fornecidas nos anexos da norma. Os métodos de apresentação dos dados propostos na norma são: (*i*) dados brutos (ou seja, tabelas de dados sem tratamento estatístico), (*ii*) métodos gráficos (diagramas de dispersão, papéis de probabilidade e gráficos de percentis), e (*iii*) métodos numéricos (tabela da distribuição de frequência e estatísticas sumárias).

A **NBR 9325** fornece planos de ECCs para taxas de falhas e tempo médio entre falhas de equipamentos com taxas constantes de falhas. A norma enfoca, assim, um caso especial, para tempos até falha exponencialmente distribuídos, dos planos para ECCs na NBR 9320. A característica de confiabilidade fundamental usada na norma é o tempo médio entre falhas (MTBF), o qual pode ser matematicamente substituído pelo MTTF ou taxa de falhas.

A norma fornece planos para ensaios (*a*) sequenciais truncados e (*b*) com duração ou número de falhas prefixados. Em (*a*), continuamente comparam-se o tempo e o número de falhas relevantes com os critérios de aceitação/rejeição do teste, em busca de um ponto de truncamento. Os ensaios em (*b*) possuem roteiro predefinido de realização, e uma decisão é tomada no final do ensaio. Para cada plano de ensaio, a norma apresenta: (*i*) um gráfico e uma tabela com os limites de aceitação e rejeição, e (*ii*) uma curva característica de operação para o plano de ensaio.

O procedimento geral de ensaio na norma consiste em submeter uma amostra aleatória do equipamento a teste, medir o tempo relevante de ensaio e somar as falhas relevantes para todos os itens sob ensaio. O tempo relevante de ensaio corresponde à soma dos tempos entre falhas; no caso de truncamento, registra-se o tempo entre a última falha e o truncamento. Itens podem ser reparados e retornados ao experimento após falha; nesse caso, os tempos entre suas falhas sucessivas são considerados. Falha relevante é aquela que deve ser considerada na interpretação dos resultados do ensaio.

Os planos de ensaio apresentados na NBR 9325 são caracterizados por um valor aceitável (m_0) e um valor inaceitável (m_1) de MTBF para o equipamento. m_0 pode ser rejeitado com probabilidade a, sendo este o risco do fabricante; m_1 pode ser aceito com probabilidade b, sendo este o risco do comprador. A razão $D_m = m_0/m_1$ é a taxa de discriminação do teste; quanto menor o valor de D_m, maior o tempo relevante de teste necessário para se chegar a uma decisão. Em contrapartida, quanto maiores os valores de a e b, menor será o tempo relevante de teste. Os planos de ensaio na norma são formados a partir de combinações de D_m, a e b. As tabelas de decisão para um dado plano de ensaio contrastam os valores de número acumulado de falhas e tempo relevante de teste para chegar a uma decisão (aceitar/rejeitar/continuar o ensaio).

A última norma revisada neste texto, a **NBR 6742** fixa procedimentos para a obtenção e manuseio dos dados para a interpretação de ensaios de fadiga, utilizando a distribuição de Weibull. A interpretação proposta na norma utiliza o papel de probabilidade da Weibull, em um procedimento exclusivamente gráfico. Em suas disposições gerais, a norma traz uma apresentação das funções de distribuição e de confiabilidade, e das características do papel de probabilidade da Weibull. O restante da norma consiste de três exemplos de utilização do papel de probabilidade, considerando dados completos e censurados.

Nos ensaios de durabilidade por fadiga da NBR 6742, é possível identificar o momento da falha para as unidades testadas, em tempo de calendário ou outra unidade pertinente. Mediante tratamento das informações dos ensaios, representam-se os valores em um papel de probabilidade de Weibull, obtendo-se os parâmetros e percentis da distribuição. Uma vez definida a durabilidade mínima especificada para o item, é possível verificar se o percentual de itens que excedem a especificação mínima satisfaz a critérios preestabelecidos. Em seus anexos, a norma traz tabelas para determinação do grau médio de dados censurados, com vistas à sua representação gráfica, além de exemplos de papéis de probabilidade de Weibull.

REFERÊNCIAS BIBLIOGRÁFICAS

ASSOCIAÇÃO BRASILEIRA DE NORMAS TÉCNICAS (ABNT). – **NBR 6742:** Utilização da distribuição de Weibull para a interpretação dos ensaios de durabilidade por fadiga. São Paulo, 1987.

ASSOCIAÇÃO BRASILEIRA DE NORMAS TÉCNICAS (ABNT). **NBR 13533:** Coleta de dados de campo relativos à confiabilidade, mantenabilidade, disponibilidade e suporte à manutenção. Rio de Janeiro, 1995.

ASSOCIAÇÃO BRASILEIRA DE NORMAS TÉCNICAS (ABNT). **NBR 5462:** Confiabilidade e mantenabilidade. Rio de Janeiro, 1994.

ASSOCIAÇÃO BRASILEIRA DE NORMAS TÉCNICAS (ABNT). **NBR 9320:** Confiabilidade de equipamentos recomendações gerais. São Paulo, 1986.

ASSOCIAÇÃO BRASILEIRA DE NORMAS TÉCNICAS (ABNT). **NBR 9321:** Cálculo de estimativas por ponto e limites de confiança resultante de ensaios de determinação da confiabilidade de equipamentos. São Paulo, 1986.

ASSOCIAÇÃO BRASILEIRA DE NORMAS TÉCNICAS (ABNT). **NBR 9322:** Apresentação de dados de confiabilidade de componentes (ou itens) eletrônicos. São Paulo, 1986.

ASSOCIAÇÃO BRASILEIRA DE NORMAS TÉCNICAS (ABNT). **NBR 9325:** Confiabilidade de equipamentos – planos de ensaio de conformidade para taxa de falhas e tempo médio entre falhas admitindo-se taxa de falhas constantes. São Paulo, 1986.

ASSOCIAÇÃO BRASILEIRA DE NORMAS TÉCNICAS (ABNT). **NBR ISO 9000-4:** Normas de gestão da qualidade e garantia da qualidade. Parte 4: Guia para gestão do programa de dependabilidade. Rio de Janeiro, 1993.

ASSOCIAÇÃO BRASILEIRA DE NORMAS TÉCNICAS (ABNT). **Normalização.** Disponível em <www.abnt.org.br/default.asp?resolucao=1440X900>. Acesso em 6 abr. 2009.

BAGDONAVICIUS, V.; NIKULIN, M. *Accelerated Life Models:* Modeling and Statistical Analysis. Boca Raton: Chapman & Hall/CRC, 2001. 360p.

BARLOW, R.E.; PROSCHAN, F. *Mathematical Theory of Reliability*. Nova York: Society for Industrial Mathematics, 1965. 274p.

BIRNBAUM, Z.W. On the importance of different components in a multicomponent system. In: P.R. KRISHNAIAH (Ed.). *Multivariate Analysis*. San Diego: Academic Press, 1969. p. 581-592.

BLACK, J.R. Electromigration: a brief survey and more recent results. *IEEE Transactions on Electronic Devices, v.* 16, n. 4, p. 338-347, 1969.

BLISCHKE, W. R.; MURTHY, D.N.P. *Warranty Cost Analysis*. Nova York: Marcel Dekker, 1994. 744p.

BLOMM, N.B. *Reliability Centered Maintenance*: implementation made simple. Nova York, McGraw-Hill, 2006. 291p.

BOGDANOFF, J.L: KOZIN, F. *Probabilistic Models of Cumulative Damage*. Nova York: John Wiley, 1985. 352p.

COHEN JR., A.C. Table for maximum likelihood estimates: singly truncated and singly censored samples. *Technometrics, v.* 3, p. 535-541, 1961.

COX, D.R. *Renewal theory*. Londres: Chapman & Hall, 1962. 142p.

DASGUPTA, A. *Asymptotic theory of statistics and probability*. Nova York: Springer, 2008. 724p.

DAVIS, R. *Productivity improvements through TPM*: the philosophy and application of Total Productive Maintenance. Hertfordshire: Prentice Hall, 1995. 160p.

DHILLON, B. S. A Hazard Rate Model. *IEEE Transactions on Reliability* R28, p. 150-158, 1979.

DIAS, S.L.V. *Avaliação do programa de TPM em uma indústria metal-mecânica do Rio Grande do Sul*. Dissertação (Mestrado em Engenharia de Produção) – Universidade Federal do Rio Grande do Sul, Porto Alegre, RS, 1997. 169p.

ELSAYED, E.A. *Reliability Engineering*. Nova York: Prentice-Hall, 1996. 737p.

ENGELMAIER, W. Reliability of surface mount solder joints: Physics and statistics of failure. *National Electronic Packaging and Production West Proceedings*, Ann Arbor: University of Michigan, 1993. p. 1.782-1.790.

GEREMIA, C.F. *Desenvolvimento de programa de gestão voltado à manutenção das máquinas e equipamentos e ao melhoramento dos processos de manufatura fundamentado nos princípios básicos do TPM*. Dissertação (Mestrado Profissionalizante em Engenharia) – Universidade Federal do Rio Grande do Sul, Porto Alegre, RS, 2001. 211p.

HANSEN, R.C. *Overall Equipment Effectiveness*: a powerful production/ maintenance tool for increased profits. Nova York: Industrial Press, 2002. 288p.

HELMAN, H.; ANDERY, P.R.P. *Análise de falhas:* aplicação dos métodos de FMEA e FTA. Belo Horizonte: FCO, 1995. 156 p.

HENLEY, E.J.; Kumamoto, H. *Probabilistic Risk Assessment; Reliability Engineering, Design, and Analysis.* Nova York: IEEE Press, 1992. 568p.

HIRANO, H. *Putting 5S to Work.* Nova York: The PHP Institute of America Inc., 1998. 197p.

INSTITUTO DA QUALIDADE AUTOMOTIVA. Análise de modo e efeitos de falha potencial (FMEA): Manual de referência. 3ª edição, IQA, 2005.

INTERNATIONAL ELECTROTECHNICAL COMMISSION (IEC). *About the IEC.* Disponível em: <www.iec.ch/helpline/sitetree/about/>. Acesso em 06 abr. 2009.

INTERNATIONAL ORGANIZATION FOR STANDARDIZATION (ISO). *General Information on ISO.* Disponível em <www.iso.org/iso/support/faqs/faqs_general_information_on_iso.htm>. Acesso em 6 abr. 2009.

JAPAN INSTITUTE OF PLANT MAINTENANCE. *Focused equipment improvement for TPM teams.* Nova York: Productivity Press, 1997. 144p.

KALBFLEISCH, J.D.; PRENTICE, R.L. *The statistical analysis of failure time data.* 2. ed. Nova York: John Wiley, 2002. 439p.

KAPLAN, E.L.; MEIER, P. Nonparametric estimation from incomplete observations. *Journal of the American Statistical Association*, v. 53, p. 457-481, 1958.

KAPUR, K.C.; LAMBERSON, L.R. *Reliability in Engineering Design.* Nova York: John Wiley, 1997. 586p.

KNIGHT, C.R. Four decades of reliability progress. *Proceedings of the Annual Reliability and Maintainability Symposium.* [S.l.]: IEEE Reliability Society, 1991. p. 156-159.

KRAMARENKO, O.Y.; BALAKOVSKII, O.B. Use of accelerated tests with progressive load for determination of statistical fatigue characteristics. *Strength of Materials*, v. 2, n. 1, p. 33-8, 1970

LAWLESS, J.F. *Statistical models and methods for lifetime data.* Nova York: John Wiley, 1982. 592p.

LEEMIS, L. *Reliability: probabilistic models and statistical methods.* Nova York: Prentice-Hall, 384p., 1995.

LEWIS, E.E. *Introduction to Reliability Engineering.* 2. ed. Nova York: John Wiley, 1996. 435p.

MANN, N.R.; SCHAFER, R.E.; SINGPURWALLA, N.D. *Methods for Statistical Analysis of Reliability and Life Data.* Nova York: John Wiley, 1974. 564p.

MCDERMOTT, R.E.; MILKULAK, R.J.; BEAUREGARD, M.R. *The basics of FMEA.* Portland: Productivity, 1996. 90p.

MEEKER, W.Q.; ESCOBAR, L.A. *Statistical Methods for Reliability Data.* Nova York: John Wiley, 1998. 712p.

MEEKER, W.Q.; HAHN, G.J. *Volume 10:* How to plan an accelerated life test – some practical guidelines. Milwaukee: ASQ Quality Press, 1985. 36p.

MIRSHAWKA, V.; OLMEDO, N.L. *TPM à moda brasileira.* São Paulo: Makron Books, 1995. 330p.

MONTGOMERY, D.C.; RUNGER, G.C. *Applied Statistics and Probability for Engineers.* 4. ed. Nova York: John Wiley, 2006. 784p.

MOOD, A. M.; GRAYBILL, F. A.; BOES, D. C. *Introduction to the theory of statistics.* Nova York: McGraw-Hill, 1974. 564 p.

MOSLEH, A. Common cause failures: an analysis methodology and examples. *Reliability Engineering & Systems Safety*, v. 34, n. 3, p. 249–292, 1991.

MOUBRAY, J. *Reliability-Centered Maintenance.* 2. ed. Nova York: Industrial Press, 1997. 426p.

MURTHY, D.N.P.; BLISCHKE, W.R. *Warranty Management and Product Manufacture.* Nova York: Springer, 2005. 302p.

XIE, M.; JIANG, R. *Weibull Models.* Nova York: John Wiley, 2004. 383 p.

NAKAJIMA, S. *Introduction to TPM:* Total Productive Maintenance. Nova York: Productivity Press, 1988 129p.

NBR 5462. *Confiabilidade e mantenabilidade.* Rio de Janeiro: ABNT – Associação Brasileira de Normas Técnicas, 1994. 37p.

NELSON, W. *Applied life data analysis.* Nova York: John Wiley, 2003. 662p.

PECK, D.S. Comprehensive model for humidity testing correlation. *Proceedings of the 24th Annual Reliability Physics Symposium.* Anaheim (CA): IEEE Publishing, 1986. p. 44-50.

PHAM, H. *Handbook of Reliability Engineering.* Nova York: Springer, 2003. 704p.

RAUSAND, M.; HØYLAND, A. *System Reliability Theory:* Models, Statistical Methods, and Applications. 2. ed. Nova York: John Wiley, 2003. 664p.

RIGDON, S.E.; BASU, A.P. *Statistical Methods for the Reliability of Repairable Systems.* Nova York: John Wiley, 2000. 281 p.

ROSS, S.M. *Introduction to probability models.* 9. ed. San Diego: Academic Press, 2006. 800p.

SARHRAN, A.E.; GREENBERG, B.G. *Contributions to Order Statistics.* Nova York: John Wiley, 1962.

SANKAR, N. R.; PRABHU, B. S. Modified approach for prioritization of failures in a system failure mode and effects analysis. *International Journal of Quality & Reliability Management*, v. 18, n. 3, p. 324-335, 2001.

SANTOS, G.T. *Modelo de confiabilidade associando dados de garantia e pós-garantia a três comportamentos de falhas.* (Tese de Doutorado). Porto Alegre: PPGEP/UFRGS, 2008. 152p.

SLACK, N.; CHAMBERS, S.; JOHNSTON, R. *Operations Management.* 4. ed. USA: Prentice Hall, 2004. 815p.

STAMATIS, D.H. *Failure Mode and Effect Analysis:* FMEA from theory to execution. Milwaukee: ASQ Quality Press, 1995. 494p.

TAJIRI, M.; GOTOH, F. *Autonomous maintenance in seven steps:* implementing TPM on the shop floor. Nova York: Productivity Press, 1999. 352p.

TAKAHASHI, Y.; OSADA, T. *Total Productive Maintenance.* Nova York: Quality Resources, 1990. 324p.

VESELY, W.; STAMATELATOS, M.; DUGAN, J.; FRAGOLA, J.; MINARICK, J.; RAILSBACK, J. *Fault tree handbook with aerospace applications.* Washington: NASA Office of Safety and Mission Assurance, 2002. 205p.

sion in the genomes of humans and other mammals. Genome Biol, v.7, n.12, p.R120, 2006.

WEHR, T.A. Photoperiodism in humans and other primates: evidence from melatonin and cortisol rhythms. J Biol Rhythms, v.16, n.4, p.348-64, 2001.

WEN, J.C.; HOTCHKISS, A.K.; DEMAS, G.E.; NELSON, R.J. Photoperiod affects neuronal nitric oxide synthase and aggressive behaviour in male Siberian hamsters (Phodopus sungorus). J Neuroendocrinol, v.16, n.11, p.916-21, 2004.

WEVER, R.A. The circadian system of man: results of experiments under temporal isolation. New York: Springer-Verlag, 1979.

ZORDAN, M.A.; ROSATO, E.; PICCIN, A.; FOSTER, R. Photic entrainment of the circadian clock: from Drosophila to mammals. Semin Cell Dev Biol, v.12, n.4, p.317-28, 2001.

ZUCKER, I. Circannual rhythms: mammals. In: TAKAHASHI, J.S.; TUREK, F.W.; MOORE, R.Y. (Ed.). Handbook of behavioral neurobiology: circadian clocks. New York: Kluwer Academic, 2001. v.12, p.509-28.

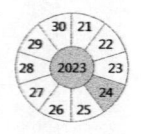